Projektmanagement

Zielgerichtet. Effizient. Klar.

Wichtige Hinweise

Der Autor übernimmt keine Gewähr dafür, dass die beschriebenen Verfahren, Programme usw. frei von Schutzrechten Dritter sind. Die Verwendung von Gebrauchsnamen, Handelsnamen, Warenbezeichnungen usw. in diesem Buch berechtigt auch ohne besondere Kennzeichnung nicht zu der Annahme, dass diese frei verfügbar sind.

AGG Disclaimer

Die in diesem Buch verwendete männliche Form (der Projektleiter usw.) bezieht selbstverständlich die weibliche Form mit ein. Auf die Verwendung beider Geschlechtsformen wird lediglich mit Blick auf die bessere Lesbarkeit des Textes verzichtet. Sie ist selbstverständlich geschlechtsneutral und wertfrei zu verstehen.

Marcus Schulz

ist mit Leib und Seele Trainer für Projektmanagement und begleitet als selbständiger Berater und Coach Unternehmen auf ihrem Weg in die Agile Welt des Projektmanagements. Er war nach Abschluss seines Studiums der Betriebswirtschaftslehre an der Dualen Hochschule Stuttgart 1992 in verschiedenen Unternehmen im In- und Ausland als Berater und Projektleiter tätig und hat 2013 das Mannheimer Trainingszentrum gegründet.

Marcus Schulz ist zertifizierter Senior Projektmanager (PMP, IPMA Level B), Scrum Master, Agil Coach (IHK), geprüfter Business-Trainer (BDVT) und seit 2009 Trainer für Projektmanagement (IPMA Level B Certified Senior Trainer) und wurde mehrfach als Benchmark-Trainer der Deutschen Gesellschaft für Projektmanagement e.V. (GPM) ausgezeichnet. Neben seiner Tätigkeit als Trainer und Berater engagierte er sich als Lehrbeauftragter für Projektmanagement an verschiedenen Hochschulen und unterstützt ehrenamtlich den Ortsverband Heidelberg des Technischen Hilfswerks im Fachzug Führung und Kommunikation.

Marcus Schulz

MaTz – Mannheimer Trainingszentrum

Hauptstraße 20

64342 Seeheim-Jugenheim

www.ma-tz.com | info@ma-tz.com

Marcus Schulz

Projektmanagement

Zielgerichtet. Effizient. Klar.

Begriffe, Methoden und Vorgehensweisen der ICB 4.0 für „Basiszertifikat im Projektmanagement (GPM)“ und „Certified Project Management Associate (IPMA Level D)“

3., überarbeitete und erweiterte Auflage

UVK

Umschlagmotiv: © iStockphoto · wragg

Bibliografische Information der Deutschen Nationalbibliothek
Die Deutsche Nationalbibliothek verzeichnet diese Publikation in der Deutschen Nationalbibliografie; detaillierte bibliografische Daten sind im Internet über http://dnb.dnb.de abrufbar.

3., überarbeitete und erweiterte Auflage 2024
2., überarbeitete und erweiterte Auflage 2020
1. Auflage 2019

DOI: https://doi.org/10.24053/9783739882055

– Ein Unternehmen der Narr Francke Attempto Verlag GmbH + Co. KG
Dischingerweg 5 · D-72070 Tübingen

Internet: www.narr.de
eMail: info@narr.de

CPI books GmbH, Leck

ISBN 978-3-7398-3205-0 (Print)
ISBN 978-3-7398-8205-5 (ePDF)
ISBN 978-3-7398-0612-9 (ePub)

Geleitwort zur 3. Auflage

Die Globalisierung hat weitreichende Veränderungen im Wirtschaftssystem ausgelöst, Märkte werden dynamischer und soziale Systeme müssen sich in einer VUCA-Welt anpassen. Das ergebnisorientierte Zusammenwirken der Beteiligten in Projektform hat sich als hochwirksamer Ansatz erwiesen. Es wird mittlerweile von einer Projektifzierung der Gesellschaft gesprochen, die Projektwirtschaft ist somit Realität geworden.

Dementsprechend steigen zunehmend die Anforderungen an die dort Tätigen, es besteht ein wachsender Bedarf an qualifiziertem Fachpersonal. Die Arbeit in Projekten erfordert neben einem passenden Mindset und geeigneten Organisationsstrukturen auch Handlungskompetenz bei den Akteuren – auf allen Ebenen. Einen wesentlichen Beitrag hierzu leistet die fundierte Ausbildung speziell der Grundlagen eines systematischen Projektmanagements auf Basis einheitlicher Standards, wie beispielsweise der ICB 4.0 der IPMA International Project Management Association.

Auf dem Buchmarkt gibt es inzwischen eine große Zahl von Grundlagenwerken zum Projektmanagement. Das vorliegende Werk – nunmehr bereits in dritter erweiterter Auflage – fokussiert auf die Grundlagen des Managements von Einzelprojekten und berücksichtigt dabei alle relevanten Kompetenzbereiche: Methodik, Mitwelt, Mensch. Es zeichnet sich aus durch sorgfältige Bearbeitung der Themen, Aktualität und durchdachte Leserführung.

Der Autor, selbst ein erfahrener Projektbegleiter und Trainer, bietet auf Basis jahrelanger Erfahrung alle relevanten Themen für eine solide Grundlagenausbildung zur Projektarbeit auf aktuellem Stand. Hierbei wurde eine didaktisch durchdachte Struktur gewählt und mit einem praxisbewährten Ansatz durch die Kompetenzelemente geführt. Gerade auch vermeintliche Randthemen erweisen sich bei näherer Betrachtung als erfolgsrelevant. Damit bietet sich dieses Buch sowohl als Lernhilfe als auch für die tägliche praktische Arbeit in Projekten an.

Das Werk stellt gerade für die Einsteiger in das systematische Projektmanagement eine sehr hilfreiche Grundlage dar. Ich wünsche der aktuellen Auflage viel Erfolg und möchte die Leserschaft zur intensiven Lektüre ermuntern!

Soest, im April 2024

Prof. Dr. Florian E. Dörrenberg, Lehrgebiet Internationales Projektmanagement und Kompetenztransfer, Fachhochschule Südwestfalen, Standort Soest

Geleitwort zur 2. Auflage

Vor einigen Jahren hat Marcus Schulz ein großartiges Buch geschrieben, aus dem hervorgeht, warum Sie es vermeiden sollten, Projektmanager zu werden. Es erklärte in einfachen und leicht verständlichen Worten, worauf Sie gerade dabei sind, sich einzulassen. Es war weithin bekannt als das "Schwarze Buch". Vielleicht am wichtigsten war, dass das Buch denjenigen, die nicht anders konnten als weiterzumachen, trotzdem zum Erfolg verhelfen konnte.

Hier ist der Grund, warum das besonders wichtig für Sie ist:

Bis zu einem gewissen Grad kann das Management von Projekten mit dem Pilotieren eines kommerziellen Passagierflugzeugs verglichen werden. Als Flugkapitän müssen Sie den Flug gemeinsam mit Ihrer Crew planen, sicherstellen, dass genügend Ressourcen für die Reise an Bord sind, auf Veränderungen des Wetters und der Verkehrslage im Verlauf des Fluges reagieren und sich auf Ihre Crew verlassen, wenn über dem Pazifik die Realität zuschlägt. Jeder verlässt sich darauf, dass Sie den Flug zur richtigen Zeit am richtigen Ort und mit einem vollständig wiederverwendbaren Flugzeug beenden.

Sowohl das Fliegen von Flugzeugen als auch das Management von Projekten sind komplexe Unternehmungen, oft mit vergleichbaren Budgets, und es gibt keinen Mangel an interessierten Parteien.

Das Fliegen eines Flugzeugs ist natürlich kein richtiges Projekt. Erwartungsgemäß erfordert fliegen eine formelle Ausbildung. Und zwar eine ganze Menge, bevor Sie überhaupt jemand das Ruder eines mehreren Millionen Dollar schweren Geräts übernehmen lässt. Ihr Risiko, in einer wöchentlichen Abteilungsbesprechung zum Flugkapitän ernannt zu werden, ist dementsprechend gering.

Das Projektmanagement hingegen kommt traditionell ohne solche Erwartungen aus. Wer in Besprechungen nicht aufpasst, läuft oft Gefahr, als Projektleiter mit weitreichenden Konsequenzen zu enden. Was nun?

Meine eigene Geschichte ist kaum anders. Ich habe eine erfolgreiche berufliche Laufbahn in internationaler Führung und Programm-Management eingeschlagen, weil ich eigentlich etwas ganz anderes erreichen wollte. Ich war jung und brauchte eine Raumsonde für die Atmosphärenforschung auf dem Mars. Außerdem war ich ziemlich resistent gegenüber den Vorsichtsgeboten von Leuten, die es besser wussten. Es überrascht daher kaum, dass sich die Raumfahrttechnik schnell als der einfachste Teil herausstellte. So kompliziert und komplex, wie das zweifelsfrei ist, so lässt sich das doch an der Universität studieren und man darf sich dabei auf Gleichungen verlassen, die jedes Mal das gleiche Ergebnis liefern. Demgegenüber musste das Management eines internationalen Forschungs- und Entwicklungsprogramms mit all seinen Unterprogrammen und Projekten, deren global verstreute Akteure je nach Kultur, Stimmung und Umständen jedes Mal anders reagieren, auf die harte Tour gelernt werden. Zwischenzeitlich widmete die ehrwürdige New York Times meinem Vorhaben Freude strahlend eine ganze Titelseite ihres Wissenschaftsteils!

Stellen Sie sich das so vor, als würden Sie ein kommerzielles Passagierflugzeug fliegen, ohne je eine einzige Flugstunde genommen zu haben, und die Welt sieht dabei zu.

Daher ist es auch kaum verwunderlich, dass ich noch keinen Piloten getroffen habe, dem das Fliegen keinen Spaß gemacht hätte. Allerdings habe ich viel zu viele Projektleiter getroffen, die schon viel zu viel Schlaf über ihre Projekte verloren haben. Einer davon begrüßt mich jeden Morgen im Spiegel.

Um Ihnen viele dieser Qualen zu ersparen, kommt Ihnen Marcus Schulz nun wieder zur Hilfe. Vor Ihnen liegt die zweite Auflage der Neufassung des berühmten "Schwarzen Buchs"! Es kann Ihnen zwar noch immer nicht die unglaublich wertvolle Erfahrung ersparen, die Sie unweigerlich selbst machen müssen, aber es kann Ihnen helfen, sich durch diesen Prozess zu führen. Es kann Ihnen helfen, den ersten Ausbildungskurs zu meistern, aus glorreichen Misserfolgen zu lernen, und Sie können sich mit Hilfe dieses Buchs auf die erfolgreiche Durchführung Ihres nächsten Projekts vorbereiten.

Außerdem enthält das Buch all die raffinierten kleinen Tricks, die Ihnen helfen, Zeit und Mühe zu sparen, ohne dabei Abstriche zu machen. Damit ersparen Sie sich so manche Kopfschmerzen, die andere schon hatten, damit Sie sie nicht auch haben müssen.

Natürlich gibt es viele Bücher, die kluge Ratschläge für die Durchführung eines Projekts bieten. Man könnte sich fragen, warum jemand noch die Notwendigkeit sieht, ein weiteres zu veröffentlichen. Nur wenige bieten jedoch ein so klares, praktisches Handbuch, das zu gleichen Teilen ein Nachschlagewerk für Projektleiter und ein Studienhandbuch ist. Es richtet sich zwar in erster Linie an Kandidaten für IPMA-Projektmanagement-Zertifizierungen, ist aber ebenso gut auf dem Schreibtisch eines jeden erfahrenen Projektmanagers am richtigen Platz.

Ich möchte daher, dass Sie dieses Buch als Taschenreferenz für Ihre Projekte betrachten. Ziehen Sie es zur Vorbereitung auf die IPMA-Ausbildung und Zertifizierung heran, machen Sie sich darin Notizen und halten Sie es dann griffbereit, wenn die Realität wieder zuschlägt!

Wenden Sie sich an Ihr „Schwarzes Buch“ für wertvolle und praktische Hinweise, jeweils mit Referenzen für die weitere Lektüre, die Ihnen beim Studium oder bei der Vertiefung helfen kann.

Somit wird dieses Buch ein wichtiger Begleiter auf Ihrem Weg zu einem voll ausgebildeten und zertifizierten Projektleiter. Damit Sie dann genau so qualifiziert sind, Projekte zu leiten, wie ein Flugkapitän es ist, Linienflugzeuge zu fliegen. Wer weiß, mit der Hilfe dieses Buches werden Sie vielleicht sogar so viel Spaß an der Durchführung Ihrer Projekte haben wie Piloten am Fliegen! Wie wäre es denn damit?

London, im Februar 2020

Dr. Hannes S. Griebel, Senior Project Manager (IPMA Level B), Mitglied im Redaktionsteam der deutschen Fassung der IPMA ICB 4.0 und Inhaber der Griebel Aerospace Consulting, London

Geleitwort zur 1. Auflage

„Projektmanagement gewinnt mehr und mehr an Bedeutung."

Was bereits seit einigen Jahren von Verfechtern einer professionellen Projektarbeit vertreten wird, findet sich mittlerweile auch in der Lebenswirklichkeit einer wachsenden Zahl von Mitarbeitenden und Führungskräften wieder: Arbeitsstrukturen sind projektlastiger geworden. Dadurch wird eine professionalisierte Projektmanagement-Kompetenz für den unternehmerischen Erfolg immer wichtiger. Denn erfolgreiche Projektarbeit hängt vor allem mit dem Bewältigen der speziellen Hürden der „Arbeitsweise Projekt" zusammen.

Dieses Buch bereitet alle, die sich mit professionellem Projektmanagement befassen wollen, auf die aktuelle Praxis dieser Arbeitsweise vor.

Entlang der fünf Projektmanagementphasen und ergänzt durch phasenübergreifende Kompetenzen werden die Inhalte der ICB 4.0 fachlich einwandfrei beschrieben und übersichtlich dargestellt. Diese Struktur gibt den Lesern nicht nur Orientierung, sondern auch die Gewissheit, den Prüfungsanforderungen der IPMA zu entsprechen.

Somit ist dieses Werk empfehlenswert für angehende IPMA-Zertifikanten, für Arbeitspaketverantwortliche und auch für erfahrene Projektleiter – sei es als Lerngrundlage, Nachschlagewerk oder Wissensspeicher.

Ich wünsche Ihnen viel Erfolg in Ihren zukünftigen Projekten! Viel Spaß beim Lesen.

Hamburg, im November 2018

Prof. Dr. Achim Wortmann, Professur für Wirtschaftspsychologie an der NBS – Northern Business School, Hamburg

Inhaltsübersicht

Inhaltsverzeichnis

0 Dieses Buch

0.1 Zielgruppe und Grundlage

Dieses Buch richtet sich an Projektmitarbeiter und Menschen, die im Rahmen ihrer Tätigkeit mit Projektmanagement, den dazugehörenden Standards oder den Rahmenbedingungen im Unternehmen in Berührung kommen. Es dient zur Ergänzung vorhandenen Wissens sowie mit der Darstellung von Methoden und Beispielen als Unterstützung der täglichen Arbeit.

Neben der kompakten Zusammenfassung des Themas Projektmanagement bietet dieses Buch eine praxisgerechte Lehr- und Arbeitsunterlage. Alle Kapitel werden so auch den Anforderungen zur Vorbereitung auf die schriftliche Prüfung des „Basiszertifikat im Projektmanagement (GPM)“ sowie der schriftlichen Prüfung und dem zu erstellenden Projektreport innerhalb einer Level D Qualifizierung IPMA gerecht.

0.2 Wie lese ich dieses Buch

0.2.1 Aufbau und Gliederung

Die Inhalte der Kapitel entsprechen den Kompetenzelementen der Individual Competence Baseline 4.0 für Projektmanagement (ICB 4.0). Der Aufbau des Buches folgt dem Prozessmodell der DIN 69901-2:2009 und den darin enthaltenen fünf Projektmanagementphasen – Initialisierung, Definition, Planung, Steuerung, Abschluss [DIN20a].

Die phasenübergreifenden Kompetenzen (z.B. persönliche Kommunikation, Motivation, Führung, Vielseitigkeit) und ein Blick in die agile Welt bilden die Schlusskapitel.

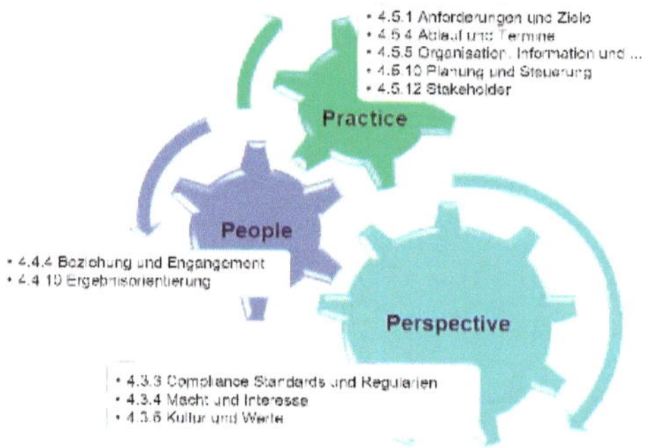

Jedes Hauptkapitel beginnt mit einer Übersicht der darin enthaltenen Elemente der Individual Competence Baseline 4.0. Zusätzlich werden die einzelnen ICB-Elemente kurz zusammengefasst und eingangs der einzelnen Kapitel vorgestellt.

Ergänzend finden sich zum Abschluss des jeweiligen Hauptkapitels die entsprechenden Literaturhinweise. In Kapitel 9 ist eine Mapping der einzelnen Buchkapiteln zu den ICB-Elemente zu finden. Vervollständigt wird dieses Buch durch ein Abbildungs- und Tabellenverzeichnis sowie ein ausführliches Stichwortverzeichnis.

0.2.2 Anwendung und didaktisches Konzept

Das Buch ist als Begleitwerk zur Qualifizierung Level D IPMA und Basis-Qualifizierung (GPM) nach der ICB 4.0 gedacht. Die im Rahmen des jeweiligen Kurses erarbeiteten Ergebnisse, verwendeten Methoden und Terminologien lassen sich anhand des Buches leicht nachvollziehen. Wo es aus Sicht des Autors zur Abrundung des Themas notwendig war, werden die Themen um Lesenswertes aus dem Wissensbereich des IPMA Level C ergänzt.

Die Taxonomie[1] für den IPMA Level D bis A sowie für das „Basiszertifikat im Projekt-

[1] Taxonomie = systematisch und hierarchisch aufgebaute Ordnung von Begriffen

management (GPM)“ nach ICB 4.0 sah ursprünglich für die einzelnen Kompetenzelemente eine Einordnung gemäß der sechs Stufen von BENJAMIN S. BLOOM vor [UIBK16]. In der überarbeiteten Fassung der Taxonomie wurden die sechs Stufen in **drei Kompetenzstufen** zusammengefasst.

Kompetenzstufe	Bloom-Stufe	Beschreibung
1	1 – Wissen	Erinnern von Besonderheiten und Allgemeinheiten, das Erinnern von Methoden und Prozessen oder das Erinnern von Mustern, Strukturen oder Festlegungen.
	2 – Verstehen	Das Individuum weiß darüber Bescheid, worüber kommuniziert ("gesprochen") wird, und dass es das Material oder die Idee, von der die Rede ist, benutzen kann, ohne es unbedingt mit anderem Material in Beziehung zu setzen oder seine umfassendste Bedeutung zu erkennen.
2	3 – Anwenden	Gebrauchen von Abstraktionen in besonderen und konkreten Situationen. Die Abstraktionen können in Form von allgemeinen Ideen, Regeln über Prozeduren oder verallgemeinerten Methoden vorliegen. Die Abstraktionen können ebenso technische Prinzipien, Ideen und Theorien sein, die im Gedächtnis behalten und angewendet werden müssen.
	4 – Analysieren	Zerlegen einer Nachricht in ihre grundlegenden Elemente oder Teile, so dass eine Hierarchie von Ideen klar und/oder die Beziehungen zwischen den ausgeführten Ideen deutlich gemacht werden.
3	5 – Verknüpfen	Zusammenfügen von Elementen und Teilen zu einem Ganzen. Das schließt den Prozess des Arbeitens mit Stücken, Teilen, Elementen usw. ein, ebenso ihr Ordnen und Zusammensetzen der Art, dass sie ein Muster oder eine Struktur bilden, die vorher nicht klar erkenntlich war.
	6 – Urteilen	Urteilen über den Wert, der für einen bestimmten Zweck gegebenen Materialien und Methoden. Quantitative und qualitative Urteile, inwieweit Material und Methoden bestimmte Kriterien erfüllen. Die Kriterien können selbst bestimmt oder vorgegeben worden sein.

Tabelle 1 – GPM Kompetenzstufen

Entsprechend der von der PM-ZERT (Zertifizierungsstelle der GPM) zum Januar 2024 freigegebenen Taxonomie werden die Themen innerhalb der ICB-Kompetenzelemente in eine der drei Kompetenzstufen eingeordnet. Die für den IPMA Level D und das „Basiszertifikat im Projektmanagement“ relevanten Stufen sind 1 und 2. Ein entsprechendes Mapping der ICB-Elemente zu den Kapiteln des Buches findet sich im letzten Kapitel.

0.3 Literatur

[DIN20a] *DIN Deutsches Institut für Normung e.V.* (4. Aufl. 2020). DIN-Normen im Projektmanagement. DIN 69901-5 Projektmanagement – Projektmanagementsysteme – Teil 5: Begriffe (Bd. DIN Taschenbuch 472). Berlin: Beuth Verlag GmbH

[UIBK16] *Leopold-Franzens-Universität Innsbruck* (Hrsg.). (o.J.). Arbeitsmaterialien – Universität Innsbruck. Abgerufen am 03.10.2023 von Information zur Lernzielbeschreibung: https://www.uibk.ac.at/bologna/curriculums-entwicklung/dokumente/taxonomie.pdf

1 Grundlagen des Projektmanagements

Abbildung 1 – ICB-Elemente in den Grundlagen des PM

Die im Folgenden erläuterten Begriffe – Projekt, Projektmanagement, Prozess, Aufgabe, Projektportfolio, Projektmanagement-Office und Projektarten sind Inhalte der ICB-Elemente GOVERNANCE, STRUKTUREN UND PROZESSE und PROJEKTDESIGN.

Governance, Strukturen und Prozesse (4.3.2)

„Die Kompetenz GOVERNANCE, STRUKTUREN UND PROZESSE definiert das Verständnis für und die Abstimmung mit den gewachsenen Strukturen, Systemen und Prozessen der Organisation, welche Unterstützung für Projekte bieten und Einfluss auf ihre Organisation, ihre Einführung und ihr Management haben." [GPM17a, Seite 47]

Projektdesign (4.5.1)

„Die Kompetenz PROJEKTDESIGN definiert, wie die Bedürfnisse, Wünsche und Einflüsse der Organisation(en) von Einzelnen interpretiert und gewichtet werden und auf das höchste Level des Projektdesigns übertragen werden, um die höchste Erfolgswahrscheinlichkeit sicherzustellen." [GPM17a, Seite 106]

1.1 Begriffsklärung

4.3.2 Governance, Strukturen und Prozesse | 4.5.1 Projektdesign / Kompetenzstufe 1

Begriff	Erklärung
Projekt	Die DIN 69901 nennt ein Projekt ein „Vorhaben, das im Wesentlichen durch die Einmaligkeit seiner Bedingungen gekennzeichnet ist“ [DIN20a]. Gemäß der ICB 4.0 ist ein Projekt „ein einmaliges, zeitlich befristetes, interdisziplinäres, organisiertes Vorhaben, um festgelegte Arbeitsergebnisse im Rahmen vorab definierter Anforderungen und Rahmenbedingungen zu erzielen.“ [GPM17a] Die daraus abgeleiteten Merkmale eines Projekts sind ➢ definierter Anfang und definiertes Ende ➢ mindestens ein Ziel ➢ fachlich (interdisziplinär) und sozial komplex ➢ projektspezifische Organisation ➢ begrenzte Ressourcen ➢ einmalig, neu
Projektmanagement	In der DIN 69901 wird Projektmanagement als „Gesamtheit von Führungsaufgaben, -organisation, -techniken und –mitteln für die Initialisierung, Definition, Planung, Steuerung und den Abschluss von Projekten“ definiert [DIN20a]. Die ICB 4.0 ergänzt dazu „Projektmanagement befasst sich mit der Anwendung von Methoden, Tools, Techniken und Kompetenzen für ein Projekt, um Ziele zu erreichen.“ [GPM17a] Projektmanagement ist eine **temporäre** Aufgabe während der Laufzeit eines Projekts.
Programm	Zeitlich begrenztes Vorhaben, das mehrere zusammenhängende Projekte beinhaltet, die alle ein übergreifendes (strategisches) Ziel anstreben
Programm-Management	Gesamtheit von Führungsaufgaben, -organisation, -techniken und –mitteln für die zur Auswahl, Definition, Initialisierung, Definition (integrierter) Planung und Steuerung von Projekten, die ein übergreifendes (strategisches) Ziele haben und in einem Programm zusammengefasst sind. Programmmanagement ist eine **temporäre** Aufgabe während der Laufzeit eines Programms.

Begriff	Erklärung
Multiprojekt-management (MPM)	Anwendung von Methoden und Verfahren des Projektmanagements in Mehrprojektsituationen z.B. durch Abstimmung von Terminen, Ressourceneinsatz, Lieferobjekten etc. zwischen mehreren Projekten zwecks Erschließung von Synergieeffekten und Vermeidung gegenseitiger Störungen. MPM stellt einen organisatorischen und prozessualen Rahmen für das Management mehrerer einzelner Projekte dar. Es kann je nach Art und Umfang der Projektsituation in die Bereiche Programmmanagement und Projektportfoliomanagement unterteilt werden [SEID19] [MOTZ17].
Projektportfolio	Ein Projektportfolio bündelt Projekte in einem abgegrenzten Verantwortungsbereich zum Zweck der übergeordneten Planung und Steuerung. Es orientiert sich an der übergeordneten Zielsetzung (z.B. aus der Strategie) des Unternehmens, wählt unter Berücksichtigung knapper Ressourcen Projekte aus und initiiert diese zu deren Umsetzung [DIN20d, PATZ17].
Projektportfolio-management	Projektportfoliomanagement ist im Gegensatz zum Projekt- und Programmmanagement eine **permanente** Aufgabe. Wie das Projektmanagement umfasst auch das Projektportfoliomanagement die Gesamtheit von Führungsaufgaben, -organisation, -techniken und -mitteln hier aber für die übergreifende Planung und Steuerung von Projektportfolios einer Organisation [DIN20d, MOTZ17].
Prozess	Allgemein stellt ein Prozess eine Reihe von Aktivitäten dar, die aus einem definierten Input ein definiertes Ergebnis (Output) erzeugen präzisiert diese einfache Definition [MOTZ17]. Er bezeichnet einen Prozess als „Abfolge von zusammengehörigen und/oder zusammenbetrachteten, in Beziehung und/oder Wechselwirkung stehenden Prozessschritten, die einen zeitlichen Beginn und ein Ende haben und durch die Eingaben in Ergebnisse umgewandelt werden." Projektmanagementprozesse finden sich in der DIN 69901, die einen Mindeststandard für Projektmanagement definiert [DIN20a].
Aufgabe	Im Projektkontext sind Aufgaben „aus Ziele abgeleitete Aufforderungen an einzelne Personen, Personengruppen oder Organisationen, eine bestimmte Arbeit … unter gegebenen Bedingungen und Nutzung bestimmter Mittel zu erledigen und dabei die vorgegebenen Ziele zu erreichen." [MOTZ17]

Tabelle 2 – Begriffsklärung

1.2 Projektmanagement-Office

4.3.2 Governance, Strukturen und Prozesse / Kompetenzstufe 1

Ein **Projektmanagement-Office** (PMO) ist eine projektübergreifende meist permanente Unterstützungsfunktion, die zum einen den Projekten den methodischen Rahmen und PM-Standards vorgibt, zum anderen die Einführung und Optimierung des Projektmanagementsystems des Unternehmens begleitet. Ein weiterer Aufgabenschwerpunkt ist die operative Unterstützung der Projektleiter und weiteren Projektbeteiligten.

Die folgende Tabelle zeigt beispielhaft die Aufgaben, Kompetenzen und Verantwortung (AKV – siehe auch Kapitel 3.5.2) des PMO (in Anlehnung an [PFET20] und [PATZ17])

Aufgabe	➢ Projektanträge klassifizieren und prüfen ➢ Sitzungen des Lenkungsausschusses vorbereiten ➢ Pflegen des Projektportfolios ➢ Beraten und Schulen der Projektbeteiligten in der Handhabung des PM-Handbuchs / Vorgehensmodells ➢ Pflegen und Weiterentwickeln des PM-Handbuchs / Vorgehensmodells ➢ Organisieren des Erfahrungsaustauschs von Projektleitern
Kompetenz (Befugnisse)	➢ Einhalten der vorgegebenen Richtlinien für Projektmanagement (PM-Handbuchs / Vorgehensmodells) einfordern ➢ Einfordern der Projektstatusberichte
Verantwortung	➢ ... für das Informieren des Antragstellers über den Stand seines Projektantrags ➢ ... für die Transparenz über kritische Entwicklungen im Projektportfolio oder bei Ressourcenüberlastung

Tabelle 3 – AKV eines Projektmanagement-Office (Beispiel)

1.3 Projektarten

4.3.2 Governance, Strukturen und Prozesse | 4.5.1 Projektdesign / Kompetenzstufe 1

Projekte werden in der Praxis in verschiedene Dimensionen eingruppiert. Häufig werden **Projektarten** nach dem **Objekt** (Projektinhalt) klassifiziert [GPM17b]

➢ Investitionsprojekt

➢ Forschungs- und Entwicklungsprojekt

➢ Organisationsprojekt

Projektart	Beschreibung
Investitionsprojekt	erfordern hohen Planungsgrad sowie eine plangemäße Steuerung <u>Beispiele</u>: Bau von Straßen, Messehallen oder die Beschaffung von Flugzeugen, Schiffen oder Großmaschinen

Forschungs- und Entwicklungsprojekt	Beziehung von Input und Output ist oft unsicher, Lösungen sind in der Regel reproduzierbar Beispiele: Entwicklung von Medikamenten, Konzepten und Produkten
Organisationsprojekt	Erfordern eine variable Planung, da sich durch das Projekt die Grundlagen des Projekts verändern. Dieser Zirkelbezug von Ursache und Wirkung macht eine fortlaufende Anpassung der Vorgehensweise notwendig Beispiele: Entwicklung bzw. Verbesserung der Leistungsfähigkeit oder Wirksamkeit einer Organisation und / oder die organisatorische Umsetzung spezifischer Vorhaben (Messen, Kongresse)

Tabelle 4 – Projektarten nach dem Objekt

Es gibt zahlreiche **weitere Möglichkeiten** der Projektklassifizierung, beispielsweise nach der Projektorganisation (siehe Kapitel 0, Seite 80), der Art der Projektsteuerung (technokratisches bzw. agiles Projekt), Projektvolumen (i.S. Höhe des Budgets), Risikoklasse, Komplexität oder nach strategischer Bedeutung. Je nach Einordnung hat das in der Regel Auswirkungen auf die Einstufung des Projekts (ABC-Projekt).

1.4 Projekt-/Projektmanagementerfolg

4.5.1 Projekt Design / Kompetenzstufe 1

Der **Projekterfolg** ist laut DIN 69901-5 das „*zusammenfassende Ergebnis der Beurteilung des Projektes hinsichtlich der Zielerreichung.*“ Dahinter steht zum einen die Einhaltung der vertraglich definierten Parameter – Kosten, Termin, Leistung als ein direkt messbares Ergebnis. Zum anderen die Anerkennung und positive Beurteilung der Projektergebnisse durch Auftraggeber und Kunden, aber auch durch die Projektmitarbeiter und den Projektleiter [DIN20a].

Die ursprünglichen Dimensionen des Projekterfolges sind zusammengefasst

- Einhalten der geplanten Kosten und Termine
- die erwartete Leistung bzw. Qualität der (technischen) Lösung
- die Zufriedenheit der Beteiligten

Ergänzend dazu finden sich in der Literatur noch weitere Faktoren, die ein Projekt erfolgreich machen [KERZ22].

- minimale Änderung des Projektziels, d.h. Veränderung der Rahmenbedingungen wurden so gering wie möglich gehalten und unbedingt zwischen Projektleiter und Auftraggeber abgestimmt
- das Unternehmen arbeitete störungsfrei weiter, d.h. das Projekt wurde innerhalb der Richtlinien, Abläufe, Regeln und Vorgaben der Organisation abgewickelt
- die Unternehmenskultur wurde nicht verändert, d.h. auch wenn per Definition jedes Projekt einmalig ist, sollte der Projektleiter nicht von den Mitgliedern seines Projektteams erwarten, dass sie von den Unternehmensnormen abweichen.

Abhängig vom Zeitpunkt der Betrachtung lässt sich der Projekterfolg noch in **Anwendungserfolg** (beschreibt die Auswirkung bzw. den Erfolg auf dem Markt, also die Nutzenziele des Auftraggebers) und **Abwicklungserfolg** (beschreibt die Durchführung des Projektes) unterscheiden [MOTZ17].

Der **Projektmanagementerfolg** ist mit dem Projekterfolg eng verknüpft, aber nicht als identisch zu betrachten. Professionelles Projektmanagement erhöht in vielen Fällen nachweisbar den Projekterfolg. Ein ausschlaggebender Faktor für den Projektmanagementerfolg ist die effektive und effiziente Verbindung von Projektanforderungen, Aktivitäten und Ergebnissen, um so die Zielsetzungen zu verwirklichen und einen erfolgreichen Projektabschluss zu erreichen. Als Projektmanagementerfolg wird auch eine positive Beurteilung durch die wichtigsten Stakeholder hinsichtlich ihrer Zufriedenheit mit der Abwicklung des Projekts gewertet [PATZ17].

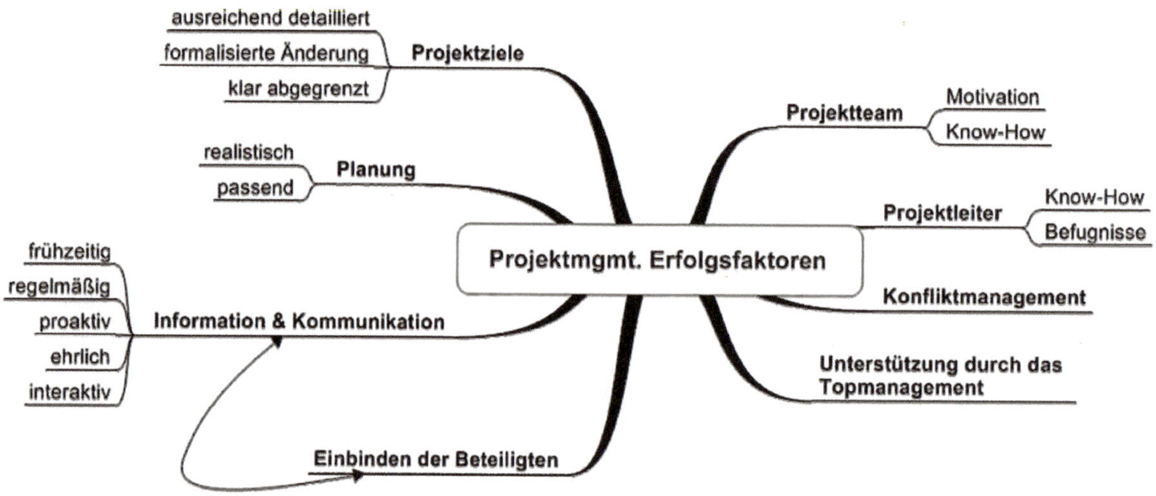

Abbildung 2 – Beispiele für Projektmanagement-Erfolgsfaktoren

Projektmanagementerfolg beginnt bereits mit der Auswahl des passenden Vorgehensmodells für die Abwicklung des Projekts.

1.5 Projektmanagementansätze und Vorgehensmodelle

4.5.1 Projekt Design / Kompetenzstufe 1

1.5.1 Sequenzieller PM-Ansatz

Eine sequenzielle Vorgehensweise strukturiert Projekte in Phasen, die nacheinander abgearbeitet werden. Streng ausgelegt muss eine Phase erfolgreich abgeschlossen werden, bevor die nächste Phase beginnen kann. D.h. Ergebnisse einer vorhergehenden Phase sind häufig die notwendigen Voraussetzungen für die jeweils nachfolgende Phase [TIMI24, GPM17b]. Weitere dafür verwendete Bezeichnungen sind „plangetriebener oder prognostizierter PM-Ansatz", eben weil die meiste Planung im Vorfeld erfolgt und danach ausgeführt bzw. umgesetzt wird.

Typische Vertreter sind das **Wasserfallmodell** (Beispiel siehe Kapitel 3.5 Projektphasen) und das **V-Model XT**. Letzteres ist ein deutscher Standard für die Planung und Durchführung von Systementwicklungsprojekten. Es wird in Unternehmen, Behörden und im militärischen Bereich genutzt.

1.5.2 Iterativer PM-Ansatz

Der iterative PM-Ansatz zählt zu den sog. „wiederholenden Vorgehensmodellen". Zur Verbesserung der jeweiligen Arbeitsergebnisse wird nach jeder Iteration Feedback vom Auftraggeber eingeholt, um die unfertige Arbeit stetig zu verbessern und letztendlich das definierte Ziel zu erreichen. Aus der Management-Sicht ist iteratives Vorgehen eine Möglichkeit mit Ungewissheiten in komplexen Situationen umzugehen.

Typischer Vertreter dieses Ansatzes ist **Design Thinking.**

1.5.3 Inkrementeller PM-Ansatz

Der inkrementelle PM-Ansatz zählt ebenso wie der iterative PM-Ansatz zu den „Wiederholenden Vorgehensmodellen".

Die einzelnen Schritte werden von der Anforderung bis zum ersten Teilergebnis sequenziell durchlaufen, d.h. für jedes Inkrement werden die Anforderungen für das Zwischenziel formuliert, dann entwickelt, implementiert und getestet. Dies wird so lange wiederholt, bis am Ende das fertige Gesamtergebnis vorliegt [TIMI24, GPM17b]. Dieses Vorgehen eignet sich bei

- Projektarbeit mit hohen Unsicherheiten
- fehlender Erfahrung für die Bearbeitung
- volatilen[2] Anforderungen

Typische Vertreter dieses Ansatzes sind das **Spiralmodell** und der **Rational Unified Process (RUP).**

1.5.4 Agiler PM-Ansatz

Die iterativ/inkrementelle Vorgehensweise des agilen Ansatzes liefert dem Kunden möglichst schnell ein funktionsfähiges System, das in kurzen Iterationsschleifen verbessert und mit zusätzlichen Funktionen erweitert wird [GPM17b].

Weitere Merkmale dieses PM-Ansatzes sind

- **Timeboxing**: Die einzelnen Iterationen werden in festen Zeitabschnitten durchlaufen, das heißt alle Beteiligten können sich auf die festgelegten Termine verlassen. Im Falle von Problemen erfolgt keine Terminverschiebung, sondern eine Anpassung des Umfangs der zu erstellenden Version (siehe dazu auch Kap. 8.1.1 Timeboxing).
- **Selbstorganisierte Teams**: Die Mitglieder im Team sind grundsätzlich gleichberechtigt. Das Team hat die Autonomie, sich selbst so zu organisieren, dass es die Arbeitsanforderungen bestmöglich erfüllen kann.
- **Änderungsfreundliche Projektkultur**: Im Gegensatz zum klassischen Wasserfallmodell werden Anforderungen und Technologien nicht im „Design Freeze"

[2] i.S.v. beweglich, unbeständig, wechselhaft

unter Änderungskontrolle gestellt. Änderungen werden als Freund, nicht als Gegner des Projekts gesehen und sind damit Bestandteil des Produktentwicklungszyklus.

Für die Gestaltung des agilen PM Ansatzes sind verschiedene Rahmenbedingungen wie das **Agile Manifest** mit seinen vier Wertepaaren und 12, diese Wertepaare präzisierenden Prinzipien zu berücksichtigen. Da in der agilen Welt immer wieder auf diese Wertepaare Bezug genommen wird, werden sie hier kurz dargestellt

- Individuen und Interaktionen mehr als Prozesse und Werkzeuge
- Funktionierende Software mehr als umfassende Dokumentation
- Zusammenarbeit mit dem Kunden mehr als Vertragsverhandlung
- Reagieren auf Veränderung mehr als das Befolgen eines Plans

Der Fokus liegt in der Agilen Welt auf der linken Seite der Aussage, der rechte Teil wird trotzdem nicht vernachlässigt.[3]

Typische Vertreter dieses Ansatzes sind z.B. **Scrum**, **Crystal**, **eXtreme Programming** (XP), **Feature Driven Development** (FDD) und **Kanban**.

1.5.5 Hybrider PM-Ansatz

Unter dem hybriden Projektmanagementansatz wird die Nutzung von Methoden, Rollen, Prozessen und Phasen unterschiedlicher Standards oder Vorgehensmodelle verstanden. Meistens wird das klassische Projektmanagement als Basis verwendet und in verschiedenen Vorgehensweisen mit agilen Elementen bestückt [TIMI24, MOTZ17].

In einer Studie mit über 1000 Teilnehmern der Hochschule Konstanz gaben 37% der Befragten an, anhand einer „Mischform“ Projekte / Entwicklungsprozesse zu bearbeiten. Sie nutzen durch die Kombination die Stärken der verschiedenen Vorgehensweisen. Die Studie zeigt ebenfalls, dass die im hybriden Umfeld am häufigsten eingesetzten Werkzeuge aus dem agilen Methodenkasten kommen [KOMU17].

Ähnlich der Fabel vom Affen und Elefanten gibt es demnach immer häufiger ein „sowohl als auch“ statt ein „entweder oder“ [BOEH04].

> Ein Elefant versorgt mit Stärke, Disziplin und Verlässlichkeit ein Dorf mit Nahrungsmitteln. Nachdem die Köche im Dorf zunehmend exotischere Zutaten fordern, von denen der Elefant zwar gehört hatte, die aber nicht entlang seines Weges zu finden waren, verliert der Elefant an Popularität und Ansehen (Klassische Methoden).
>
> Zur gleichen Zeit gab es in einem in der Nähe gelegen Dorf einen Affen, der dieselbe Aufgabe wie der Elefant hatte. Im Gegensatz zu ihm suchte der agile Affe die Lebensmittel kreuz und quer im Dschungel. Er war durch seine Suche nicht immer pünktlich in seiner Auslieferung, brachte aber jeweils exotische Nahrungsmittel und Zutaten mit. Sein Problem begann mit der stetig wachsenden Bevölkerung in seinem Dorf und seiner begrenzten Transportkapazität. Die Dorfbewohner wurden ungeduldig und der Affe zweifelte an seinen Fähigkeiten, seinem Auftrag gerecht zu werden (Agile Methoden).
>
> Glücklicherweise treffen sich eines Tages der entmutigte Elefant und der resignierende Affe. Beide stolz auf ihre jeweiligen Fähigkeiten aber auch beeindruckt von den Kompetenzen des anderen. Schnell stellten sie den Nutzen einer Zusammenarbeit fest und entschieden, ihre Kräfte zu bündeln. Der Affe kümmerte sich fortan um die exotischen Wün-

[3] Siehe http://agilemanifesto.org/iso/de/manifesto.html

sche der beiden Dörfer, der Elefant übernahm die Lieferung ausreichender Mengen an Grundnahrungsmitteln (Kombination klassische und agile Methoden).

Typischer Vertreter dieses Ansatzes sind **Reliable Scrum** (Scrum und Critical Chain), das **Wasser-Scrum-Fall-Modell**, das **V-Scrum-Modell** (Agile V) und **Scrumban** (Scrum und Kanban).

1.5.6 Evolutionärer PM-Ansatz

Evolutionäres Projektmanagement baut auf vorhandenem auf, reagiert umgehend auf Veränderungen, bezieht Erfahrung direkt ein, nutzt Freiräume und probiert – ausgehend vom erreichten Stand – weitere Neuerungen im Sinne von „Trail and Error". Das evolutionäre PM zeichnet sich durch eine schrittweise Zielentwicklung und Verfeinerung aus [LITK05].

Typischer Vertreter dieses Ansatzes ist das **Prototyping.**

1.5.7 Engpassorientierter PM-Ansatz

Der engpassorientierte PM-Ansatz bzw. das Critical Chain Projektmanagement (CPM) beruht auf einem von ELIYAHU GOLDRATT begründeten systemorientierten Management-Ansatz zur Identifizierung und Beseitigung von Engpässen. Das Ziel ist die Verkürzung der Projektlaufzeit und eine Erhöhung der Termintreue [TECH10].

Beim Critical Chain PM wird ein Projekt als Netzwerk verschiedener Prozesse gesehen. Die Performance des Netzwerks wird durch einen Engpass-Prozess begrenzt. Zur Steigerung der Effizienz schlägt GOLDRATT einen Thinking Process mit fünf Schritten vor [BEA19b, ANDE12]

1. Identifizieren des Engpasses
2. (optimales) Auslasten des Engpasses
3. Ausrichten aller Prozesse am Engpass
4. Beheben des Engpasses
5. Kontrolle und weiter bei Schritt 1 (In Anlehnung an ein Bonmot von SEPP HERBERGER: „Nach dem Engpass ist vor dem Engpass")

Typischer Vertreter dieses Ansatzes ist die **Theory of Constraints (ToC).**

1.6 Standards im Projektmanagement

4.3.2 Governance, Strukturen und Prozesse | 4.3.3 Compliance, Standards und Regularien / Kompetenzstufe 1

Compliance, Standards und Regularien (4.3.3)

„Die Kompetenz COMPLIANCE[4], STANDARDS UND REGULARIEN definiert, wie der Einzelne die externen und internen Einschränkungen in einem bestimmten Bereich ... interpretiert und sie aufeinander abstimmt." [GPM17a, Seite 53]

[4] Anmerkung des Autors: Der englische Begriff Compliance bedeutet sinngemäß die Einhaltung von Gesetzen, Regeln, Normen und Standards.

Dieses Kapitel beschäftigt sich mit den derzeit gültigen nationalen und internationalen Standards für Projektmanagement. Dazu gehören

- die in Deutschland bekannte Normenreihe DIN 69900, 69901 und 69909
- das internationale Gegenstück ISO 215xx
- der PMBoK Guide des Project Management Institute
- PRINCE 2
- PM²
- die Grundlage für dieses Buch, die Individual Competence Baseline 4.0

1.6.1 Normenreihe DIN 69900, 69901 und 69909

In Deutschland existieren eine ganze Reihe von Projektmanagement-Normen. Eine der ältesten ist die **DIN 69900** „Projektmanagement – Netzplantechnik; Beschreibungen und Begriffe" aus dem Jahre 1987. Der Anwendungsbereich dieser Norm beschränkt sich auf die Netzplantechnik und weitere Methoden zur Ablauf- und Terminplanung und legt die zugehörige Terminologie fest [DIN20e].

Neuer und aktueller ist die **DIN 69901** „Projektmanagement – Projektmanagementsysteme" mit ihren fünf Teilen aus dem Jahr 2009

- Grundlagen
- Prozesse, Prozessmodell
- Methoden
- Daten, Datenmodell
- Begriffe

Die DIN 69901-2 (Projektmanagement – Projektmanagementsysteme – Teil 2: Prozesse, Prozessmodell) beschreibt fünf Prozessgruppen, die **fünf Projektmanagementphasen „Initialisierung, Definition, Planung, Steuerung und Abschluss"**, 11 Prozessuntergruppen (z.B. Ablauf und Termine, Änderungen, Organisation, Qualität) und 59 Prozesse. Sie bietet mit ihren Prozessbeschreibungen eine gute Grundlage für das Managen von Projekten. Allerdings müssen diese Prozesse, wie bei den meisten Modellen, projektspezifisch angepasst werden. Dies erfolgt häufig unternehmensweit im Rahmen einer Projektmanagement-Standardisierung (z.B. durch Ausarbeiten und Inkraftsetzung eines Projektmanagement-Handbuchs, siehe Kapitel 1.6.7) oder es wird durch den Projektleiter gemäß der individuellen Anforderung seines Projekts vorgenommen.

In der DIN 69901-5 werden Projektmanagement-Grundbegriffe definiert und die Nomenklatur zu vielen Fachbegriffen im Projektmanagement geregelt. Dieser Teil stellt sozusagen das Glossar der Norm dar [DIN20a].

Die neueste Ergänzung in dieser Reihe ist die **DIN 69909** „Multiprojektmanagement – Management von Projektportfolios, Programmen und Projekten" mit derzeit vier Teilen (Grundlagen, Prozesse, Methoden und Rollen) aus dem Jahr 2013 [DIN20d].

1.6.2 Die ISO 21500-Familie

Die internationale Projektmanagement-Normenreihe **ISO 21500** wurde nach der Erstveröffentlichung 2012 mittlerweile umgestellt. Aus der ursprünglichen ISO 21500:2016 (Leitlinien Projektmanagement) wurde 2020 die DIN ISO **21502:2020 „Leitlinien zum Projektmanagement".** Die ISO 21500:2021 ist jetzt die „Dachnorm" der ISO 215xx Familie und firmiert unter „Projekt-, Programm- und Portfolio-Management – Kontext und Konzepte"

Die ISO 21502 beschreibt ebenfalls fünf Prozessgruppen (Initiierung, Planung, Umsetzung, Controlling, Abschluss). Im Vergleich zur DIN 69901 kommt sie mit zehn Prozessuntergruppen (z.B. Integration, Stakeholder, Leistungsumfang) und 38 Prozessen aus. Sie gibt einen allgemeingültigen Überblick über die wesentlichen Inhalte des Projektmanagements und ermöglicht so eine **leichte Adaptierbarkeit** auf die jeweiligen unternehmensspezifischen Rahmenbedingungen [DIN20b].

Diese Norm hat mittlerweile etliche Ergänzungen, so z.B. die ISO 21503:2022 „Leitlinien zum Programmmanagement" und ISO 21505:2018 „Leitlinien zu Governance"

1.6.3 PMBOK Guide

A Guide to the **P**roject **M**anagement **B**ody **of** **K**nowledge (PMBOK Guide) des Project Management Institute (PMI) liegt seit 2021 in der siebten Ausgabe vor und enthält die offizielle Norm des American National Standards Institute (ANSI) für Projektmanagement (**ANSI/PMI 99-001-2021**).

Mit der siebten Ausgabe dieses Standardwerkes geht das PMI einen neuen Weg. Der Guide liefert jetzt einen systemorientierten Blick auf das Projektmanagement. Die fünf Prozessgruppen (Initiierung, Planung, Ausführung, Steuerung, Abschluss) und den zugehörigen Wissensgebieten der vorherigen Ausgaben sind acht sog. Leistungsdomänen gewichen. Diese sind Stakeholder, Team, Entwicklungsansatz und Lebenszyklus, Planung, Projektarbeit, Lieferung, Messung, Unsicherheit [PMI21a].

1.6.4 PRINCE2

PRINCE2 – **Pr**ojects **In** **C**ontrolled **E**nvironments (7th Edition 2023) stellt ein branchenübergreifendes Projektmanagementsystem bestehend aus vier integrierten Bausteinen dar. Diese sind jeweils sieben *Grundprinzipien* (z.B. Lernen aus Erfahrung, Definierte Rollen und Verantwortlichkeiten), *Themen* (z.B. Business Case, Organisation, Qualität), *Prozesse* und die *Projektumgebung*. Die sieben Prozesse lassen sich auf drei Management-Ebenen aufteilen

- Lenken – Vorbereitung, Lenkung
- Managen – Initiierung, Steuerung, Managen eines Phasenübergangs, Abschluss
- Liefern – Managen der Produktlieferung

Herausgegeben und weiterentwickelt wird PRINCE2 von AXELOS, einem britischen Unternehmen, das u.a. auch für das weitverbreitete IT Service Management ITIL (IT Infrastructure Library) verantwortlich zeichnet [AXEL17].

1.6.5 PM²

Der PM² **P**roject **M**anagement **M**ethodology Guide ist eine vom Centre of Excellence in Project Management (CoEPM²) der Europäischen Kommission entwickelte und unterstützte Projektmanagementmethode. Im Fokus steht die Zusammenführung der unterschiedlichen Projektmanagementansätze innerhalb der EU-Verwaltung durch Festlegung einer einheitlichen Terminologie und gemeinsamer Verfahren. Das Phasenmodell besteht aus fünf Phasen – Initiierung, Planung, Durchführung und Abschluss. Die fünfte Phase – Überwachung und Kontrolle – ist übergreifende von Beginn (Initiierung) bis Ende des Projekts (Abschluss). Das Modell basiert auf bewährten Standards im Projektmanagement, ICB 4.0, PMBOK Guide, PRINCE2 und PRINCE2 Agile [CEPM21].

1.6.6 ICB 4.0

Die **I**ndividual **C**ompetence **B**aseline Version **4.0** der International Project Management Association (IPMA) ist ein kompetenzbasierter Standard. Sie enthält keine Prozessbeschreibungen, sondern stellt einen umfassenden Katalog individueller Kompetenzen dar. Die ICB 4.0 ist in drei Domänen aufgeteilt – Projekt-, Programm- und Portfoliomanagement. Die in diesen drei Standardwerken enthaltenen Kompetenzelemente werden wiederum in drei Bereiche eingeteilt:

- **Kontext-Kompetenz (Perspective)**
  Methoden, Werkzeuge und Techniken, mit denen ein Einzelner mit seiner Umgebung interagieren kann
- **Persönliche und Soziale Kompetenz (People)**
  Attribute, die ein Einzelner benötigt, um erfolgreich Projekte zu leiten bzw. in ihnen mitzuarbeiten
- **Technische Kompetenz (Practice)**
  spezifische Methoden, Werkzeuge und Techniken, die in Projekten eingesetzt werden

Abbildung 3 – Eye of Competence (IPMA)

Dieses „Eye of Competence“ bildet ein (Kompetenz-)Spektrum ab, über das Personen verfügen sollten, die in Projekten, Programmen oder Portfolios arbeiten oder diese leiten. Die ICB 4.0 macht dabei in Bezug auf Branchen oder Wirtschaftszweige keinen Unterschied [GPM17a].

Der Schwerpunkt dieses Buches liegt in der Domäne Projektmanagement.

1.6.7 Projektmanagement-Handbuch

Unternehmen, Konzerne und andere Organisationen verwenden häufig interne Richtlinien in Form von **Projektmanagement-Handbüchern** oder PM-Leitfäden, um eine organisationsweit einheitliche Vorgehensweise im Projektmanagement sicherzustellen. Das PM-Handbuch kann Teil des Organisationshandbuchs oder ggf. des Qualitätsmanagementhandbuchs des Unternehmens sein. Im einfachsten Fall stellt das PM-Handbuch eine Zusammenstellung von z.B. Checklisten und Formularen für das Projektmanagement dar. Meistens beinhaltet es ein unternehmensspezifisches Vorgehensmodell zur Planung, Überwachung und Steuerung der Projekte [MOTZ17].

Projektmanagement-Handbuch vs. Projekthandbuch

Das **Projektmanagement-Handbuch** ist eine interne Unternehmensrichtlinie bzw. ein Projektmanagement-Leitfaden und enthält meist neben einem unternehmensspezifischen Vorgehensmodell eine Zusammenstellung von z.B. Checklisten und Formularen für das Projektmanagement [MOTZ17].

Das **Projekthandbuch** ist eine projektspezifische Zusammenstellung von Informationen, Regelungen, Standards und Arbeitsmitteln für die Planung und Durchführung sowie dessen Überwachung und Steuerung. Es wird üblicherweise zum Projektstart erstellt und kontinuierlich fortgeschrieben [MOTZ17].

Inhalt: Projektdefinition und Leistungsplanung, Projektorganisation, Projektinformationswesen und Kommunikation, Projektplanung, Projektüberwachung und -steuerung, Projektabschluss

1.7 Literatur

[ANDE12] *Anderson, D. J.* (2012). Kanban. Evolutionäres Change Management für IT-Organisationen. Heidelberg: dpunkt.Verlag

[AXEL17] *AXELOS (Hrsg.).* (6. Aufl. 2017). Managing Successful Projects with Prince2. Norwich: The Stationery Office Ltd.

[BEA19a] *Bea, F. X., Scheurer, S., & Hesselmann, S.* (3., vollst. überarb. u. erw. Aufl. 2019). Projektmanagement. Konstanz: UVK Verlagsgesellschaft

[BOEH04] *Boehm, B., & Turner, R.* (2004). Balancing Agility and Discipline. A Guide for the Perplexed. Boston: Addison Wesley Professional

[CEPM21] *Centre of Excellence in Project Management.* (2021). PM² Project Management Methodology Guide 3.0.1 (European Commission, Hrsg.) Brüssel

[DIN20a] *DIN Deutsches Institut für Normung e.V.* (4. Aufl. 2020). DIN-Normen im Projektmanagement. DIN 69901-5 Projektmanagement – Projektmanagementsysteme – Teil 5: Begriffe (Bd. DIN Taschenbuch 472). Berlin: Beuth Verlag GmbH

[DIN20b] *DIN Deutsches Institut für Normung e.V.* (4. Aufl. 2020). DIN-Normen im Projektmanagement. ISO 21500 Leitlinien Projektmanagement (Bd. DIN Taschenbuch 472). Berlin: Beuth Verlag GmbH

[DIN20d] DIN Deutsches Institut für Normung e.V. (4. Aufl. 2020). DIN-Normen im Projektmanagement. DIN 69909-1 Multiprojektmanagement – Management von Projektportfolios, Programmen und Projekten – Teil 1: Grundlagen (Bd. DIN Taschenbuch 472). Berlin: Beuth Verlag GmbH

[DIN20e] *DIN Deutsches Institut für Normung e.V.* (4. Aufl. 2020). DIN-Normen im Projektmanagement. DIN 69900 Projektmanagement – Netzplantechnik; Beschreibungen und Begriffe (Bd. DIN Taschenbuch 472). Berlin: Beuth Verlag GmbH

[GPM17a] *Deutsche Gesellschaft für Projektmanagement e.V., (Hrsg.).* (1., aktual. Aufl. 2017). Individual Competence Baseline für Projektmanagement, Version 4.0 / Deutsche Fassung (Bd. 1). Nürnberg: Deutsche Gesellschaft für Projektmanagement e.V. (GPM)

[GPM17b] *GPM, SPM, & Gessler, M. (Hrsg.).* (8. Aufl. 2017). Kompetenzbasiertes Projektmanagement (PM3): Handbuch für die Projektarbeit, Qualifizierung und Zertifizierung auf Basis der IPMA Competence Baseline Version 3.0. Nürnberg: GPM Deutsche Gesellschaft für Projektmanagement e.V.

[KERZ22] *Kerzner, H.* (13. Aufl. 2022). Project Management: A systems Approach to Planning, Scheduling, and Controlling. Hoboken, New Jersey: Wiley

[KOMU17] *Komus, A., et. al.* (2017). Abschlussbericht: Status Quo Agile 2016/2017 – 3. Studie über Erfolg und Anwendungsformen von agilen Methoden. Koblenz: Hochschule Koblenz University of Applied Science

[LITK05] *Litke, H.-D. (Hrsg.).* (2005). Projektmanagement – Handbuch für die Praxis. Konzepte – Instrumente – Umsetzung. München: Hanser Fachbuchverlag.

[MOTZ17] *Motzel, E., & Möller, T.* (3., überarb. u. aktual. Aufl. 2017). Projektmanagement Lexikon: Referenzwerk zu den aktuellen nationalen und internationalen PM-Standards. Weinheim: Wiley-VCH Verlag

[PATZ17] *Patzak, G., & Rattay, G.* (7., überarb. Aufl. 2017). Projektmanagement: Leitfaden zum Management von Projekten, Projektportfolios und projektorientierten Unternehmen. Wien: Linde Verlags GmbH

[PFET20] *Pfetzing, K., & Rohde, A.* (7., vollständig überarb. Aufl. 2020). Ganzheitliches Projektmanagement. Wettenberg: Verlag Dr. Götz Schmidt.

[PMI21a] *Project Management Institute Inc.* (7th Edition 2021). A guide to the Project Management Body of Knowledge (PMBOK Guide) und Der Standard für das Projektmanagement. Pennsylvania: PMI Inc

[SEID19] Seidl, J. (2019) Grundlagen und Begriffe des Multiprojektmanagements. In Hüsselmann, C. / Seidl, J. (Hrsg) (2019). Multiprojektmanagement: Herausforderungen und Best Practices, o.O: Lehrbuchverlag

[TECH10] *Techt, U.* (4. Aufl. 2010). Goldratt und die Theory of Constraints. Moers: Editions La Colombe.

[TIMI24] *Timinger, H.* (2. Aufl. 2024). Modernes Projektmanagement. Mit traditionellem, agilem und hybridem Vorgehen zum Erfolg. Weinheim: Wiley-VCH Verlag

2 Initialisierungsphase

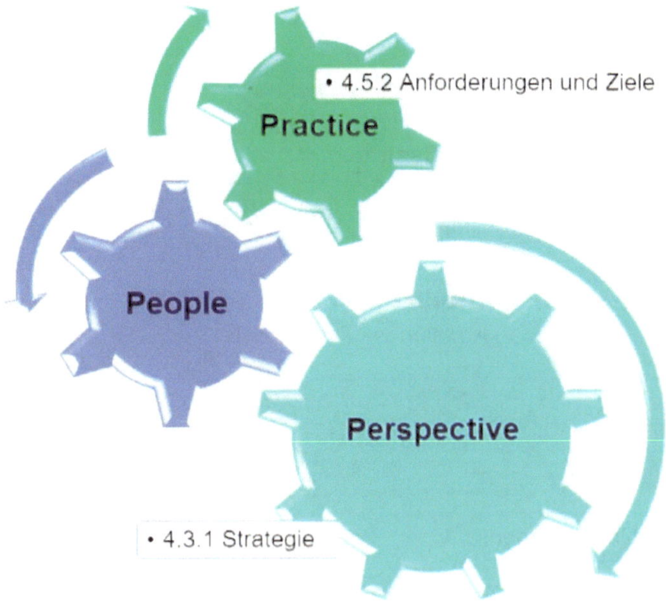

Abbildung 4 – ICB-Elemente in der Initialisierungsphase

Die Initialisierung eines Projektes erfolgt entweder aus dem internen Umfeld eines Unternehmens (z.B. Reaktion der Geschäftsleitung auf ein festgestelltes Problem, Anforderung eines Fachbereichs) oder aus dem externen Umfeld (z.B. eine gewonnene Ausschreibung, Kundenanforderung/-auftrag, geänderte Marktbedingungen) [GPM17b].

2.1 Auswahl von Projekten

Strategie (4.3.1)

„Die Kompetenz STRATEGIE definiert, wie Strategien verstanden und mithilfe von Projekten in handhabbare Elemente aufgeteilt werden. Diese Kompetenz definiert dafür ein leistungsstarkes Managementsystem, in dem Projekte bzgl. ihrer Ausrichtung an der Strategie und der Vision betrachtet und gesteuert werden, um sicherzustellen, dass sie möglichst stark mit der Mission und der Nachhaltigkeit der Organisation korrelieren" [GPM17a, Seite 42]

2.1.1 Vision, Mission, Strategie

4.3.1 Strategie / Kompetenzstufe 1

Projekte werden üblicherweise nicht um ihrer selbst willen durchgeführt, sondern um den Geschäftszweck des Unternehmens zu unterstützen. Aus diesem Grund leiten sich die Projektziele aus der Vision, der Mission und der Strategie des Unternehmens ab.

Abbildung 5 – Zielpyramide des Unternehmens

Vision

An der Spitze der Zielhierarchie steht eine allgemeine und grundsätzliche Vorstellung von der künftigen Rolle des Unternehmens. Diese Vision wird üblicherweise mit anspruchsvollen Begriffen formuliert und beschreibt einen idealen Zustand in der Zukunft [BEA19b].

Die Vision ist eine entscheidende Komponente der Unternehmensführung, da sie in knapper und anschaulicher Form allen Mitarbeitern deutlich macht, worum es geht. Sie kann auch spezifische Elemente auf dem Weg zu diesem Idealzustand umfassen und benennen. Die wichtigsten Unternehmensziele und -strategien lassen sich aus der Unternehmensvision ableiten. Die Vision markiert eine langfristige, richtungsweisende Orientierung in die Zukunft [FLEI22].

Eine gute Vision drückt aus:

- Warum wir das tun, was wir tun.
- Wo wir in fünf bis zehn Jahren stehen wollen.
- Was für uns auch in wirtschaftlich schwierigen Zeiten wichtig ist.
- Welche Werte wir auch dann verfolgen würden, wenn das Unternehmen turbulenten Zeiten ausgesetzt ist.
- Was wir auch dann hochhalten würden, wenn es im Wettbewerb als (scheinbarer) Nachteil erscheint.

Die Vision verkörpert die Unternehmensphilosophie.

Mission

Die Mission eines Unternehmens beschreibt den wesentlichen Zweck oder Auftrag, den das Unternehmen verfolgt. Sie erklärt, warum das Unternehmen oder eine Organisationseinheit existiert und was es für seine Stakeholder – Kunden, Eigentümer, Mitarbeiter oder Partner – sein möchte [FLEI22, BEA17]. Die Mission entspricht der Unternehmenspolitik und drückt den eigenen Auftrag zur Realisierung der Vision aus.

Strategie

Eine Strategie ist eine langfristig ausgerichtete, planvolle Anstrengung zur Verfolgung eines konkreten (Unternehmens-)Ziels. Die Unternehmensstrategie zeigt auf, wie ein mittel- (ca. 2 bis 4 Jahre) oder langfristiges (ca. 4 bis 8 Jahre) Unternehmensziel erreicht werden soll. Strategische Ziele konkretisieren die Vision/Mission und setzen grundlegende Rahmenbedingungen für das Handeln der Organisation. Der Erfolg des Unternehmens lässt sich anhand dieser Ziele messen [SZTU, BEA17].

Beispiel – Deutsche Post DHL Group[5]

1. Unsere Vision: Wir sind DAS Logistikunternehmen für die Welt.
2. Unsere **Mission**: Menschen verbinden, Leben verbessern.
   Excellence. Simply Delivered.
3. Unsere Strategie 2025: Spitzenleistungen in einer digitalen Welt.

2.1.2 Beurteilung der Projektidee

Üblicherweise stehen Unternehmen nur begrenzte Ressourcen zur Verfügung – Geld- und Sachmittel, Personal sowie Material müssen so eingesetzt werden, dass sie die Unternehmensziele effizient und effektiv unterstützen [BEA11]. Da Projekte Ressourcen zur Durchführung benötigen bzw. verbrauchen, ist es konsequent, dass nur Projekte durchgeführt werden sollten, die optimal zur Erreichung dieser Unternehmensziele beitragen.

Neben dem eigenen strategischen Planungsprozess als Quelle für Projektideen werden Projekte immer häufiger durch Veränderungen im Umfeld des Unternehmens ausgelöst – z.B. durch neue Technologien, Gesetzesänderungen oder den Markteintritt eines neuen Wettbewerbers [PATZ17].

Die Auswahl der richtigen Projekte im Unternehmen ist Aufgabe des strategischen Projektmanagements. Dabei gilt es zu prüfen, ob das Projekt grundsätzlich durchführbar ist. Diese erste „Vorauswahl“ soll sicherstellen, dass unpassende Projekte erst gar nicht in Angriff genommen werden.

„Man kann auch unglaublich effizient das Falsche tun.“
unbekannter Autor

Auswahlkriterien, für die passenden Projekte können beispielsweise sein

- Kundennutzen
- Kostensenkungspotenzial
- strategische Bedeutung
- verbesserte Reaktionsfähigkeit
- Risiko
- Dringlichkeit (Muss-Projekt – betrifft zwingende Themen, wie z.B. gesetzliche Änderungen)

[5] https://www.dpdhl.com/de/ueber-uns/strategie.html, abgerufen am 11.08.2023

Allerdings gewinnt die Beurteilung der Wirtschaftlichkeit in immer höherem Maße an Bedeutung. Aus ökonomischer Sicht können Projekte u.a. nach der

- Amortisationsdauer (Zeitdauer, die benötigt wird, um die Investition wieder zurückzugewinnen)
- Kapitalwertmethode (auch Net Present Value; Projekt ist dann wirtschaftlich, wenn die Summe aller Ein- und Auszahlungen positiv ist)
- Risikobewertung (Variantenrechnung, Sensitivitätsanalyse)

bewertet und selektiert werden [KERZ22, PATZ17].
Bei externen Kundenaufträgen ist das Messkriterium das Ergebnis nach Kosten, also der mit dem Projekt zu erwirtschaftende Deckungsbeitrag.

2.1.3 Erfolgsfaktoren

4.3.1 Strategie | 4.5.1 Projektdesign / Kompetenzstufe 1

Erfolg beruht nicht nur auf Handlungen und der Verknüpfung unterschiedlicher Vorgehensweisen, sondern auch auf externen „Umständen". Diese äußeren Umstände manifestieren sich in den Erfolgsfaktoren für das Projekt. Erfolgsfaktoren sind Schlüsselgrößen, die für das Erreichen der Gesamtziele eines Projektes von zentraler Bedeutung sind.

Wenn die Summe dieser Faktoren stimmt, wird das Projekt als Ganzes erfolgreich sein. Bei Defiziten beeinträchtigt dies unmittelbar den Gesamterfolg. Projektmanagement-Erfolgsfaktoren sind somit Vorgehensweisen und Situationen, die den Erfolg eines Projektes steigern können [GABL18, MOTZ17].

Es wird unterschieden zwischen Standarderfolgsfaktoren und Kritischen Erfolgsfaktoren (KEF). Kritische Erfolgsfaktoren gemäß der jährlichen Erhebung der Standish Group International Inc. (CHAOS-Report) sind beispielsweise: Aufmerksamkeit des Managements, realistische Erwartungen, kompetente Teammitglieder, klare Vision und Ziele, Verfügbarkeit des Kunden und Stakeholdermanagement.

Erfolgsfaktoren vs. Erfolgskriterien

Erfolgsfaktoren sind Schlüsselgrößen bzw. Rahmenbedingungen, die für das Erreichen der Gesamtziele eines Projektes von zentraler Bedeutung sind [GABL18].

Erfolgskriterien sind Merkmale, Eigenschaften und Bewertungsmaßstäbe, an denen der Erfolg eines Projekts gemessen und beurteilt werden kann. Die Projekterfolgskriterien müssen für jedes Projekt spezifisch identifiziert, analysiert und bewertet werden. Sie sollen klar verständlich und messbar sein. Dabei sind insbesondere Ziele und Nutzen des Auftraggebers, der verschiedenen Projektbeteiligten und der Nutzer der Projektergebnisse zu betrachten [MOTZ17].

Es ist zielführend, die subjektiven Erfolgskriterien der wichtigen Stakeholder in Erfahrung zu bringen und zu berücksichtigen.

2.1.4 Nutzwertanalyse

4.3.1 Strategie / Kompetenzstufe 1

Neben den „harten" Kostenkriterien können auch die oben erwähnten qualitativen Auswahlkriterien wie strategische Bedeutung, Kundennutzen und Dringlichkeit berücksichtigt werden. Die Nutzwertanalyse erlaubt die Verbindung der „harten" und „weichen" Kriterien und somit eine Gesamtbeurteilung des Projektes. Dabei wird ein Punktwert für alle in Frage kommenden Projekte ermittelt [NAGE95].

Vorgehen

1. Kriterien bestimmen und gewichten (Summe der Gewichte = 10 bzw. 100%)
2. Punkte für die Erfüllung der Kriterien durch die einzelnen Projekte vergeben (Werte von 1 – 10)
3. Gewichte (G) mit den Punkten (P) multiplizieren
4. Ergebnisse pro Kriterium und Projekt addieren
5. Summe pro Projekt einer Attraktivitätsskala zuordnen und entsprechende Auswahl treffen

		Projekt A		Projekt B		Projekt C	
Muss-Projekt		nein		nein		ja	
Kriterien	G	P	G * P	P	G * P	P	G * P
Wirtschaftlichkeit	3	7	21	10	30		
Dringlichkeit	1	9	9	4	4		
Kundennutzen	2	10	20	7	14		
Risiko[6]	1	9	9	4	4		
Strategie	3	5	15	9	27		
Summe	10		74		79	umsetzen	

Tabelle 5 – Nutzwertanalyse (Beispiel)

Neben Projekt C (Muss-Projekt) wäre nach der Nutzwertanalyse Projekt B für die Umsetzung erste Wahl. Diese Methode lässt sich auch im weiteren Verlauf der Projekte, beispielsweise bei der Priorisierung von Zielen oder der Bewertung von Lösungsalternativen, einsetzen. So kann das strategische Projektmanagement dafür sorgen, dass die richtigen Projekte ausgewählt werden (**Effektivität**), während das operative Projektmanagement diese dann richtig umsetzt (**Effizienz**).

2.2 Projektdefinition

2.2.1 Business Case

4.3.1 Strategie / Kompetenzstufe 1

Der Business Case oder Wirtschaftlichkeitsnachweis ist eine dokumentierte Machbarkeitsstudie, die den Grund für das Projekt und somit den Nutzen für die Organisation

[6] Anmerkung: hohe Punktzahl = geringes Risiko, niedrige Punktzahl = hohes Risiko

darstellt, einschließlich des betriebswirtschaftlichen Nutzens (→ Nutzenziele). In der Regel liegt die Verantwortung für die Ausarbeitung dieses Dokuments beim Auftraggeber. Der Business Case nennt auch die Ziele für die Projektinitialisierung und kann daher zum Projektabschluss als Messkriterium dienen [GPM17a, PMI21a].

Für die Erstellung eines Business Case gibt es keine einheitliche Vorgabe. Die PM-Methode PRINCE2 bietet jedoch einen Leitfaden mit folgenden Abschnitten [TURL]:

Zusammenfassung (Executive Summary)	**kurze Übersicht über den Business Case**
Gründe (Reasons)	Motivation für die Durchführung des Projekts
Optionen (Business Options)	Möglichkeiten zur Durchführung des Projekts mit quantitativer und qualitativer Bewertung
erwarteter Nutzen (Expected Benefits)	Auflistung des Nutzens mit Begründungen und Messungen
Erwartete negative Effekte (Expected Dis-benefits)	Ergebnisse, die von Stakeholdern negativ bewertet werden und / oder negative Nebeneffekte
Zeitrahmen (Timescale)	Start und Ende des Projekts und wann sich das Projekt rechnet
Kosten (Costs)	Kosten des Projekts und Kosten, die nach Abschluss entstehen
Investitionsrechnung (Investment Appraisal)	Informationen über Return on Investment (ROI), Kapitalwertmethode (Net Present Value); Kosten-Nutzen-Analysen
Hauptrisiken (Major Risks)	Zusammenfassung der größten Risiken für das Projekt

Tabelle 6 – Leitfaden Business Case

2.2.2 Projektsteckbrief

4.5.2 Anforderungen und Ziele / Kompetenzstufe 2

Ein weiteres, Dokument, das zur Beschreibung des Leistungsumfangs des Projekts zur Anwendung kommt, ist der **Projektsteckbrief** (siehe Abbildung 6). Er stellt die wesentlichen Eckdaten des Projektes kurz und präzise dar. Dazu gehören

- Projektname und Projektnummer
- eine Beschreibung des Inhalts
- die Projektziele
- Informationen zu Dauer, Beginn und Ende
- eine Aussage zum Budget
- Angaben zum Auftraggeber und / oder Kunde
- beteiligte Personen (Projektleiter, Projektteam)
- eine Übersicht zu den geplanten Projektphasen

Der Projektsteckbrief ersetzt nicht die ausführliche Beschreibung von Leistungsumfang und Lieferobjekten, sondern gibt einen Überblick über das Projekt und seine Besonderheiten. Üblicherweise wird versucht, dieses Dokument, auf eine Din A4-Seite zu begrenzen. Je nach Sprachgebrauch und Festlegung im Unternehmen wird der Projektsteckbrief auch als Projektdefinitionsblatt, Projektbeschreibung, Projektantrag, Projektauftrag oder Project Charter bezeichnet [PATZ17, MOTZ17].

2.2.3 Project Canvas

4.5.2 Anforderungen und Ziele / Kompetenzstufe 2 (Level C)

Eine weitere Möglichkeit, ein Projekt übersichtlich darzustellen, ist der Project Canvas. Dieses Instrument dient dazu, ein gemeinsames Verständnis für das Projekt zu schaffen. Ursprünglich entwickelt als Business Model Canvas von ALEXANDER OSTERWALDER und YVES PIGNEUR, zielt diese Methode darauf ab, eine gemeinsame Sprache zur Beschreibung, Visualisierung, Bewertung und Anpassung von Geschäftsmodellen zu etablieren. Dabei wird die komplexe Struktur eines Geschäftsmodells in neun Schlüsselkomponenten „zerlegt" und mithilfe vorgegebener Fragen strukturiert [OSTE11].

Ein ähnlicher Ansatz, wahrscheinlich sogar der bekannteste, ist das „7-S-Framework", das in den 1970er Jahren von McKinsey zur Unternehmensanalyse entwickelt wurde. Bei seiner Anwendung entsteht eine Checkliste für die wichtigsten Elemente einer Organisation [ASSE14].

Der **Project Canvas** wendet ein ähnliches Prinzip auf Projekte an, indem er ein komplexes Vorhaben in elf Schlüsselkomponenten zerlegt (siehe Abbildung 7). Zu diesen Komponenten gibt es, ähnlich zum Original, unterstützende Fragen, die das Verständnis erleichtern. Die Darstellung auf einer Leinwand (Canvas) bietet eine visualisierte Übersicht über das Projekt, sozusagen das gemeinsame „Big Picture" [HABE18].

PROJEKTSTECKBRIEF	**Projektnummer: NK-22**

Projektname

Neuer Kletterturm auf dem Vereinsgelände

Projektauftraggeber	Projektleiter
Herr B., Vorstandsvorsitzender KLETTERMAXE E.V.	Herr K., hauptamtlicher Geschäftsführer bei KLETTERMAXE E.V.

Kurzbeschreibung des Projekts

Abbau des alten Kletterturms und Errichtung eines neuen (erweiterten, modernisierten) Kletterturm, um mehr Klettermöglichkeiten und mehr Ausbildungsmöglichkeiten zu realisieren.

Projektstartereignis	Projektstarttermin	Projektdauer
Beschluss in der Hauptversammlung, Nov. 2021	30.10.2021	29 Monate
Projektendereignis	**Projektendtermin**	
Übergabe an den Verein	24.03.2024	

Projektziele

- Der alte Kletterturm ist abgebaut und die Fläche für den Neubau nutzbar.
- Neuer Turm ist aufgebaut und abgenommen.
- Die geforderte Routenanzahl mit entspr. Schwierigkeitsgrad gem. UIAA sind montiert.

Meilensteine

M1 30.10.2021

Projektleiter benannt

M2 20.02.2022

Vorhaben vom Vorstand beschlossen,

Positiver Beschluss der HV liegt vor

M3 17.09.2022

Fachfirma für Turmbau ausgewählt

M4 02.11.2023

Abriss erfolgt und Fläche bereinigt

M5 01.03.2024

Bauabnahme Neubau erfolgt

M6 24.03.2024

Neuer Kletterturm an Verein übergeben

Projektressourcen und Projektbudget

Ressourcenart	Menge(n) Einheit	Budget (in €)
Personalbudget		40.000.--
Sach-/Materialbudget		360.000.--
Risikobudget		0.--
Gesamtbudget		400.000.--

Hauptrisiko, -risiken

Baugenehmigung wird nicht oder verspätet erteilt.

Projektteammitglieder

Herr K., Projektleiter / Frau G., Geschäftsstelle / Herr F., Vorsitzender Boulder AG / Herr D., Kletterwart / Herr M., Finanzvorstand.

Auftraggeber	Projektleiter
______________________	______________________
Datum, Unterschrift	Datum, Unterschrift

Abbildung 6 – Beispielprojekt – Projektsteckbrief

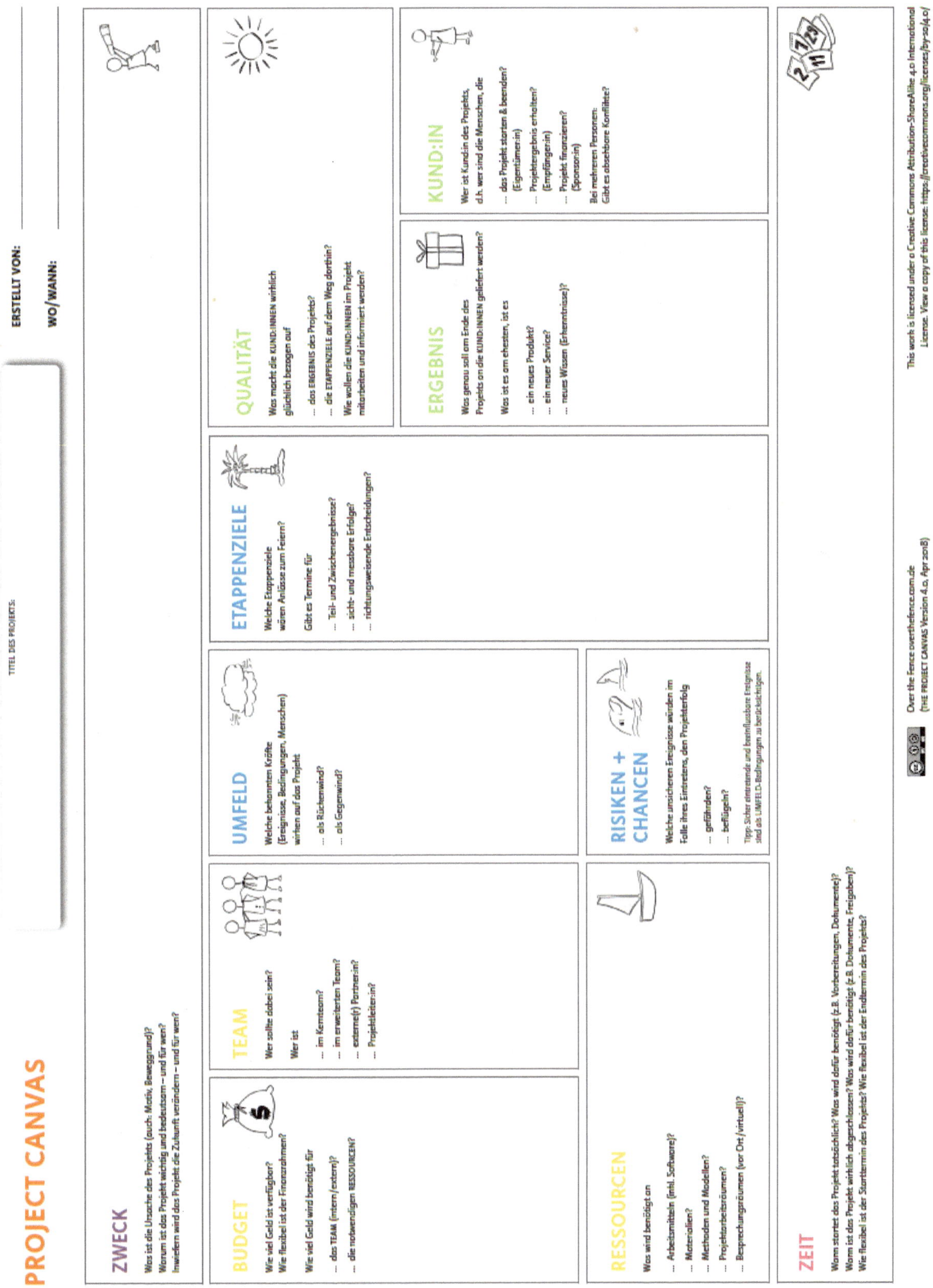

Abbildung 7 – Project Canvas[7]

[7] Over the Fence, overthefence.com.de, cc by-sa 4.0, unverändert übernommen

2.3 Literatur

[ASSE14] *van Assen, M., van den Berg, G., & Pietersma, P.* (2. Aufl. 2009). Key Management Models. Harlow: Pearson Education.

[BEA11] *Bea, F. X., Friedl, B., & Schweitzer, M.* (10., neubearb. u. erw. Aufl. 2011). Allgemeine Betriebswirtschaftslehre. Band 2 Führung. Stuttgart: UTB / Lucius & Lucius

[BEA19b] *Bea, F. X., & Haas, J.* (10. Aufl. 2019). Strategisches Management. Konstanz: UVK Verlagsgesellschaft mbH

[FLEI22] *Fleig, J.* (29. Juli 2022). Was Vision und Mission im Unternehmen bewirken. Abgerufen am 08. August 2023 von business-wissen.de: https://www.business-wissen.de/hb/was-vision-und-mission-im-unternehmen-bewirken/

[GABL18] *Szczutkowski, A.* (19. Februar 2018). Definition kritische Erfolgsfaktoren. Abgerufen am 08. August 2023 von Gabler Wirtschaftslexikon: https://wirtschaftslexikon.gabler.de/definition/kritische-erfolgsfaktoren-38219/version-261645

[GPM17a] *Deutsche Gesellschaft für Projektmanagement e.V.,* (Hrsg.). (1., aktual. Aufl. 2017). Individual Competence Baseline für Projektmanagement, Version 4.0 / Deutsche Fassung (Bd. 1). Nürnberg: Deutsche Gesellschaft für Projektmanagement e.V. (GPM)

[GPM17b] *GPM, SPM, & Gessler, M.* (Hrsg.). (8. Aufl. 2017). Kompetenzbasiertes Projektmanagement (PM3): Handbuch für die Projektarbeit, Qualifizierung und Zertifizierung auf Basis der IPMA Competence Baseline Version 3.0. Nürnberg: GPM Deutsche Gesellschaft für Projektmanagement e.V.

[HABE18] *Habermann, F., & Schmidt, K.* (2018). Over the Fence: Projekte neu entdecken, neue Vorhaben besser durchdenken und gemeinsam mehr Spaß bei der Arbeit haben. Berlin: Becota.

[KERZ22] *Kerzner, H.* (13. Aufl. 2022). Project Management: A systems Approach to Planning, Scheduling, and Controlling. Hoboken, New Jersey: Wiley

[NAGE95] *Nagel, K.* (6. Aufl. 1995). 200 Strategien, Prinzipien und Systeme für den persönlichen und unternehmerischen Erfolg. Landsberg/Lech: verlag moderne industrie

[OSTE11] *Osterwalder, A., & Pigneur, Y.* (2011). Business Model Generation: Ein Handbuch für Visionäre, Spieleveränderer und Herausforderer. Frankfurt a.M.: Campus Verlag.

[PATZ17] *Patzak, G., & Rattay, G.* (7., überarb. Aufl. 2017). Projektmanagement: Leitfaden zum Management von Projekten, Projektportfolios und projektorientierten Unternehmen. Wien: Linde Verlags GmbH

[PMI21a] *Project Management Institute Inc.* (7th Edition 2021). A guide to the Project Management Body of Knowledge (PMBOK Guide) und Die Norm für Projektmanagement. Pennsylvania: PMI Inc.

[TURL] *Turley, F.* (o.J.). PRINCE2 Business Case Template. Abgerufen am 08. Aug. 2023 von PRINCE2 Business Case Template – PRINCE2 wiki: http://prince2.wiki/PRINCE2_Business_Case_Template

[SZTU] *Sztuka, A.* (0.D.). Normatives Management: Vision, Mission und Strategische Ziele. Abgerufen am 08. August 2023 von manager wiki: http://www.manager-wiki.com/strategie-grundlagen/5-normatives-management-vision-mission-und-strategische-ziele#Strategische%20Ziele

3 Definitionsphase

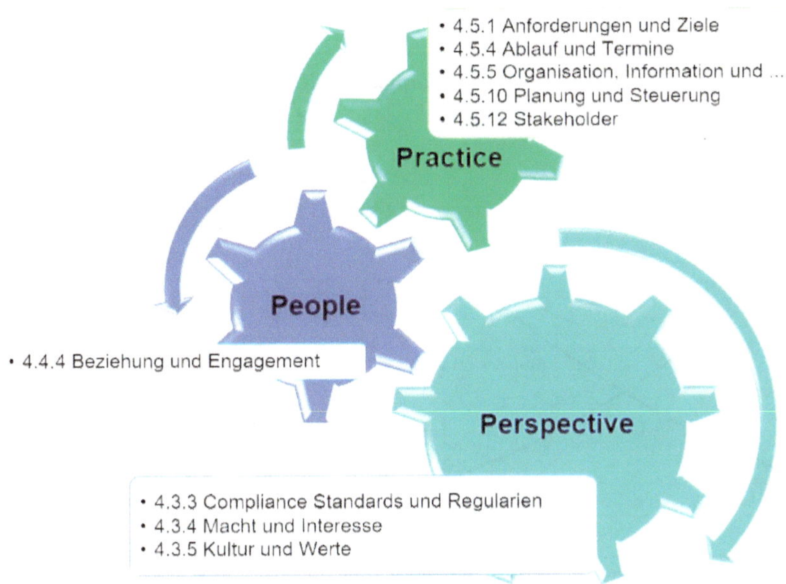

Abbildung 8 – ICB-Elemente in der Definitionsphase

In der Definitionsphase besteht der erste Schritt darin, ein Kernteam für das Projekt zusammenzustellen, das in dieser Phase zunächst folgende Fragen klärt: [BERG21]

Warum?	Warum wird das Projekt gemacht (Zieldefinition)?
Wo?	Wo wird am Projekt gearbeitet? In welcher Umgebung (Umfeldanalyse)?
Wer?	Welche Personen und Unternehmen sind an der Durchführung und Finanzierung beteiligt und wer ist betroffen (Stakeholderanalyse und Projektorganisation)?
Was?	Was muss wann gemacht werden (Phasenplan und Meilensteine)?

Tabelle 7 – Fragen während der Definitionsphase

3.1 Wie beginnt ein Projekt? Der Projektstart

4.5.10 Planung und Steuerung / Kompetenzstufe 1

„Zeige mir wie Dein Projekt beginnt, und ich sage Dir, wie es endet“
Gero Lomnitz, Gründungsmitglied des IPO Köln

Wie bereits im Kapitel 1 festgestellt wurde, ist ein wesentliches Merkmal für ein Projekt dessen zeitliche Begrenzung, also sein definierter Start und sein definiertes Ende. Während in der deutschen DIN 69901 oder der amerikanischen ANSI/PMI 99-001-2021 der Projektabschluss klar definiert wird, gibt es für den Projektbeginn keine dezidierte Aussage [DIN20a, PMI21a].

Dies ist umso erstaunlicher, da allgemein bekannt ist, dass die Möglichkeiten, die Resultate eines Projektes zu beeinflussen, im Verlauf der Projektbearbeitung rapide ab- und die Kosten für Änderungen im gleichen Maß zunehmen [GPM17b, KERZ22, BEA19b].

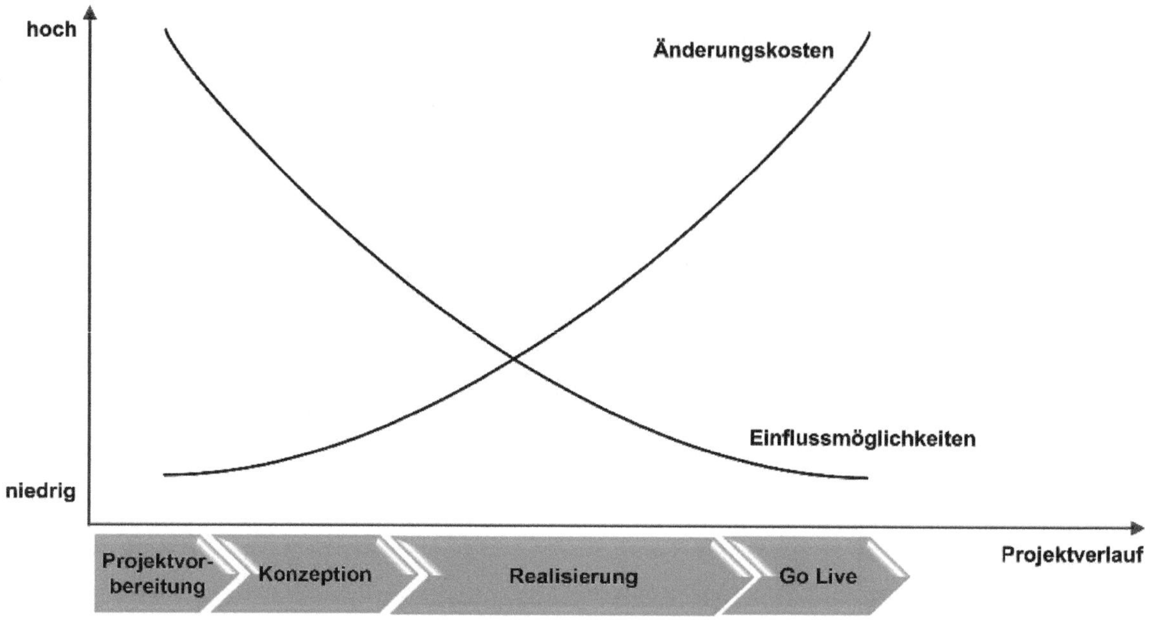

Abbildung 9 – Einflussmöglichkeiten und Kosten

Für den Begriff **Projektstart** finden sich zwei unterschiedliche Definitionen – ein Ereignis oder eine Phase bzw. ein Prozess. Das Ereignis **Projektstart** lässt sich beispielhaft an unterschiedlichen Punkten fest machen

- Erster Gedanke zum Projekt bei einem verantwortlichen Entscheider
- Versand der Ausschreibung / des Lastenhefts durch den Auftraggeber
- Datum des Projektantrags
- Antwort mit dem Pflichtenheft auf die Ausschreibung / das Lastenheft des Auftraggebers
- Freigabe des Projektantrages (intern) bzw. Beauftragung (extern) durch den Auftraggeber
- Datum der Eröffnung einer Kostenstelle für das Projekt
- Kick-Off-Meeting oder Start-Workshop
- Termin des Startmeilensteins

Betrachtet man die unterschiedlichen Auffassungen, so ist es besser, vom Projektstart als eigenständige Phase auszugehen.

Diese Phase bzw. dieser Prozess kann in einen noch nicht lösungsorientierten Abschnitt und den daran anschließenden konzeptionellen Teil gegliedert werden. Der erste Abschnitt wird als **Projektstart im engeren Sinn** bezeichnet, während beide zusammen als **Projektstart im weiteren Sinn** gelten [GPM17b].

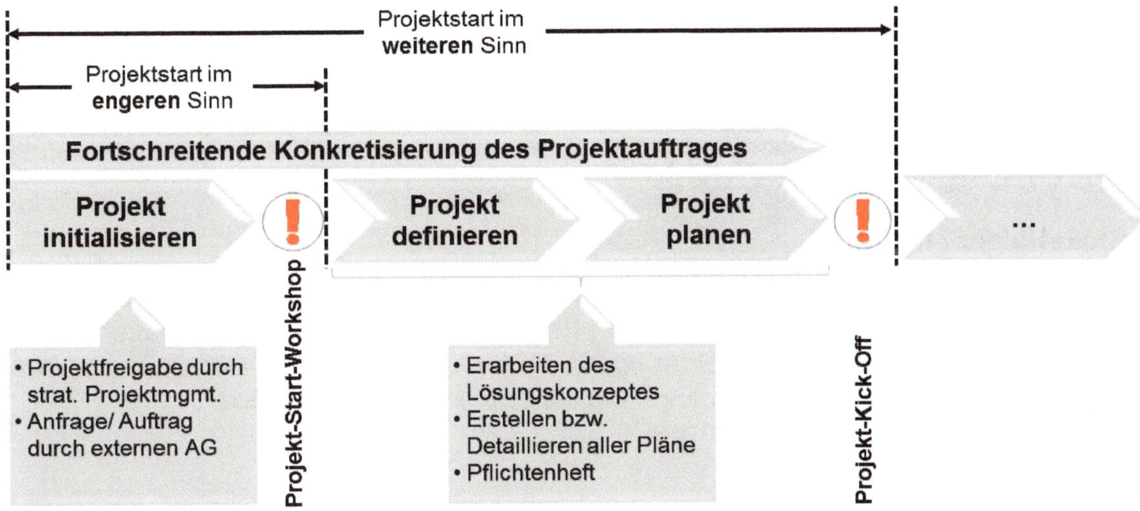

Abbildung 10 – Projektstart

Der Projektstart im **engeren Sinn** umfasst die anfänglichen Klärungen für das Projekt, wie z.B. Auftragsklärung, erste Risikobetrachtung, Erfolgsfaktoren und erste Aufwand- und Kostenschätzungen. Dies führt letztendlich zur Ausarbeitung des Projektsteckbriefs. Abgeschlossen wird dieser Abschnitt durch den **Projekt-Start-Workshop**. Dieser Workshop dient der Integration der Mitarbeiter, die für die Definitions- und Planungsphase notwendig sind (Kernteam). Hier werden auch vorläufige Entscheidungen bezüglich der Projektorganisation getroffen sowie die Bereitstellung der Infrastruktur und Arbeitsmittel organisiert.

Der Projektstart im **weiteren Sinn** umfasst zusätzliche Analysen und viele konzeptionelle Planungsschritte. Hierbei werden Stakeholder und Risiken detaillierter analysiert, Pläne bis hin zum Ablauf- und Terminplan erstellt und die benötigten Ressourcen sowie die Kosten und Finanzmittel ermittelt und auf ihre Verfügbarkeit geprüft. Abgeschlossen wird dieser Abschnitt mit dem **Projekt-Kick-Off**, einer „offiziellen Veranstaltung nach erfolgreicher Planung, die mindestens alle Mitglieder des Projektteams und gegebenenfalls Vertreter der Auftraggeberseite vereint, um ihnen ein gemeinsames Verständnis bezüglich des Projekts zu vermitteln und die auszuführenden Arbeiten in Gang zu setzen“ [DIN20a, S. 153].

In diesem Zusammenhang soll das **0. Gebot** für Projektleiter nicht unerwähnt bleiben – „Beginne nie eine innovative Aufgabe, bevor Du nicht folgende Frage seriös beantwortet hast: Wer hat eine ähnliche Aufgabenstellung bereits bearbeitet, sich mit dem Thema befasst und kann positive oder negative Erfahrungen beitragen?“ [SCHE16, Seite 55] Dabei geht es nicht darum, „das Rad neu zu erfinden“ bzw. „jeden Fehler selbst zu machen“, sondern von bestehendem Wissen und positiven wie negativen Erfahrungen zu profitieren. Dennoch ist dabei Vorsicht geboten, denn „Erfahrung macht nicht notwendigerweise immer klug; Erfahrung kann auch dumm machen.“ [DÖRN11, Seite 257].

„Wir sollten darauf achten, einer Erfahrung nur so viel Weisheit zu entnehmen, wie in ihr steckt – mehr nicht; damit wir nicht der Katze gleichen, die sich auf eine heiße Herdplatte setzte. Sie setzt sich nie wieder auf eine heiße Herdplatte – und das ist richtig; aber sie setzt sich auch nie wieder auf eine kalte.“

Mark Twain (1835 – 1910), US-amerikanischer Schriftsteller,
u.a. „Die Abenteuer von Tom Sawyer“

Die Praxis zeigt, dass die Projektstartphase enormen Einfluss auf den Projektverlauf hat. Durch die hier investierte Zeit werden wichtige Voraussetzungen für den späteren Projekterfolg geschaffen.

3.2 Umfeld und Stakeholder

Stakeholder (4.5.12)

„Die Kompetenz STAKEHOLDER umfasst die Identifikation, die Analyse, das Einbeziehen und Managen der Einstellungen und Erwartungen aller relevanten Stakeholder." ... „Die Beteiligung der Stakeholder ist ein fortlaufender Prozess, der sich über den gesamten Lebenszyklus des Projekts hinzieht." [GPM17a, Seite 155]

3.2.1 Umfeldanalyse

4.5.12 Stakeholder | 4.2.1 Strategie / Kompetenzstufe 2

Bevor mit der Planung des Projektes begonnen wird, ist es notwendig, einen prüfenden Blick auf das Projektumfeld zu werfen. Als Projektumfeld wird die Umgebung bezeichnet, in der ein Projekt entsteht und durchgeführt wird, die das Projekt beeinflusst und von dessen Auswirkungen betroffen ist. Projektbeeinflussungen können aus sozialen und sachlichen Umfeldfaktoren resultieren [BEA19a].

Hinsichtlich der Ausdehnung des Projektumfelds lassen sich

- das unmittelbare (direkte) Projektumfeld, z. B. Rahmenbedingungen, parallele Projekte
- das mittelbare (indirekte) Projektumfeld, z. B. Firmenleitung, Arbeitsmarkt

unterscheiden. Häufig werden auch die Begriffe „intern" für unternehmensinterne und „extern" für unternehmensexterne Einflussfaktoren verwendet [BEA19a].

Bei den sachlichen Umfeldfaktoren bietet das Akronym PESTEL ein gutes Hilfsmittel, das der Projektleiter u.a. dazu verwenden kann, die Zusammenhänge zwischen seinem Projekt und dessen Umfeld darzustellen. Das Akronym PESTEL steht dabei für

Akronym	Beschreibung	Beispiele
POLITICAL (politisch)	Aktuelle und potenzielle Einflüsse aus dem politischen Umfeld	Landes- & Bundespolitik, Europapolitik, Medien
ECONOMIC (wirtschaftlich)	Lokale, nationale und weltweite wirtschaftliche Einflussfaktoren	Arbeitsmarkt, Wettbewerber, Kapitalmarkt, Zölle
SOCIAL (gesellschaftlich)	Das sozio-kulturelle Umfeld und Auswirkungen des gesellschaftlichen Wandels	Firmenkultur, Projektkultur, Arbeitsbedingungen, Organisationsform, Migration, Nachhaltigkeit
TECHNOLOGICAL (technisch)	Einfluss / Auswirkung von Technologie	Technische Infrastruktur, Technologiewandel

ENVIRONMENTAL (ökologisch)	Lokale, nationale und globale Umwelteinflüsse	Wetter, Umweltvorgaben, limitierte natürliche Ressourcen, Abfallbeseitigung
LEGAL (gesetzlich)	Auswirkung lokaler, nationaler und internationaler Gesetze und Regularien	Gesetze, Normen, Verordnungen

Tabelle 8 – PESTEL

Innerhalb der sozialen Umfeldfaktoren werden Personen und / oder Institutionen identifiziert, die das Projekt positiv oder negativ beeinflussen können (siehe Kapitel *„Stakeholdermanagement“*). Eine entsprechende grafische Aufbereitung der gesammelten Umfeldfaktoren kann wie folgt aussehen:

	Sachliche Umfeldfaktoren	Soziale Umfeldfaktoren
intern	Lage des Vereinsgeländes (Landschaftsschutzgebiet) *(SL1)* Möglichkeiten für Eigenleistung *(SL2)* Satzung des Vereins KLETTERMAXE E.V. *(SL3)*	Vorstand Klettermaxe e.V. *(SZ1)* Vereinsmitglieder KLETTERMAXE E.V. *2)* Frau G. (Geschäftsstelle) *(SZ3)* Herr D. (Kletterwart KLETTERMAXE E.V.) *(SZ4)*
extern	Bau- und Prüfvorschriften - Hessische Bauordnung (HBO) *(SL4)* - DIN EN 12572 *(SL5)* - DGUV Information 202-018 *(SL6)* - Produktsicherheitsgesetz (ProdSG) *(SL7)* Umweltschutz: - Hessisches Naturschutzgesetz (HeNatG) *(SL8)* - Bundesnaturschutzgesetz (BNatSchG) *(SL9)* - Hessisches Ausführungsgesetz zum Bundesnaturschutzgesetz (HAGBNatSchG) *(SL10)*	Frau B. (Amt für Baurecht und Denkmalschutz) *(SZ5)* Herr N. (Untere Naturschutzbehörde) *(SZ6)* Frau F. (Naturschutzbeauftragte) *(SZ7)* Geschäftsführung des KLEVER Verbands e.V. *(SZ 8)* Herr K. (Fachfirma Turmbau) *(SZ9)* Herr S. (TÜV-Süd) *(SZ10)*

Abbildung 11 – Beispielprojekt – Umfeldanalyse mit Einflussfaktoren

Die frühzeitige Analyse des Projektumfeldes als systematische Betrachtung der positiven (unterstützenden) und negativen (störenden) Einflüssen auf das Projekt hilft, Chancen zu finden, Risiken zu erkennen und eine adäquate Kommunikationsstrategie festzulegen. Die Umfeldanalyse ist somit ein wichtiger Ausgangspunkt für weiterführende Analysen und daraus abzuleitende Maßnahmen im Laufe des Projekts.

Sachliche Umfeldfaktoren	**Einfluss auf Projekt**			**Beschreibung**	**Interaktion mit anderen sachlichen Umfeldfaktoren**
	Ri si	C h	n e		
Lage des Vereinsgeländes (Landschaftsschutzgebiet) (SL1)	X			Das Vereinsgelände liegt eingebettet in einem Landschaftsschutzgebiet. → Auflagen seitens der UNB und des Bauamtes	NatSchG (SL8), BNatSchG (SL9)
Möglichkeiten für Eigenleistung (SL2)		X		Die Mitglieder können sich aktiv in die Neugestaltung einbringen → Mitgliederbindung	Satzung (SL3), LBO (SL4)
Satzung des Vereins KLETTERMAXE E.V. (SL3)			X	Die Satzung lässt freiwillige Arbeitsleistungen zu.	Eigenleistung (SL2)
Hessische Bauordnung (HBO) (SL4)	X				
DIN EN 12572 (SL5)			X	Norm für Künstliche Kletteranlagen	
DGUV Information 202-018 (SL6)			X	Empfehlung zum sicheren Bau und Betrieb von künstlichen Kletterwänden	
Produktsicherheitsgesetz (ProdSG) (SL7)			X	Gesetz über die Bereitstellung von Produkten auf dem Markt	
Hessisches Naturschutzgesetz (HeNatG) (SL8)	X			Vorgaben bzgl. Bauvorhaben in Landschafts- und Naturschutzgebieten	Lage Vereinsgelände (SL1)
Bundesnaturschutzgesetz (BNatSchG) (SL9)	X				Lage Vereinsgelände (SL1)
…					

Tabelle 9 – Beispielprojekt – mögliche erste Chance-Risiko-Bewertung der sachlichen Umfeldfaktoren

Chancen beinhalten alle Bedingungen, die während der Projektlaufzeit dazu führen, dass die Projektziele besser erreicht werden können. Unter Risiken werden hingegen alle Bedingungen und Situationen zusammengefasst, die das Projekt möglicherweise negativ beeinflussen. Hierbei wird nicht zwischen direkten / indirekten bzw. internen / externen Umfeldfaktoren unterschieden. Die möglicherweise risikobehafteten Interaktionen sind mit ihren Ursachen und den daraus für das Projekt entstehenden Folgen kurz zu beschreiben. Zusätzlich können evtl. vorhandene Chancen festgestellt und auf ihre Nutzbarkeit im Projekt hin analysiert werden.

Die detaillierte Analyse sowie das Festlegen und Umsetzen entsprechender Maßnahmen erfolgt für die sozialen Umfeldfaktoren im **Stakeholder**- (siehe Kapitel „*Stakeholdermanagement*") bzw. für die sachlichen Umfeldfaktoren im **Risikomanagement** (siehe Kapitel „*Chancen und Risiken*").

3.2.1.1 Umfeldfaktoren – Rechtliche Rahmenbedingungen

4.3.3 Compliance, Standards und Regularien / Kompetenzstufe 1

Im Rahmen der PESTEL-Checkliste finden sich gesetzliche (legal) Umfeldfaktoren die der Projektleiter je nach Projekt, Unternehmen und Branche zu berücksichtigen hat.

Anmerkung: In einigen Branchen wird das Akronym HSSE bzw. HSE – „Health, Safety, Security, and Environment" verwendet, um die Bedeutung von Gesundheit, Arbeitsschutz, die Sicherung von Betriebsanlagen (im weitesten Sinne) und Umweltschutz hervorzuheben.

Gesundheit (Health) – bezieht sich auf die Sicherstellung der physischen und psychischen Gesundheit der Mitarbeiterinnen und Mitarbeiter am Arbeitsplatz.

- **Arbeitsstättenverordnung** (ArbStättV) – legt fest, was der Arbeitgeber beim Einrichten und Betreiben von Arbeitsstätten in Bezug auf die Sicherheit und den Gesundheitsschutz der Beschäftigten zu beachten hat.
- **Arbeitszeitgesetz** (ArbZG) – legt die Grundnormen dafür fest, wann und wie lange Arbeitnehmer in Deutschland höchstens arbeiten dürfen. Damit stellt das Gesetz den Gesundheitsschutz der Beschäftigten sicher.
- **Mutterschutzgesetz** (MuSchG) – schützt die schwangere Frau und die Mutter grundsätzlich vor Kündigung und in den meisten Fällen auch vor vorübergehender Minderung des Einkommens. Es schützt darüber hinaus die Gesundheit der (werdenden) Mutter und des Kindes vor Gefahren am Arbeitsplatz.
- **Jugendarbeitsschutzgesetz** (JArbSchG) – ist ein Gesetz zum Schutz von Kindern und Jugendlichen in der Arbeitswelt. Es zählt zu den Gesetzen des sozialen Arbeitsschutzes.
- **Infektionsschutzgesetz** (InfSG) – ist ein Gesetz gegen gemeingefährliche oder übertragbare Krankheiten bei Menschen und regelt die hierfür notwendige Mitwirkung und Zusammenarbeit. Es soll übertragbaren Krankheiten vorbeugen, Infektionen frühzeitig erkennen und ihre Weiterverbreitung verhindern. Wie die COVID-Pandemie gezeigt hat, hat dieses Gesetz auch Auswirkungen auf den

Arbeitsschutz → z.B. AHA-L-Formel während der COVID-19 Pandemie (Abstand, Hygiene, Atemschutz, Lüften)[8]

Arbeitsschutz und -sicherheit (Safety) – bezieht sich auf die Vorbeugung von Unfällen und Verletzungen am Arbeitsplatz.

- **Arbeitsschutzgesetz** (ArbSchG) – regelt für alle Tätigkeitsbereiche die grundlegenden Arbeitsschutzpflichten des Arbeitgebers, die Pflichten und die Rechte der Beschäftigten sowie die Überwachung des Arbeitsschutzes nach diesem Gesetz. Das ArbSchG schreibt im §5 die Durchführung einer **Gefährdungsbeurteilung** (siehe Kapitel „*Gefährdungsbeurteilung*“) vor.[9]
- **Arbeitssicherheitsgesetz** (AsiG) – Nach diesem hat der Arbeitgeber Betriebsärzte und Fachkräfte für Arbeitssicherheit zu bestellen. Diese sollen ihn beim Arbeitsschutz und bei der Unfallverhütung unterstützen.
- **Vorschriften- und Regelwerk der gesetzlichen Unfallversicherung DGUV Vorschrift 1, dritter Abschnitt** – Die berufsgenossenschaftliche Unfallverhütungsvorschrift (UVV) beschreibt die Durchführung der betrieblichen Erste Hilfe und das Verhalten bei Unfällen, sowie die daraus resultierenden Pflichten für Unternehmer und Versicherte.

Sicherheit (Security) – bezieht sich auf die Sicherung von Betriebsanlagen, Informationen und Ressourcen vor internen und externen Bedrohungen

Datenschutz

- **Datenschutz** – Schutz des Einzelnen vor Beeinträchtigungen seines Rechtes auf informationelle Selbstbestimmung, kraft dessen jeder Bürger grundsätzlich selbst über die Preisgabe und Verwendung seiner personenbezogenen Daten bestimmen darf[10], die Rechtsgrundlage hierfür ist das Bundesdatenschutzgesetz.
- **Bundesdatenschutzgesetz**[11] (BDSG) – regelt zusammen mit den Datenschutzgesetzen der Länder und anderen bereichsspezifischen Regelungen den Umgang mit personenbezogenen Daten, die in Informations- und Kommunikationssystemen oder manuell verarbeitet werden, sowie die Rechte der Betroffenen. Das BDSG gilt in der Neufassung von 2018 in Verbindung mit der Datenschutzgrundverordnung (DSGVO) weiterhin.
- **Personenbezogene Daten** sind laut der seit 25. Mai 2018 geltenden Datenschutzgrundverordnung (DSGVO) Art. 4 *„…alle Informationen, die sich auf eine identifizierte oder identifizierbare natürliche Person beziehen …“* Weiter heißt es *„als identifizierbar wird eine natürliche Person angesehen, die direkt oder indirekt, insbesondere mittels Zuordnung zu einer Kennung wie einem Namen, zu einer Kennnummer, zu Standortdaten, zu einer Online-Kennung oder zu einem oder mehreren besonderen Merkmalen identifiziert werden kann …“.*

---

[8] https://www.bmas.de/DE/Arbeit/Arbeitsschutz/Gesundheit-am-Arbeitsplatz/Betrieblicher-Infektionsschutz/betrieblicher-infektionsschutz.html#linkicon, abgerufen am 09. August 2023

[9] weitere Arbeitsschutzvorschriften neben dem Arbeitssicherheitsgesetz sind u.a.:

- Baustellenverordnung (BaustellV)
- Betriebssicherheitsverordnung (BetrSichV)
- Gefahrstoffverordnung (GefStoffV)
- Verordnung zur arbeitsmedizinischen Vorsorge (ArbMedVV)

[10] Bezugnehmend auf ein Urteil des Bundesverfassungsgerichts vom 15.12.1983. Dieses Urteil, im Volksmund als „Volkszählungsurteil“ bekannt, gilt als Meilenstein des Datenschutzes (BVerfGE 65, 1)

[11] Hier ist das deutsche Bundesdatenschutzgesetzt (BDSG) gemeint

Datensicherheit

- Als **Datensicherheit** werden in der betrieblichen Datenverarbeitung alle technischen und organisatorischen Maßnahmen zum Schutz von Daten vor Verfälschung, Zerstörung und unzulässiger Weitergabe bezeichnet.

Umwelt (Environment) – bezieht sich auf den Schutz der Umwelt und die Minimierung negativer Auswirkungen von Betriebsaktivitäten auf Luft, Wasser, Boden und natürliche Ressourcen

- **Bundes-Immissionsschutzgesetz** (BImSchG) – soll Menschen, Tiere und Pflanzen, den Boden, das Wasser, die Atmosphäre sowie Kultur- und sonstige Sachgüter vor schädlichen Umwelteinwirkungen schützen.
- **Umwelthaftungsgesetz** (UmweltHG) – ist ein Mittel der Umweltvorsorge. Es regelt die Haftung bei Schäden, die durch eine Umwelteinwirkung hervorgerufen wurden, z.B. durch Stoffe, Gase, Dämpfe usw., die sich in Boden, Luft, Wasser oder anderen Trägern ausgebreitet haben.

Außerhalb des HSSE-Akronyms, aber durchaus einer Prüfung auf Relevanz wert, sind die Regelungen zur **Mitbestimmung bzw. Beteiligung**

- **Betriebsverfassungsgesetz** (BetrVG) – ist die grundlegende Ordnung der Zusammenarbeit von Arbeitgeber und der von den Arbeitnehmern gewählten betrieblichen Interessenvertretung. Es stellt die rechtliche Grundlage für die Arbeit des Betriebsrats dar. Sein Geltungsbereich erstreckt sich nur auf Betriebe der Privatwirtschaft.
- **Personalvertretungsgesetze** (PersVG) – für die Beschäftigten von Einrichtungen der Länder, der Gemeinden und Gemeindeverbände sowie für weitere dem jeweiligen Land unterstehende Körperschaften, Anstalten und Stiftungen des öffentlichen Rechts. Das BPersVG gilt für die Beschäftigten von Einrichtungen der Bundesverwaltung und die bundesweit tätigen Sozialversicherungen
- **Geregelte Bürgerbeteiligung** – z.B. Baugesetzbuch (BauGB), Gesetz über die Umweltverträglichkeitsprüfung (UVPG)
- **Neuntes Sozialgesetzbuch** (SGB IX) – hat den Zweck, Menschen mit Behinderungen und von Behinderung bedrohte Menschen in Deutschland bezüglich ihrer Selbstbestimmung und ihrer gleichberechtigten Teilhabe am Leben in der Gesellschaft zu fördern und Benachteiligungen zu vermeiden bzw. entgegenzuwirken.

3.2.1.2 Gefährdungsbeurteilung

4.3.3 Compliance, Standards und Regularien / Kompetenzstufe 1

Ein weiterer Input für die Umfeldanalyse kann im Rahmen einer Gefährdungsbeurteilung[12] erhoben werden. Die Gefährdungsbeurteilung ist die systematische Ermittlung und Bewertung relevanter Gefährdungen der Beschäftigten mit dem Ziel, die erforderlichen Maßnahmen für Sicherheit und Gesundheit bei der Arbeit festzulegen [GNAK17].

Das „Gesetz über die Durchführung von Maßnahmen des Arbeitsschutzes zur Verbesserung der Sicherheit und des Gesundheitsschutzes der Beschäftigten bei der Arbeit“ kurz Arbeitsschutzgesetz (ArbSchG) schreibt im § 5 „Beurteilung von Arbeitsbedingungen“ eine Gefährdungsanalyse durch den Arbeitgeber vor. Sie umfasst ausdrücklich ne-

[12] Synonym wird auch der Begriff Gefährdungsanalyse verwendet

ben den **physischen** auch die **psychische** Gefährdungsfaktoren (§ 5 (3) ArbSchG)[13]. Unterstützung für die Feststellung der psychischen Arbeitsbelastung gibt die Norm DIN EN ISO 10075-1:2018-01 „Ergonomische Grundlagen bezüglich psychischer Arbeitsbelastung – Teil 1: Allgemeine Aspekte und Konzepte und Begriffe“

Eine Beurteilung wird in Anlehnung an die Vorgaben der BAuA (Bundesanstalt für Arbeitsschutz und Arbeitsmedizin) in fünf Schritten durchgeführt

1. Gefährdung ermitteln
2. Gefährdung beurteilen
3. (Arbeitsschutz-)Maßnahmen festlegen
4. Maßnahmen durchführen und dokumentieren
5. Maßnahmen auf Wirksamkeit überprüfen

3.2.1.3 Umfeldfaktoren – Kultur und Werte

4.3.5 Kultur und Werte (Level C)

Das ICB-Element KULTUR UND WERTE wird der Umfeldanalyse zugerechnet, da aus Sicht des Autors die Unternehmenskultur und -werte einen nicht zu unterschätzenden Umfeldfaktor für ein Projekt darstellen (PE**S**TEL → ***Social*** – das sozio-kulturelle Umfeld). Natürlich findet dieses Thema u.a. auch in den ICB-Elementen FÜHRUNG, TEAMARBEIT und CHANGE UND TRANSFORMATION seine Entsprechung.

Kultur und Werte (4.3.5)

„Die Kompetenz KULTUR UND WERTE definiert die Herangehensweise des Einzelnen, um Kultur und Werte der Organisation und der übrigen Gesellschaft zu verstehen und zu beeinflussen, in der das Projekt angesiedelt ist.“ [GPM17a, Seite 61]

Modell der Unternehmenskultur

Es ist wichtig für die Zusammenarbeit, sich diese Unterschiede bewusst zu machen, um Missverständnisse zu vermeiden. EDGAR H. SCHEIN definiert in seinem Dreiebenen-Modell der Unternehmenskultur Artefakte, Werte und Normen sowie Grundannahmen, die sich aus der persönlichen Lerngeschichte eines Teams oder einer Organisation ergeben [SCHE18].

An der Oberfläche liegen sichtbare Handlungsmuster und Symbole, die so genannten **Artefakte**. Diese Artefakte bzw. Symbolsysteme sind äußerlich leicht zu erfassen, allerdings ist die dahinter liegende Bedeutung nur schwer zugänglich. Elemente eines Symbolsystems können sein [BEA17, SZTUb, SCHE18]

[13] lt. AOK-Fehlzeitenreport 2022 ist die Häufigkeit von Fehlzeiten aufgrund psychischer Erkrankung zwischen 2012 und 2021 um 53,2% angestiegen. Mit durchschnittlich 29,7 Krankheitstagen dauerten sie 2021 mehr als doppelt so lange wie eine durchschnittliche Krankschreibung.

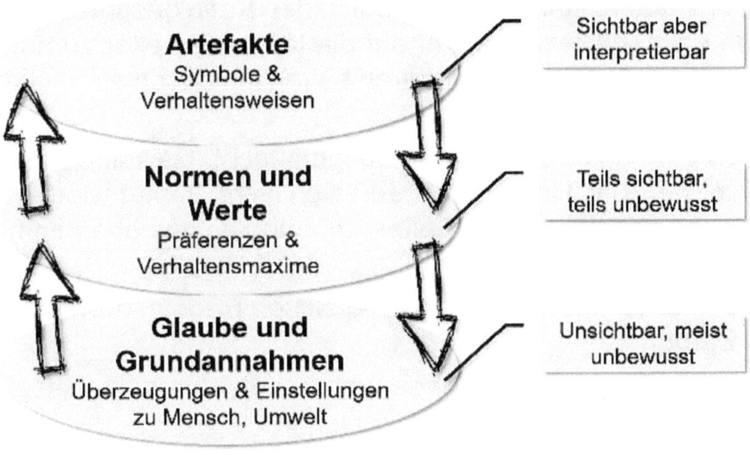

Abbildung 12 – Modell der Unternehmenskultur nach E. Schein

- Riten und Rituale (z.B. Feiern, Jubiläen, Beförderungen)
- Mythen und Geschichten (z.B. Gründer, Erfolge der Vergangenheit)
- Corporate Identity (z.B. Fuhrpark, Druckerzeugnisse, Logo, Kleidung)
- Wahrgenommene Atmosphäre und Leistungen (Sprache, Pünktlichkeit, Besucherempfang)

Die mittlere Ebene bilden **Werte und Normen**. Sie legen fest, was von den Unternehmensmitgliedern als richtig und was als falsch angesehen wird. Beispiele hierfür sind

- Führungsgrundsätze
- Verhaltensrichtlinien
- Standards
- dokumentierte Unternehmensziele / -strategie
- formale und informale Regeln

Ursprünglich handelt es sich hierbei um Lösungen, welche einzelne Personen für Probleme gefunden haben. Wenn sich solche Reaktionsmuster in vielen Fällen bewähren, werden sie allmählich zu Gemeingut und damit zu Werten des Unternehmens.

Die **Grundannahmen**, gleichzeitig die tiefste Ebene der Unternehmenskultur, beinhalten Überzeugungen, die als Selbstverständlichkeit angesehen und nicht mehr hinterfragt werden. Diese Annahmen über Beziehungen zur Umwelt, zur menschlichen Natur und im sozialen Bereich werden als alternativlos betrachtet und nicht mehr bewusst reflektiert. Allerdings ist ohne ihre Kenntnis ein Verständnis der darüber liegenden Ebenen nur bedingt möglich [SZTUb, SCHE18].

Beispiel für Grundannahmen – Das fünf-Affen-Experiment

1. Fünf Affen sitzen in einem Käfig. Über ihnen hängen Bananen. Es gibt eine Leiter, um an die Bananen zu kommen
2. Jedes Mal, wenn die Affen es versuchen, wird kaltes Wasser in den Käfig gespritzt. Die Affen lernen schnell, dass sie sich die Bananen aus dem Kopf schlagen können.
3. Die Käfigkultur enthält eine ganz klare Richtlinie: Finger weg von den Bananen!

4. Neues Setting, es wird kein Wasser mehr in den Käfig gespritzt, ein Affe wird durch einen neuen ersetzt. Dieser kommt auf die Idee, die Leiter zu nutzen, um an die Bananen zu kommen. Doch die anderen halten ihn davon ab, um die kalte Dusche zu vermeiden.
5. Ein Affe nach dem anderen wird nun ausgetauscht, bis keiner der ursprünglichen Affen mehr im Käfig ist. Das Spiel ändert sich nicht. Immer wieder wird der jeweils neue Affe davon abgehalten, die Leiter zu benutzen und übernimmt danach sofort das Verhalten seiner Mitbewohner.
6. Am Ende gehorchen alle fünf Affen den gleichen Regeln, obwohl keiner von ihnen mehr weiß warum.

→ Ihr Verhalten beruht auf einer Grundannahme, die durch die Gesellschaft geprägt wurde und nicht mehr hinterfragt wird.

Fakt oder Fiktion? Für die Moral von der Geschichte ist nebensächlich, ob die Affen ihr Käfigdrama wirklich aufgeführt haben …[14]

Abgrenzung Kultur und Werte

Kultur einer Organisation (Corporate Culture) – Die Organisationskultur bildet die Gesamtheit gemeinsamer Werte, Normen und Einstellungen innerhalb einer Organisation. Diese prägen die Entscheidungen, Handlungen und das Verhalten der Organisationsmitglieder.

Sie kann als ein ungeschriebener Regelkodex betrachtet werden.
Die Organisationskultur fungiert als Leitbild, das die Kommunikation, den Umgang untereinander sowie mit externen Partnern und das externe Image der Organisation beeinflusst [BEA19b].

Werte einer Organisation (Corporate Values) – Unternehmenswerte repräsentieren das übergeordneten individuelle Wertesystem einer Organisation.

Diese Werte bilden die fundamentalen Prinzipien und Überzeugungen, welche die Verhaltensweisen und Entscheidungsprozesse eines Unternehmens definieren und lenken.

Diese Werte beeinflussen die Art und Weise, wie Mitarbeitende, Führungskräfte und das Unternehmen als Ganzes handeln.

3.2.1.4 Umfeldfaktor – Nachhaltigkeit

4.3.3 Compliance, Standards und Regularien | 4.4.2 Persönliche Integrität und Verlässlichkeit / Kompetenzstufe 1

Der Ausdruck "**Nachhaltigkeit**" ist historisch tief verwurzelt. Schon im 18. Jahrhundert wurde er in Bezug auf die Forstwirtschaft gebraucht. Hierbei wurde die Wichtigkeit hervorgehoben, Ressourcen auf eine Weise zu verwenden, dass sie für künftige Generationen bewahrt werden.

[14] siehe auch https://www.mimikama.at/allgemein/das-affen-experiment-ein-echtes-experiment/

Triple-Bottom-Line

In den 90er Jahren prägte JOHN ELKINGTON den Ausdruck "Triple-Bottom-Line". Er schlug vor, dass Firmen ihren Erfolg nicht nur durch Gewinn, sondern auch durch soziale und ökologische Beiträge definieren sollten.

Seine Theorie basiert auf den drei Pfeilern der Nachhaltigkeit:

- **Profit** (Gewinn),
- **People** (soziale Verantwortung) und
- **Planet** (Umweltverträglichkeit)

Weil diese drei Aspekte miteinander interagieren, sollte stets ein ausgewogener Ansatz angewendet werden.

> *„Dauerhafte (nachhaltige) Entwicklung ist Entwicklung, die die Bedürfnisse der Gegenwart befriedigt, ohne zu riskieren, dass künftige Generationen ihre eigenen Bedürfnisse nicht befriedigen können."*
>
> Gro Harlem Brundtland (*1939, ehem. norwegische Ministerpräsidentin)

UN Global Compact

Im Rahmen des UN Global Compact wurden Elkingtons drei Ps (Planet, People, Profit) auf fünf erweitert bzw. angepasst. Sie umfassen jetzt

- **People** (soziale Verantwortung),
- **Planet** (Umweltverträglichkeit),
- **Prosperity** (Wohlstand),
- **Peace** (friedliche und gerechte Gesellschaft) und
- **Partnership** (Zusammenarbeit).

Der UN Global Compact ist eine freiwillige Initiative der Vereinten Nationen, die im Jahr 2000 ins Leben gerufen wurde. Sie soll Unternehmen und Organisationen dazu bewegen, nachhaltige und sozial verantwortliche Geschäftspraktiken zu übernehmen. Dazu wurden 10 Prinzipien[15] entwickelt welche die Bestrebungen nach nachhaltigem und ethischem Wachstum unterstützen.

ISO 26000

Nahezu parallel zum UN Global Compact wurde 2005 die Arbeit an einer ISO-Norm zum Thema Corporate Social Responsibility (CSR) aufgenommen. Das Ziel war es, allen Arten von Organisationen eine Orientierung zum Thema *„gesellschaftliche Verantwortung"* zu geben. Heraus kam 2010 die Norm *ISO 26000*, der „Leitfaden zur gesellschaftlichen Verantwortung".

Im Ergebnis kann die Norm sowohl als Einführung in das Thema genutzt werden, als auch dazu, bestehende Verfahren zu verbessern und stärker zu integrieren. Die Norm wurde bewusst als Leitfaden konzipiert und enthält keine Anforderungen.

Nachhaltige Entwicklung

Im Jahr 2012 beschlossen die UN Mitgliedsstaaten die 10 Prinzipien des UN Global Compact zu konkretisieren. Drei Jahre später wurde die *17 Ziele für nachhaltige Ent-wicklung*

---

[15] https://www.globalcompact.de/ueber-uns/united-nations-global-compact, abgerufen am 11.08.2023

(*SDG*s – Sustainable Development Goals) und 169 erläuternden Unterziele verabschiedet. In Deutschland findet dafür der Begriff **Agenda 2030** Verwendung. Sie ist universell gültig und bildet den Rahmen der Umwelt- und Entwicklungspolitik bis ins Jahr 2030.

Abbildung 13 – Agenda 2030 – die 17 Ziele für nachhaltige Entwicklung

Grundsätzlich sind für Unternehmen alle SDG-Ziele relevant. Allerdings stellt die Agenda 2030 in ihrer derzeitigen Gestaltung eher eine freiwillige Selbstverpflichtung dar. Mittlerweile wurden erste Rahmenbedingungen seitens der Bundesregierung mit dem Lieferkettensorgfaltspflichtgesetz (LkSG) (SDG 8 – Menschenwürdige Arbeit und Wirtschaftswachstum) und zur Berichtspflicht (CSR-Richtlinie-Umsetzungsgesetz) gesetzt.

Deutscher Nachhaltigkeitskodex

Zur Unterstützung der Berichtspflicht bietet der Deutsche Nachhaltigkeitskodex (DNK) einen Rahmen für die Berichterstattung zu nichtfinanziellen Leistungen. Dieser kann von Organisationen und Unternehmen jeder Größe und Rechtsform verwendet werden.

3.2.1.5 SWOT-Analyse

4.4.1 Selbstreflexion und Selbstmanagement / Kompetenzstufe 1

Die in den vorangegangenen Kapiteln beschriebene Analyse der sachlichen Umfeldfaktoren (PESTEL und vertiefend Rechtliche Rahmenbedingungen, Kultur und Werte sowie Gefährdungsanalyse), kann über eine SWOT-Analyse mit den Möglichkeiten des Projekts verbunden werden (ergänzend zu Tabelle 9 bzw. als Ersatz derselben).

Die PESTEL-Analyse sieht das „große Ganze“, also die Umfeldfaktoren, die einen Einfluss auf das Projekt haben können. Die SWOT-Analyse untersucht die innerhalb der Umfeldfaktoren identifizierten Chancen / Möglichkeiten (**Opportunities**) und Risiken / Bedrohungen (**Threats**) und stellt diesen die Stärken (**Strenghts**) bzw. Schwächen (**Weaknesses**) des Projekts gegenüber und deckt mögliche Lücken auf.

Hilfreich für die Stärken-/Schwächen-Betrachtung ist das Bewusstsein der projektbezogenen Erfolgsfaktoren (s. a. Kapitel *„Auswahl von Projekten – Erfolgsfaktoren“*), die Ziele des Projekts und die Anforderungen an das Projekt [ASSE14, MART16].

Umfeldfaktoren	
Chancen (Opportunities)	**Risiken (Threats)**
Beispielfragen *Welche Möglichkeiten bieten sich?* *Welche Zukunftschancen sind absehbar?* *Welche Veränderungen im Umfeld können vorteilhaft sein?*	Beispielfragen *Welche Gefahren entstehen aus den identifizierten sachlichen Umfeldfaktoren?* *Welche Umfeldfaktoren könnten sich ungünstig auf die Projektdurchführung auswirken?*
Projekt	
Stärken (Strengths)	**Schwächen (Weaknesses)**
Beispielfragen *Was lief in der Vergangenheit in unseren Projekten gut?* *Welche Faktoren waren entscheidend für einen erfolgreichen Projektabschluss?* *Worauf können wir in/mit unserer Projektkultur stolz sein?*	Beispielfragen *Wo gibt es in der Projektdurchführung regelmäßig eine Schwäche?* *Was fiel uns im Projekt regelmäßig schwer?* *Was fehlt im Vergleich zu Projekten unserer Wettbewerber?* *Was hat uns in der Vergangenheit demotiviert?*

Tabelle 10 – SWOT-Matrix – Außen- und Innensicht des Projekts

Mit der kombinierten SWOT-Matrix werden Zusammenhänge zwischen Stärken und Schwächen einerseits und Chancen und Risiken andererseits sichtbar. Für das Projekt lassen sich daraus allgemeine Vorgehensweisen ableiten und in den vier Feldern der Matrix darstellen [FLEI22].

Umfeldfaktoren / Projekt	Risiken / Bedrohungen (Threats)	Chancen / Möglichkeiten (Opportunities)
Stärken (Strengths)	Absichern • Welche Stärken können den Eintritt welcher Risiken abwenden? • Auf welche Erfolgsfaktoren können wir bauen?	Ausbauen • Welche Stärken passen zu einem als Chance eingeschätzten Umfeldfaktor? • Welche Verbesserungsmöglichkeiten sehen wir?
Schwächen (Weaknesses)	Vermeiden • Welche Schwäche trifft auf einen als Risiko eingeschätzten Umfeldfaktor? • Welche Gefahr entsteht dadurch für das Projekt?	Aufholen • Wie können wir aus einer Schwäche eine Chance generieren? • Welche Schwäche können wir verringern?

Tabelle 11 – kombinierte SWOT-Matrix

Die SWOT-Analyse ersetzt keine dezidierte Risikoanalyse für das Projekt. Sie ist eine Möglichkeit sich intensiver mit den eigenen Stärken / den Stärken des Projekts im Zusammenhang mit den Umfeldfaktoren zu beschäftigen. Die detaillierte Analyse sowie das Festlegen und Umsetzen entsprechender Maßnahmen erfolgt für Risiken und Chancen im **Risikomanagement** (siehe Kapitel 4.6).

3.2.2 Stakeholdermanagement

4.5.12 Stakeholder / Kompetenzstufe 2 | 4.3.4 Macht und Interesse / Kompetenzstufe 1

Stakeholder sind gemäß der ICB 4.0 „alle Einzelnen, Gruppen oder Organisationen, die an dem Projekt beteiligt sind, dieses beeinflussen, davon beeinflusst werden oder an der Durchführung bzw. dem Ergebnis desselben interessiert sind." [GPM17a, Seite 155] Das Interesse muss nicht zwingend positiv sein, Stakeholder können auch schädlichen Einfluss auf das Erreichen der Projektziele ausüben.

Unterscheiden lassen sich Stakeholder in primäre und sekundäre Stakeholder. Primäre Stakeholder wirken direkt, Sekundäre hingegen wirken indirekt über ihre Beziehungen und ihren Einfluss. Innerhalb dieser Einteilung kann gemäß dem Promotorenmodell von WITTE wiederum in Projektbefürworter (**Promotoren**) und Projektgegner (**Opponenten**) unterschieden werden [WITT73].

WITTE definiert Promotoren als Rollen, die Prozesse aktiv fördern und beeinflussen. Sein Modell kennt Machtpromotoren und Fachpromotoren. Später folgte eine Erweiterung um Beziehungs- bzw. Sozialpromotoren und Opponenten.[16]

Machtpromotor	Unterstützt bzw. beeinflusst auf Grund seiner Stellung in der Unternehmenshierarchie Durch diese hierarchisch legitimierte Macht ist er in der Lage Opponenten zu beeinflussen Hauptaufgabe für das Projekt: Überzeugungs- und Begeisterungsarbeit im Sinne des Projekts
Fachpromotor	Unterstützt bzw. beeinflusst durch sein spezifisches Fach- und Methodenwissen Finden sich häufig in Linienpositionen mit Affinität zu technischen Neuheiten Hauptaufgabe für das Projekt: Voranbringen der Projektarbeit durch Weitergabe von Wissen und Lösungsansätze für von Opponenten aufgebrachten Problemen zu entwickeln
Beziehungs- bzw. Sozialpromotor	Verfügt über ein starkes Netzwerk von persönlichen Kontakten quer durch alle Hierarchie-Ebenen hindurch Anerkannt und respektiert Hauptaufgabe für das Projekt: Neue Netzwerke aufzubauen und dadurch das Projekt indirekt unterstützen
Opponent	Personen, die ein Projekt verzögern oder verhindern wollen.

Tabelle 12 – Promotoren und Opponenten

[16] Bei MOTZEL findet sich zusätzlich noch der **Business Promotor** (verfügt über finanzielle Ressourcen) [MOTZ17]

Promotoren und Opponenten erhalten ihre Autorität auf unterschiedlichen Machtgrundlagen oder Können [WUND11]. In der Soziologie finden sich die verschiedensten Definitionen zum Machtbegriff. MAX WEBER (1922) beispielsweise beschreibt Macht als *„... jede Chance, innerhalb einer sozialen Beziehung den eigenen Willen auch gegen Widerstreben durchzusetzen."* HEINRICH POPITZ (1986) definiert Macht *„... als das Vermögen, sich als Mensch gegen andere Kräfte durchzusetzen."*

Beide Definitionen betonen das Durchsetzen gegen andere. Dieses „sich durchsetzen" kann zum einen auf Basis der Stellung des Einzelnen innerhalb einer Hierarchie, also durch organisatorische Weisungsbefugnis, oder ausgehandelt zwischen einzelnen Akteuren von statten gehen. In Anlehnung an die Typologie von FRENCH/RAVEN (1968) lassen sich dafür fünf bzw. sechs Machtgrundlagen unterscheiden [OLFE19]

- **Expertenmacht** *(expert power)* – Sachkenntnis bezüglich bestimmter Aufgaben und / oder Probleme. Machtgrundlage für Fachpromotoren, Opponenten
- **Informationsmacht** *(information power)* – Zugang zu und Kontrolle von Information, situationsbezogenes spezifisches Wissen. Machtgrundlage für Fachpromotoren, Opponenten
- **Referenzmacht** *(referend power)* – Vorbild-/Identifikationsfunktion. Machtgrundlage für Beziehungs- bzw. Sozialpromotoren, Opponenten
- **Legitimationsmacht** *(legitimate power)* – festgelegte und akzeptierte Befugnisse, hierarchische Ordnung innerhalb des Unternehmens. Machtgrundlage für Machtpromotoren, Opponenten
- **Belohnung-** *(reward power)* **und Bestrafungsmacht** *(coercive power)* – Sanktionsgewalt in positivem (Belohnung) und negativem (Bestrafung) Sinne. Machtgrundlage für Machtpromotoren

Abgrenzung Macht und Autorität

Macht ist ein politisch-soziologischer Grundbegriff, der für Abhängigkeits- oder Überlegenheitsverhältnisse verwendet wird.
Der Machthaber hat die Möglichkeit, ohne Zustimmung, gegen den Willen oder trotz Widerstandes des Beherrschten die eigenen Ziele mit Anwendung von Machtmitteln (z.B. Belohnung, Bestrafung) durchzusetzen.

Macht kann auf verschiedenen Machtgrundlagen basieren (s.o.), ihre Ausübung ist mit Aufwand verbunden (z.B. laufende Kontrolle) [WUND11].

→ instabile Führung

Autorität ist die Möglichkeit einer Person, Gruppe oder Institution, Einfluss auf andere auszuüben und ggf. den eigenen Willen gegenüber diesen durchzusetzen. Dadurch entsteht ein Verhältnis der Über- und Unterordnung.

Arten von Autorität

- **Personale Autorität**: Der Anspruch auf Autorität wird mit personengebundenen Merkmalen (z.B. Körperkraft, Leistung, Alter, Wissen, Erfahrung) begründet.
- **Funktionale Autorität** (professionelle Autorität): Beruht auf überlegener und nachweisbarer Sachkunde oder Wissen.
- **Positionale Autorität**: Leitet sich aus der Position, dem Amt oder dem Rang ab und besteht unabhängig von der Person des Positionsinhabers [GABL18].

→ stabile Führung

Prozess

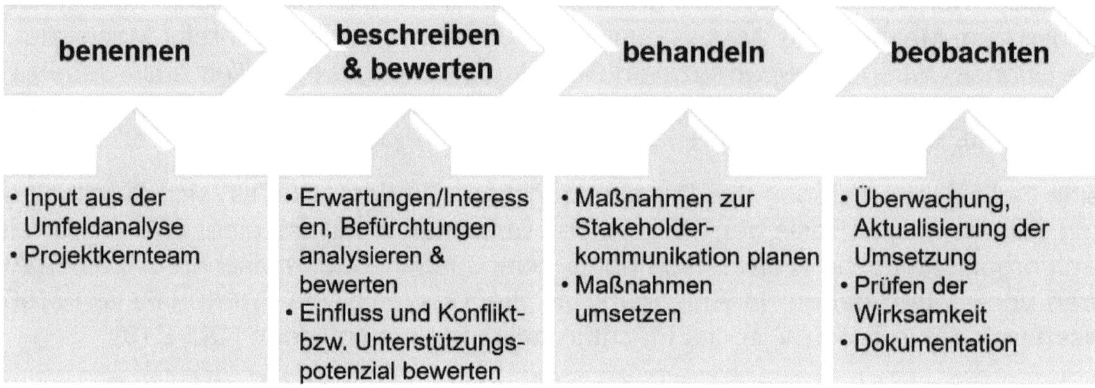

Abbildung 14 – Prozess Stakeholdermanagement

BENENNEN (identifizieren) der Stakeholder

Ein erster Schritt zur Identifizierung der Stakeholder wurde bereits mit der Umfeldanalyse (soziale Umfeldfaktoren) gemacht. Jetzt gilt es, diese noch einmal zu verifizieren und mit Hilfe der einen oder anderen Kreativitätstechnik die Stakeholderliste zu ergänzen bzw. zu aktualisieren. Ein Sortieren nach Promotoren, Opponenten und Unentschlossenen kann hierbei unterstützend wirken.

Ebenfalls hilfreich kann die Überlegung sein, wer an das Projekt Anforderungen haben und/oder Input liefern wird (upstream) und wer mit den Ergebnissen des Projekts nach dessen Abschluss umgehen soll (downstream).

BESCHREIBEN (analysieren) und BEWERTEN der Stakeholder

Die Analyse und Bewertung hat für alle Stakeholder des Projektes zu erfolgen.. Sie umfasst mindestens Fragen zu Erwartungen/Befürchtungen, Einfluss und dem potenziellen Konfliktaufkommen. Selbstverständlich kann die Analyse auch auf andere Bereiche erweitert werden. Beispiele hierfür sind die „Einstellung zum Projekt", der „Grad der Betroffenheit" und das „Unterstützungspotenzial".

Leitfragen zum Erfassen von Erwartungen / Befürchtungen und Bewerten von Einfluss und Konfliktpotenzial können wie folgt lauten:

Erwartungen / Befürchtungen

- Welche Motive hat die Person / Gruppe, das Projekt zu unterstützen / nicht zu unterstützen?
- Was sind seine Erwartungen an das Projekt / Projektergebnis?
- Welche Befürchtungen hat er in Bezug auf den Projektverlauf, das Projektergebnis?
- Welche persönlichen Ziele hat die Person / Gruppe in Bezug auf das Projekt?

Einfluss (Macht)

- Ist der Stakeholder ein Machtpromotor (Stellung in der Hierarchie)?
- Kann er das Projekt unterstützen / voranbringen / zum Scheitern bringen?
- Kann er die Meinung anderer beeinflussen?

Konfliktpotenzial

- Ist der Stakeholder ein Opponent (Gegner des Projekts)?
- Weichen die persönlichen Ziele des Stakeholders von den Projektzielen ab? Wie stark weichen sie ab?
- Ist der Stakeholder vom Projektergebnis aus seiner Sicht stark betroffen? Eher positiv oder eher negativ?

Für die Bewertung von Einfluss und Konfliktpotenzial empfiehlt es sich, keine Zahlen zu verwenden, sie ist eine subjektive Einschätzung des Projektleiters bzw. des Projektteams und deren Erfahrungen. Für diese Einschätzung hat sich die Einteilung in *hoch* und *niedrig* bewährt. Die Darstellung der Stakeholderanalyse erfolgt mittels einer Tabelle.

Nr.	Name + Funktion	Interessen / Erwartungen / Befürchtungen	Einfluss	Konfliktpotenzial
SZ1	Vorstand KLETTERMAXE E.V., Auftraggeber	**I**: erfolgreiches Projekt, aktive Unterstützung **E**: regelmäßige Informationen, will eingebunden sein	hoch	niedrig
SZ2	Vereinsmitglieder der KLETTERMAXE E.V.	**I**: wollen gefragt und informiert werden **E**: Möglichkeit der Mitbestimmung, ein Endprodukt mit hoher Qualität,	hoch	niedrig
SZ3	Fr. G., Geschäftsstelle	**E**: Informationen zum Projekt bzw. Projektverlauf	niedrig	niedrig
SZ5	Fr. B., Amt für Baurecht …	**E**: alle erforderlichen Unterlagen für das Genehmigungsverfahren	hoch	hoch
SZ6	Hr. N., Untere Naturschutzbehörde	**I**: Vereine unterstützen **E**: keine auffälligen Anlagen im Landschaftsschutzgebiet	hoch	hoch
SZ9	Hr. K., Fachfirma Turmbau	**E**: gutes Management des Baustellenumfeldes	niedrig	niedrig
SZ_n	…	…	…	…

Tabelle 13 – Beispielprojekt – Stakeholdertabelle (Auszug)

Nach erfolgter Bewertung der Stakeholder können diese in einem einfachen Portfolio mit vier Quadranten visualisiert werden. Der Vorteil dieser Darstellung liegt darin, dass sofort sichtbar wird, auf welchen Stakeholdern der Fokus des Projektleiters liegen sollte (i.d.R. rechts oben, hoher Einfluss und hohes Konfliktpotenzial)

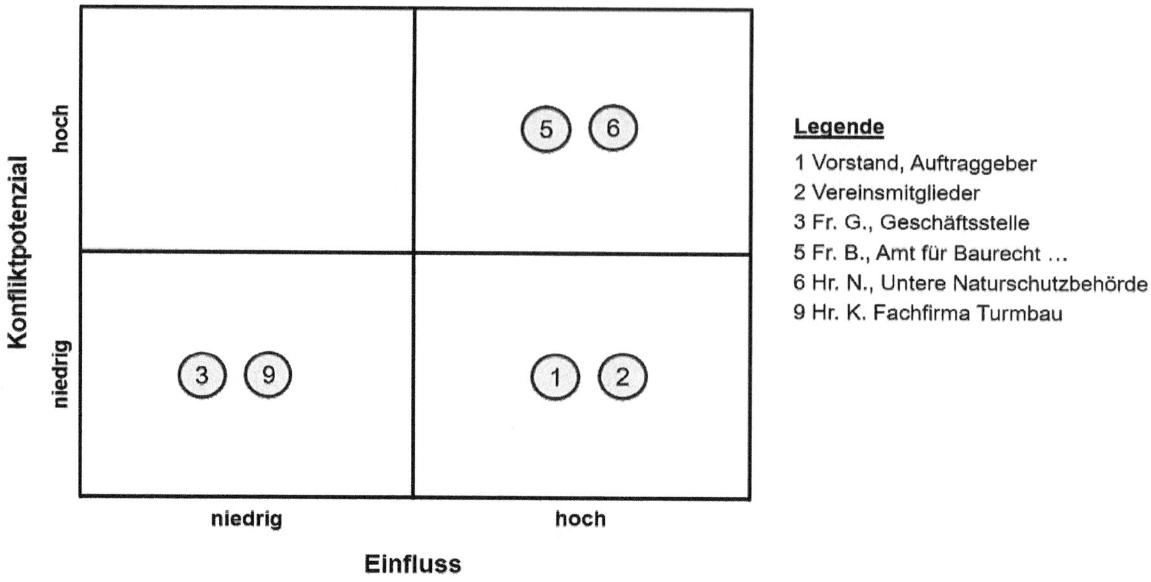

Abbildung 15 – Beispielprojekt – Stakeholderportfolio (Auszug)

BEHANDELN (Maßnahmen planen und umsetzen)

Die zu planenden Maßnahmen der Stakeholdersteuerung bedienen sich der Instrumente des Projektmarketing und der Projektkommunikation. Während sich die Projektkommunikation eher an die projektinternen Stakeholder richtet, beschäftigt sich das Projektmarketing überwiegend mit den projektexternen Stakeholdern und zielt darauf ab, den Bekanntheitsgrad des Projektes zu erhöhen sowie dessen Image im Unternehmen oder auch in der Öffentlichkeit zu verbessern [PATZ17].

Je nachdem wie die Einschätzung der Anspruchsgruppen ausgefallen ist, sollte eine geeignete Kommunikationsstrategie gewählt werden, um die einzelnen Stakeholder abzuholen, zu informieren und bei ihnen eine positive Einstellung zum Projekt zu fördern. Dabei ist es sinnvoll, zu wichtigen Stakeholdern eine individuelle Kommunikation zu pflegen, andere Stakeholder können mit weniger Aufwand informiert werden.

Die Planung der Maßnahmen wird pro Quadranten des Stakeholderportfolios vorgenommen. Dabei ist zu beachten, dass die Stakeholder im Quadranten **hoher** Einfluss / **hohes** Konfliktpotenzial die meiste Aufmerksamkeit und somit auch die meiste Zeit des Projektleiters in Anspruch nehmen, da diese für den gewünschten Erfolg 1:1 (Projektleiter direkt mit dem Stakeholder) individuell betreut werden müssen.

Der Aufwand für die Betreuung der Stakeholder in den Quadranten **niedriger** Einfluss / **hohes** Konfliktpotenzial und **hoher** Einfluss / **niedriges** Konfliktpotenzial ist wesentlich geringer, da sie entweder dem Projekt sowieso positiv gegenüber eingestellt sind oder nur wenig Einfluss haben und somit keine größere Gefahr für das Projekt bedeuten. Hier ist eine 1:n Betreuung (z.B. via Meeting) ausreichend.

Die im Quadrant **niedriger** Einfluss / **niedriges** Konfliktpotenzial gelisteten Stakeholder werden üblicherweise über unpersönliche Medien bedient (m:n), z.B. via Newsletter oder Infoveranstaltungen.

Entsprechend ist eine der folgenden Strategien zu wählen [RÖSS08] [GPM17a].

- **partizipativ** – Stakeholder als Partner
  Die partizipative Strategie zielt darauf ab, die Stakeholder in unterschiedlicher Intensität partnerschaftlich am Projekt zu beteiligen. Die Beteiligung reicht von der Information, Kommunikation und Diskussion der Ziele, Aufgaben und des Projektstandes über die aktive Beteiligung bis hin zur Übertragung von Verantwortung durch die Einbindung in den Entscheidungsbildungsprozess. Ganz nach dem Motto **„Betroffene zu Beteiligten machen."**
- **diskursiv** – (lateinisch discursivus „fortschreitend erörternd") die sachliche Auseinandersetzung mit den Stakeholdern (kann auch Konfliktmanagement bedeuten)
- **restriktiv** – die Informationsabgabe wird bewusst reduziert. Die daraus resultierenden Maßnahmen können je nach Stakeholder unterschiedlich aussehen. Die restriktive Strategie hält sich an das Motto **„so viel wie nötig, so wenig wie möglich".**
- **repressiv** – im Gegensatz zu den ersten drei Strategien besteht hier die Vorgehensweise darin, über andere Akteure, z.B. Machtpromotoren, die Stakeholder zu beeinflussen und zu steuern. Dies kann u.a. durch direkte Weisungen und Vorgaben der Geschäftsleitung geschehen.
- **informativ** – regelmäßige Informationen via Newsletter, eMail, Infoveranstaltungen

Die aus den jeweiligen Strategien abgeleiteten Maßnahmen finden sich dann in einem Kommunikationsplan wieder. Dieser Plan lässt sich angelehnt an die Kommunikationsformel von HAROLD D. LASSWELL, aufbauen.

„Who says what in which channel to whom with what effect?"
Harold Dwight Lasswell (1902–1978), Politikwissenschaftler und Kommunikationstheoretiker

Auf Basis der Stakeholderanalyse lässt sich damit festlegen, **Wer**, **Was, Wann, Wie** und durch **Wen** mit Informationen „versorgt" wird um eine reibungs- und lückenlose Kommunikation zu und mit den Stakeholdern sicherzustellen. Die Stakeholder können hier auch passend zu den gewählten Strategien gruppiert werden.

Der Projektleiter sollte sich bei all der Planung nicht selbst vergessen: Wer Informationen liefern soll, muss erstmal welche bekommen ...

Nr	Wer	Was	Wann	Wie	durch Wen
SZ1	Vorstand, Auftraggeber	generelle Informationen über das Projekt	zu allen Meilensteinen	Meeting, persönliches Gespräch, Statusbericht	Projektleiter
SZ2	Vereinsmitglieder	Update über den Projektfortschritt ggf. Aufruf zur Mithilfe	monatlich	Newsletter	Turm-Team
SZ3	Fr. G., Geschäftsstelle		monatlich	persönliches Gespräch	Projektleiter

SZ5	Fr. B., Amt für Baurecht …	Antragsunterlagen, Bauplan Anfragen Zwischenstand	einmalig monatlich	schriftlich, pers. Übergabe telefonisch	Projektleiter und Vorstand Projektleiter
SZ6	Hr. N., Untere Naturschutzbehörde	Antragsunterlagen, Bauplan Anfragen Zwischenstand	einmalig monatlich	schriftlich, pers. Übergabe telefonisch	Projektleiter und Vorstand Projektleiter
SZ9	Hr. K., Fachfirma Turmbau	notwendige Informationen zur Infrastruktur	mit Annahme Angebot	schriftlich, per Mail	Projektleiter
SZx	Projektleiter	Baufortschritt auftretende Probleme	wöchentlich adhoc	per Mail telefonisch	Hr. K., Fachfirma Turmbau
…	…	…	…	…	…

Tabelle 14 – Beispielprojekt – Kommunikationstabelle (Auszug)

All diese Maßnahmen dienen dazu, die Stakeholder in den Projektverlauf einzubeziehen, sogar einzubinden, um wichtige Informationen und Anregungen zu erhalten. Die ICB 4.0 verwendet hierzu den Begriff Verpflichtungsstrategie [GPM17a], andere sprechen vom Stakeholder Engagement [APM17b] oder von Stakeholder Stewardship [GRIF15]. Hinter jeder Bezeichnung steht aktives Tun, kein passives Abwarten, um die Stakeholder frühzeitig, regelmäßig, ehrlich und proaktiv über das Projekt auf dem Laufenden zu halten.

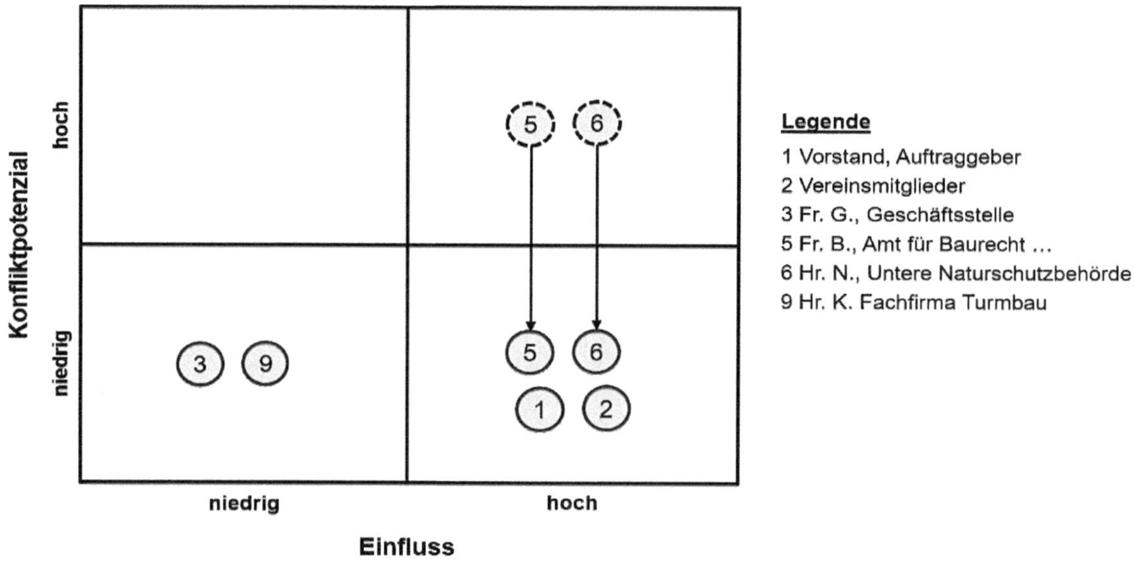

Abbildung 16 – Beispielprojekt – Stakeholderportfolio nach Maßnahmen (Auszug)

Beobachten (Controlling des Prozesses)

Sowohl die Wirksamkeit der ergriffenen Maßnahmen als auch die Situation der Stakeholder müssen regelmäßig überwacht und analysiert werden. Nur dann lässt sich feststellen, ob sich die Erwartungen / Befürchtungen und / oder die Machtsituation der Stakeholder verändert hat und neue Stakeholder die Projektbühne betreten haben. Dies und die übliche Dynamik des Projektumfeldes machen es notwendig, den gesamten Prozess regelmäßig, wenigstens am Ende einer jeden Phase, zu durchlaufen. Die Veränderung der Stakeholder lässt sich ebenfalls in einem Portfolio darstellen [GPM17b].

Trotz aller Planung und Vorausschau sollte die geheime Technik „GMV" – der gesunde Menschenverstand – immer die Leitlinie beim Stakeholdermanagement sein.

3.3 Anforderungen und Ziele

Anforderungen und Ziele (4.5.2)

„Die Kompetenz Anforderungen und Ziele definiert das „Warum" für das Projekt – welche Ziele müssen erreicht werden, welcher Nutzen muss realisiert werden und welche Anforderungen der Stakeholder müssen erfüllt werden." [GPM17a, Seite 111]

3.3.1 Anforderungen

4.5.1 Projektdesign / Kompetenzstufe 1 | 4.5.2 Anforderungen und Ziele / Kompetenzstufe 1

„Willst du mir wohl sagen, wenn ich bitten darf, welchen Weg ich hier nehmen muss?" fragt Alice. *„Das hängt zum guten Teil davon ab, wohin du gehen willst"*, sagte die Katze. *„Es kommt mir nicht darauf an, wohin –"* sagte Alice. *„Dann kommt es auch nicht darauf an, welchen Weg du nimmst"*, sagte die Katze. *„– Wenn ich nur irgendwo hinkomme"*, fügte Alice als Erklärung hinzu [CARR69].

Dieser Ausschnitt aus dem Gespräch von Alice mit der Grinse-Katze im Buch *„Alice im Wunderland"* macht das Dilemma in so manchem Projekt deutlich. Wir wissen nicht genau, wohin die Reise gehen soll, doch das erledigen wir dann höchst effizient und wundern uns, wenn am Ende die Kosten überschritten werden und die Leistung durch unseren Auftraggeber nicht abgenommen wird. Die Gründe für diese Irritationen sind vielschichtig [EBER22, HRUS23]:

- unklare, interpretierbare Anforderungen
- falsche Anforderungen
- implizite Anforderungen
- fehlende Anforderungen
- Änderung von Anforderungen

Ohne klare und abgenommene Anforderungen lassen sich schwerlich die Leistungsziele des Projekts und ihre Messkriterien definieren. Anforderungsmanagement oder besser Requirements Engineering legt hierfür den Grundstein.

Gem. der ISO 10006 (Qualitätsmanagementsysteme – Leitfaden für QM in Projekten) ist *„die Erfüllung der Anforderungen der Kunden und anderer interessierter Parteien für den Projekterfolg notwendig."* [DIN20c] Was sind Anforderungen? Das IEEE (Institute of Electrical and Electronical Engineers) definiert eine Anforderung in der Norm ISO/

IEEE 29148 als *„statement which translates or expresses a need and its associated constraints and conditions."* [IEEE11] Den Bedarf („need") bekommen wir für unser Projekt im Idealfall mittels eines Lastenhefts. Das **Lastenheft** (User Requirements Specification) ist die *„vom Auftraggeber festgelegte Gesamtheit der Forderungen an die Lieferungen und Leistungen eines Auftragnehmers innerhalb eines (Projekt-)Auftrags."* [DIN20a] Das heißt jedoch nicht in jedem Fall, dass in diesem Dokument tatsächlich alle Anforderungen abgebildet sind.

Für den Projektleiter und sein Projektteam gilt es, das Lastenheft gegen die sachlichen Umfeldfaktoren auf weitere, bisher nicht dokumentierte Anforderungen abzuprüfen. Ebenfalls ist das Lastenheft auf unklare bzw. interpretierbare Anforderungen „abzuklopfen". Eine wichtige Quelle für Anforderungen sind ebenfalls die sozialen Umfeldfaktoren also die Stakeholder des Projekts. Diese repräsentieren sozusagen die „Stimme des Kunden" (Voice of Customer, VoC). In der VoC spiegeln sich Bedürfnisse, Wünsche, Ansprüche und Erwartungen an die im Projekt zu erbringenden Dienstleistungen bzw. das zu erstellende Produkt [SCHM15].

Anforderungen sind somit das Bindeglied zwischen dem Auftraggeber („will etwas haben") und dem Auftragnehmer („kann es liefern"). Dabei wird zwischen funktionalen und nichtfunktionalen Anforderungen unterschieden:

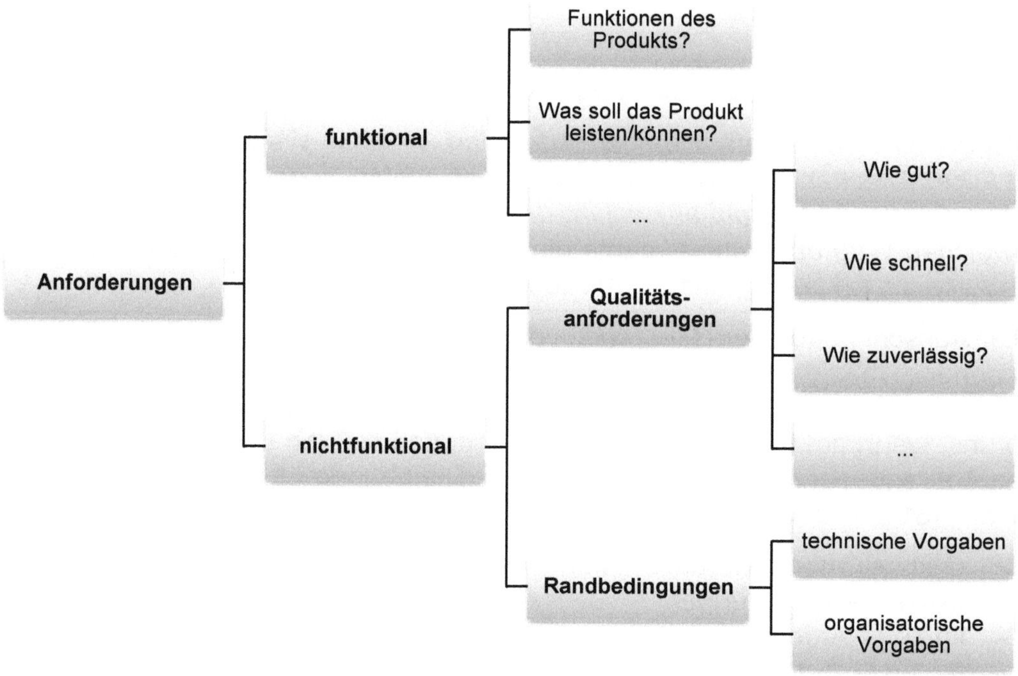

Abbildung 17 – Funktionale und nichtfunktionale Anforderungen

Die Anforderungen sind entsprechend aufzunehmen und zu beschreiben. Hierzu können folgende Regeln herangezogen werden [HRUS23]:

- kurze, einfache Sätze
- eine Anforderung pro Satz
- Bedürfnisse, keine Lösungen beschreiben
- Abkürzungen, nur wenn unbedingt notwendig
- keine Generalität (manche, viele, alle, man, ...)

- Verbindlichkeiten klar formulieren (was muss, was kann?)
- aktiv formulieren (Wer macht was?)
- Erfüllung überprüfbar (Messbarkeit, Akzeptanzkriterien)
- Priorität festlegen

Eins sollte hierbei immer berücksichtigt werden: Niemals bei Unklarheiten eine eigene Annahme im Sinne „Das wird mein Interviewpartner schon so gemeint haben" treffen. Oder um es mit den Worten von ERIC BOGOSIAN im Film „Under Siege 2: Dark Territory" (1995) zu sagen: *„Assumptions are the mother of all fuck ups!"*[17]

Die präzisierten Requirements werden meistens in einem Pflichtenheft zusammengeführt. Das Pflichtenheft stellt das *„vom Auftragnehmer erarbeitete Realisierungsvorhaben auf der Basis des vom Auftraggeber vorgegebenen Lastenhefts"* dar [DIN20a]. Es ergänzt das Lastenheft um erste Lösungsideen, Angaben zu den erwarteten Kosten und erste zeitliche Schätzungen. Das Pflichtenheft, häufig wird synonym auch *Fachkonzept* oder *Systembeschreibung* dafür verwendet, stellt somit die Sicht des Auftragnehmers dar und ist die Basis für die weiteren Schritte im Projekt [VDI01].

3.3.2 Ziele

4.5.2 Anforderungen und Ziele / Kompetenzstufe 2

Projekte verfolgen mindestens ein Ziel und liefern relevante Ergebnisse für das Unternehmen. Sie stehen somit im Spannungsfeld von zu erreichenden Unternehmenszielen, den Erfolgsfaktoren des Unternehmens und der erforderlichen bzw. geforderten Qualität, die durch sie zu erbringen ist. Die Unternehmensziele leiten sich aus der Geschäftsstrategie des Unternehmens ab. Daraus wiederum werden die operativen Ziele definiert. Wie bereits erwähnt, liefern Projekte für das Unternehmen nutzbringende Ergebnisse. Projektziele resultieren daher aus den strategischen (strategische Projekte) oder den operativen Zielen des Unternehmens.

3.3.2.1 Zieldefinition, Zielgrößen

Ziele sind eines der Merkmale eines Projektes. Projektziel und Zieldefinition werden in der DIN 69901-5:2009 und der ICB 4.0 wie folgt beschrieben:

„Projektziel – Gesamtheit von Einzelzielen, die durch das Projekt erreicht werden" [DIN20a, Seite 160]

„Zieldefinition – quantitative und qualitative Festlegung eines Projektinhaltes und der einzuhaltenden Realisierungsbedingungen, z.B. Kosten, Dauer, in den Zielmerkmalen mit meist unterschiedlichen Zielgewichten (z.B. Muss- und Kann-Ziele)" [DIN20a, Seite 163]

„Die Kompetenz Anforderungen und Ziele definiert das „Warum" für das Projekt – welche Ziele müssen erreicht werden, welcher Nutzen muss realisiert werden und welche Anforderungen der Stakeholder müssen erfüllt werden." [GPM17a, Seite 111]

Die Projektzielgrößen Kosten (Aufwand), Leistung (Ergebnis) und Termin (Zeit) stellen die verdichtete, übersichtliche Darstellung der Gesamtheit der Projektziele dar. Sie wer-

---

[17] ... oder anders ausgedrückt: to assume makes an ass out of you and me

den häufig in Form eines Dreiecks veranschaulicht, dem sogenannten „Magischen Dreieck“ des Projektmanagements.[18]

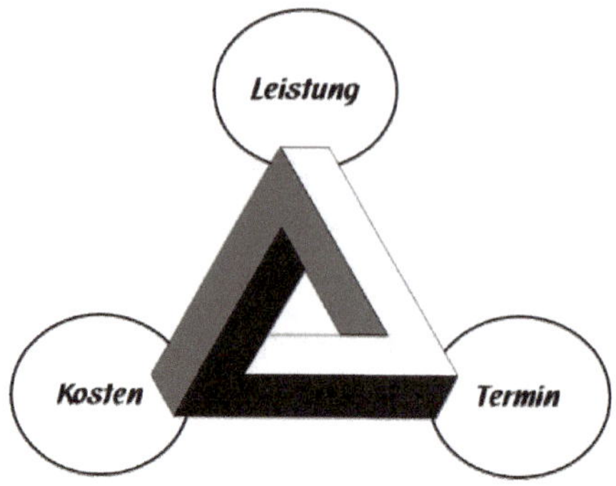

Abbildung 18 – „Magisches Dreieck“

„Fast – Cheap – Good: You can have any two.“

Projektmanagement-Sprichwort, unbekannter Autor

3.3.2.2 Zielfunktionen, Zielarten

Projektziele haben neben der Kontrollfunktion (Stichwort: Messkriterium) weitere wichtige Funktionen:

Funktion	Beschreibung
Kontrolle	Messlatte, ob das Projekt insgesamt erfolgreich war.
Orientierung	richtungsweisende Informationen – „Wohin geht die Reise?“
Koordination	konsequente Ausrichtung an den Zielen erleichtert die Beziehungen des Projektteams mit anderen Organisationseinheiten.
Selektion	schlüssige Ziele erleichtern die Auswahl von und die Entscheidung für Alternativen.
Verbindung	entsprechend formulierte Ziele bringen die Beteiligten zusammen – „Wir-Gefühl“

Tabelle 15 – Zielfunktionen

Ein nicht ganz ernst zu nehmender Vorschlag des Autors: Nimmt man die Anfangsbuchstaben der Zielfunktionen, ergibt sich das Akronym „KOKS verbindet“ ...

Ziele werden in Klassen zusammengefasst. Im "Magischen Dreieck" sind bereits drei Klassen erkennbar: Terminziele, Leistungsziele und Kostenziele. Eine andere Möglichkeit zur Unterscheidung sieht **Ergebnisziele** und **Vorgehensziele** (auch Prozessziele) vor.

Unter den **Ergebniszielen** werden Projektziele zusammengefasst, die sich auf den Projektgegenstand beziehen, wie z.B. Finanzziele, Leistungsziele, Soziale Ziele und Öko-

[18] Anmerkung: Außerhalb des deutschen Sprachraums finden die Begriffe „Triple Constraint“, „Iron Triangle“ oder „Project Triangle“ Verwendung.

logische Ziele. Hingegen beschreiben **Vorgehensziele** den Weg zur Erreichung des Projektergebnisses. Das beinhaltet alle Forderungen und Randbedingungen, die im Laufe des Projektes zu erfüllen sind, wie z.B. Terminziele und Budgetziele.

Eine Sonderstellung nehmen die **Nutzenziele** oder Nutzungsziele ein. Sie repräsentieren die spätere Nutzung des Projektergebnisses, obwohl sie bei Abschluss des Projektes noch nicht vorliegen. Der Projektleiter ist daher nicht unmittelbar für deren Erreichung verantwortlich. Dennoch dürfen sie während des Projekts nicht aus den Augen verloren werden, da sie potenzielle Ansatzpunkte für Chancen im Projekt darstellen [MOTZ17].

Trotz umfassender Zielformulierung kann es vorkommen, dass der Auftraggeber während der Projektumsetzung eine Leistung einfordert, die vom Projektteam nicht als Teil des Projektes betrachtet wird. Um diesem Umstand vorzubeugen, ist eine klare Abgrenzung durch die Formulierung von **Nicht-Zielen** hilfreich (out-of-scope). Nicht-Ziele drücken aus, auf welche Aspekte im Rahmen des Projektes verzichtet wird. Die Formulierung der Nicht-Ziele ist zudem eine wichtige Komponente in der Auftragsklärung zwischen Projektleitung und Auftraggeber [PATZ17].

Nach Festlegung der Ergebnis-, Vorgehens- und Nicht-Ziele müssen diese noch kategorisiert werden. Die Einteilung erfolgt üblicherweise in *Muss*-Ziele (Nicht-Erreichen bedeutet das Scheitern des Projektes), *Soll*-Ziele (Nicht-Erreichen verhindert die Gesamtzufriedenheit der Stakeholder mit dem Projekt) und *Kann*-Ziele (eher sekundär, nur bei angemessenem Aufwand anzustreben). Nicht-Ziele werden nicht kategorisiert. Innerhalb der Kategorien kann, abhängig von den jeweiligen Zielbeziehungen, noch zusätzlich eine Priorisierung vorgenommen werden.

Klasse	Beschreibung	Messkriterium	Kategorie
Hauptziel	Der neue Kletterturm auf dem Gelände des KLETTERMAXE E.V. ist bis zum 24.03.2024 mit einem Budget von 400.000.- Euro aufgebaut und nutzbar zu übergeben.		
Leistung	Der alte Kletterturm ist abgebaut und die Fläche für den Neubau nutzbar (**L1**).	Fläche frei und für den Neubau nutzbar (Sichtprüfung)	M
	Geplante Kletterhöhe und -fläche ist erreicht (**L2**).	Kletterhöhe ≥ 16 m, Kletterfläche ≥ 500 m² (Vermessung)	M
	Die geforderte Routenanzahl mit entspr. Schwierigkeitsgrad gem. UIAA sind montiert (**L3**).	≥ 25 Routen / Geometrie ermöglicht Klettern bis einschl. UIAA Grad 10	S
	Abnahme und Freigabe zur Nutzung durch TÜV ist erfolgt (**L4**).	Abnahmeprotokoll	M
	L_n	...	....
Termin	Positiver Beschluss des Vorstands zur Durchführung des Projekts liegt am 30.10.2021 vor (**T1**).	Vorstandsbeschluss zum 30.10.2021 (Protokoll)	M

	Annahme/Freigabe des Projekts durch die Mitgliederversammlung liegt am 17.09.2022 vor (**T2**).	Abstimmungsergebnis am 17.09.2020 (Protokoll)	M
	TÜV-Abnahme erfolgt am 01.03.2022 (**T3**).	Abnahme am 01.03.2022 (Abnahmeprotokoll)	M
	T_n	…	…
Kosten	Das Budget von 360.000 Euro für den neuen Turm ist eingehalten (**K1**).	Kosten Dienstleister ≤ 360.000 Euro	M
	Das Budget von 40.000 Euro für die geplanten Eigenleistungen ist eingehalten (**K2**).	Kosten Eigenleistung ≤ 40.000 Euro	S
	K_n	…	…
Sozial	Die Klettertrainer des Vereins sind am neuen Turm eingewiesen (**S1**)	> 10 Trainer sind anwesend → Anwesenheitsliste	S
	S_n	…	…
Nicht-Ziel	Neue Mitglieder werben (**N1**)		
	N_n		
Kategorie: M = Muss-Ziel, K = Kann-Ziel, S = Soll-Ziel			

Tabelle 16 – Beispielprojekt – Zieltabelle

Die grafische Darstellung der Zielhierarchie (Hauptziel, Oberziel, Unterziel) erfolgt entsprechend der gewählten Zielart in Form eines Zielbaumes.

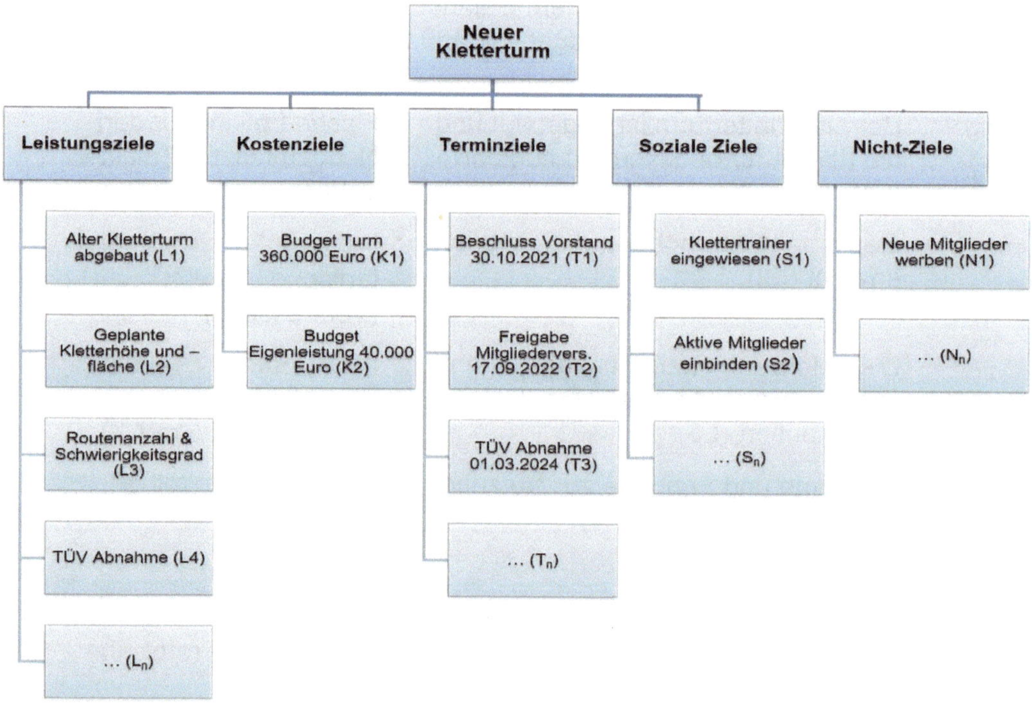

Abbildung 19 – Beispielprojekt – Zielhierarchie mit Leistungs-, Termin- und Kostenzielen

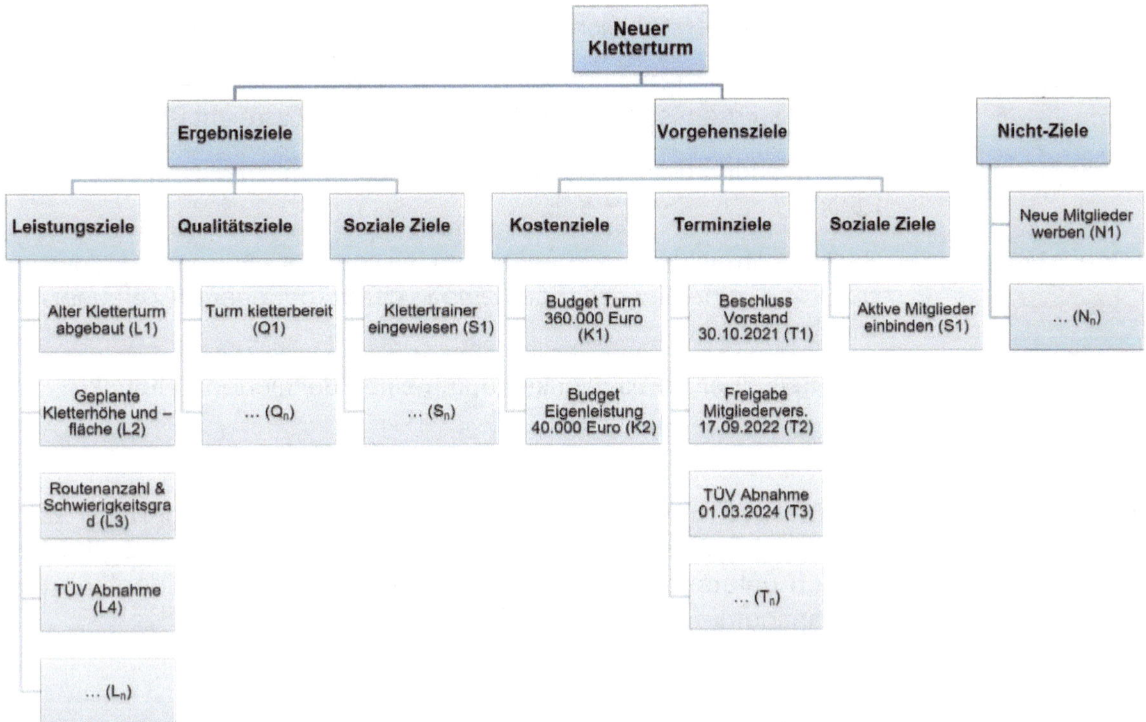

Abbildung 20 – Beispielprojekt – Zielhierarchie mit Ergebnis- und Vorgehenszielen

3.3.2.3 Zielformulierung, Zielbeziehungen

Bei der Zielformulierung sollten folgende Regeln beachtet werden.

1. **vollständig**, d.h. alle wesentlichen Projektziele inkl. der Nicht-Ziele sind formuliert
2. **quantifiziert**, d.h. mit Kriterien, an denen die Zielerreichung überprüfbar / messbar gemacht werden kann.
3. **eindeutig**, d.h. klare Formulierung, die keine Alternative zulässt. Worte wie z.B. „möglichst", „könnte", „sollte", „schneller / weniger als" sind zu vermeiden
4. **positiv**, d.h. der Weg zu etwas hin wird beschrieben. Worte wie z.B. „ohne", „nicht", „keine" sind zu vermeiden. Bei Nicht-Zielen reicht daher die Nennung der auszuschließenden Leistung, also „Schulung der Anwender" statt „Schulung der Anwender ist <u>nicht</u> Bestandteil …"
5. **lösungsneutral**, d.h. das Ziel ist aus der Nutzung des Projektergebnisses definiert, nicht aus technischer Sicht. Also kein Vorgeben bzw. Ausschließen von möglichen Lösungen.
6. **in Zielsprache**, d.h. prägnant und in der vollendeten Gegenwart (z.B. … ist erreicht, … ist bezugsfertig, … ist betriebsbereit, … im Einsatz, … ist eingehalten, … ist eröffnet).

„Der Langsamste, der sein Ziel nicht aus den Augen verliert, geht noch immer geschwinder, als jener, der ohne Ziel umherirrt."

Gotthold Ephraim Lessing (1729 – 1781), deutscher Dichter

Zur Überprüfung der Zielspezifikation eignet sich das Akronym **SMART:**

Spezifisch	Einfach und verständlich, nicht allgemein, sondern konkret.
Messbar	Operationalisiert (u.a. Leistung, Kosten), d.h. an welchen eindeutigen Indikatoren ist festzustellen, dass das Ziel erreicht ist?
Akzeptiert	Zielerreichung beeinflussbar sowie gesellschaftlich akzeptiert (→ Ethik).
Realistisch	Sachlich erreichbar und bedeutsam, also weder ein Zustand. der sich von alleine einstellt, noch eine in der vorgegebenen Zeit unerreichbare Vision.
Terminiert	Schaffen einer Verbindlichkeit durch einen definierten Zeitpunkt.

Tabelle 17 – SMART

Werden mehrere Ziele für ein Projekt identifiziert, so sind die Beziehungen der Ziele untereinander zu analysieren. Dabei wird zwischen verschiedenen **Zielverträglichkeiten** bzw. **Zielbeziehungen** unterschieden. Die Skala geht dabei von Zielidentität über Zielneutralität hin zu Zielantinomie.

Abbildung 21 – Zielbeziehungen

Die Beziehung der Ziele wird in der folgenden Tabelle im Detail beschrieben.

Zielbeziehung	Definition & Aktion
Identität	Bei Zielen, die vollständig deckungsgleich sind, spricht man von Zielidentität. Eines der identischen Ziele ist zu streichen.
Komplementarität	Um Zielkomplementarität handelt es sich, wenn die Verfolgung eines Zieles gleichzeitig die Erreichung eines anderen Zieles begünstigt („je mehr das eine desto *mehr* das andere“).
Neutralität	Lassen sich verschiedene Ziele voneinander vollkommen unabhängig erfüllen, spricht man von Zielneutralität.
Konkurrenz	Unter Zielkonkurrenz versteht man die Beeinträchtigung eines Ziels bei gleichzeitiger Erfüllung eines anderen. Hier ist eine Priorisierung notwendig („je mehr das eine desto *weniger* das andere“).
Antinomie	Schließen sich Ziele komplett aus, handelt es sich um Zielantinomie. Hier ist durch den Auftraggeber eine Entscheidung zu treffen.

Tabelle 18 – Definition der Zielbeziehungen

Anhand einer **Zielbeziehungsmatrix** können die erarbeiteten Ziele auf ihre gegenseitige Wirkung hin überprüft werden (Paarweiser Vergleich).

Ziele	Z_1	Z_2	Z_3	Z_4	Z_n
Z_1					
Z_2	k				
Z_3	n	k			
Z_4	n	n	n		
Z_n	k	n	k	ko	

k = Komplementarität
n = Neutralität
ko = Konkurrenz

Abbildung 22 – Zielbeziehungsmatrix

Anmerkung: Am häufigsten findet man Konkurrenzbeziehungen zwischen den einzelnen Zielgegenständen Termin, Kosten und Leistung. Beispielsweise zwischen Termintreue vs. Budget- bzw. Kostentreue, Termintreue vs. Leistungserbringung und / oder Budget- bzw. Kostentreue vs. Leistungserbringung.

3.4 Projektphasen

4.5.1 Projektdesign / Kompetenzstufe 1 | 4.5.4 Ablauf und Termine / Kompetenzstufe 2

Entsprechend des gewählten Projektdesigns oder der Vorgaben des Unternehmens auf Basis eines Vorgehensmodells, wird das Projekt in einzelne Abschnitte, die **Projektphasen**, unterteilt. Das Thema Projektphasen ist Bestandteil des ICB-Elements *ABLAUF UND TERMINE*, das in Kapitel 4.2 näher beschrieben wird.

Projektphasen sind der erste Planungsschritt zur Aufteilung des Gesamtvorhabens. Sie gliedern ein Projekt in zeitliche Abschnitte, die inhaltlich voneinander abgegrenzt sind. Diese Phasen haben eine klare Zielsetzung, nutzen Ressourcen zur Erstellung wichtiger Lieferobjekte und beinhalten auch Entscheidungen als Grundlage für die folgende Projektphase. Die Abfolge der Phasen eines Projekts zusammen wird auch als Projektlebenszyklus bezeichnet [DIN20a].

Im Unterschied zu den Projektphasen, welche die **inhaltlichen Aktivitäten des Projektes** widerspiegeln, orientiert sich die Phaseneinteilung für das Projektmanagement an den **logisch zusammenhängenden Aktivitäten des Projektmanagements** – Initialisierung, Definition, Planung, Steuerung, Abschluss – den Projektmanagementphasen [DIN20a].

Mit der Erstellung des Phasenplans liegt eine erste Grobplanung und damit eine Machbarkeitsprüfung für die vom Auftraggeber genannten Projektziele vor. An dieser Stelle kann eine Go/No-go-Entscheidung für das Projekt getroffen werden.

Elemente des Phasenplans

Der Phasenplan enthält Hauptaktivitäten, die in den einzelnen Phasen zusammengefasst werden. Die Projektphasen beginnen üblicherweise mit einem Meilenstein und werden mit einem solchen Entscheidungspunkt bzw. Ereignis besonderer Bedeutung [DIN20a] abgeschlossen. Diese Ereignisse können sein:

- Prüfungen bzw. Abnahmen
- „Etappenziel“
- Entscheidungen z.B. über den Beginn der nächsten Phase

Meilensteine haben eine Dauer von Null und werden im Phasenplan üblicherweise mit einer Raute dargestellt. Zum besseren Verständnis und zur besseren Lesbarkeit werden die Meilensteine inklusive einer Beschreibung des dazugehörenden Ereignisses in einer Tabelle aufgelistet.

Um die Zielwünsche (Termine und Kosten) des Auftraggebers auf Machbarkeit prüfen zu können, werden voraussichtliche Dauern und die erwarteten Kosten der Hauptaktivitäten **grob** abgeschätzt und zu Projektsummen aggregiert. Dies geschieht sinnvollerweise durch Erfahrungswerte abgeschlossener ähnlicher Projekte oder durch Expertenschätzung

Bei allen Schätzungen hat der Projektleiter in der darauffolgenden Kommunikation den Auftraggeber deutlich auf deren vorläufigen Charakter hinzuweisen, um unerwünschte und sachlich falsche finale gedankliche Festlegungen zu vermeiden.

Projektmanagement taucht im Phasenplan nicht als eigene Phase auf, da es sich bei den PM-Aktivitäten um phasenbegleitende Querschnittsfunktionen handelt, die sich über alle Projektphasen erstrecken. Budgetär wird es in dieser Planungsstufe mit 10 bis 15% der geschätzten Kosten berücksichtigt (falls keine sachlogischen Gründe eine höhere oder niedrigere Annahme rechtfertigen).

1. Liste der Projektphasen mit Ziel und Hauptaktivitäten

Projektphase	**Ziel**	**Hauptaktivität(en)**	**Dauer in Wochen** (ca.)	**Kosten in Euro** (ca.)
Vorplanungs- & Prüfungsphase (**P1**)	Vorstandsbeschluss & positiver Beschluss der HV liegt vor	➢ Baugenehmigung einholen ➢ Fördergelder akquirieren ➢ Mitglieder befragen	15	5.000.-
Angebotsphase (**P2**)	Angebote ausgewählt, Fachfirma beauftrag	➢ Fachfirmen auswählen ➢ Angebote einholen	28	4.500.-
Vorbereitungsphase (**P3**)	Alter Turm abgerissen, Fläche für den Neubau vorbereitet	➢ Alter Turm abbauen ➢ Material entsorgen ➢ Fläche für Neubau vorbereiten	58	28.000.-
Neubauphase (**P4**)	Neuer Turm steht, TÜV Abnahme erfolgt	➢ Turm aufbauen ➢ TÜV Abnahme	16	360.000.-
Abschlussphase (**P5**)	Klettertrainer eingewiesen, Kletterturm übergeben	➢ Nacharbeiten ➢ Klettertrainer einweisen	4	2.500.-
Summe (vorläufige Schätzung)			121	400.000.-

Tabelle 19 – Beispielprojekt – Projektphasen und Hauptaktivitäten

2. Liste der Meilensteine mit Ergebnis

Meilenstein	Ergebnis	Termin & Status
M1 – Projektleiter benannt	Projektauftrag erhalten, Projektstart ist erfolgt	30.10.2021 / abgeschlossen
M2 – Vorhaben vom Vorstand beschlossen	Vorstandsbeschluss liegt vor, Positiver Beschluss der HV liegt vor	20.02.2022 / abgeschlossen
M3 – Fachfirma für Turmbau ausgewählt	Angebote ausgewählt, Fachfirma beauftrag	17.09.2022 / abgeschlossen
M4 – Abriss erfolgt und Fläche bereinigt	Alter Turm abgerissen, Fläche für den Neubau vorbereitet	02.11.2023 / abgeschlossen
M5 – Bauabnahme Neubau erfolgt	Neuer Turm steht, TÜV-Abnahme erfolgt	01.03.2024 / geplant
M6 – Neuer Kletterturm an Verein übergeben.	Klettertrainer eingewiesen, Kletterturm übergeben	24.03.2024 / geplant

Tabelle 20 – Beispielprojekt – Meilensteintabelle

3. Phasenplan

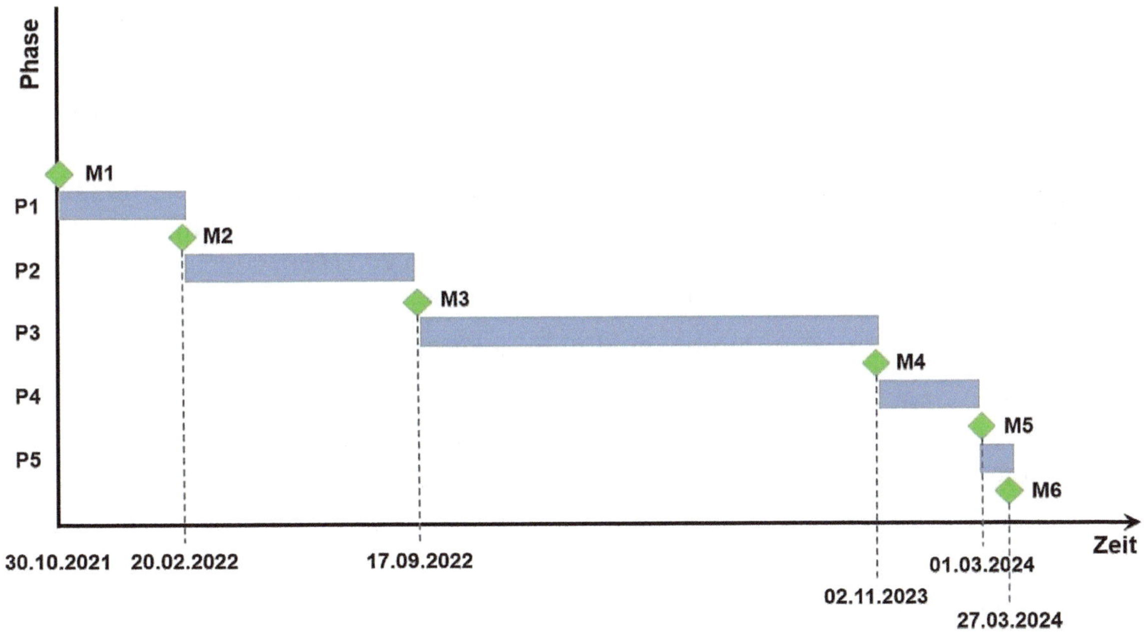

Abbildung 23 – Beispielprojekt – Phasenplan

In der Phasenplanung können auch agile Elemente Anwendung finden:

Die Übergänge der Phasen, also zu einem Meilenstein, lassen sich auch mit einer **Retrospektive** gestalten. Eine Retrospektive (siehe auch Kapitel 8.1.3.5) setzt sich mit der Kooperation im Team auseinander, identifiziert konkrete Verbesserungen für die Zusammenarbeit und den Arbeitsprozess. Diese Verbesserungen werden gleich in der nächsten Phase umgesetzt [PREU20, DRÄT23].

3.5 Organisation, Information und Dokumentation

Organisation, Information und Dokumentation (4.5.5)

„Die Kompetenz ORGANISATION, INFORMATION UND DOKUMENTATION umfasst die Definition, Einführung und das Management der temporären Projektorganisation. Organisation und Information umfasst außerdem die Definition der erforderlichen Rollen und Verantwortlichkeiten sowie einen effektiven Informationsaustausch für die temporäre Organisation. Die Kompetenz beinhaltet auch die Erstellung und Speicherung von Dokumentation, Strukturen für die Berichterstattung und der projekt-internen Kommunikationsabläufe." [GPM17a, Seite 122]

Projektorganisation

4.5.1 Projektdesign | 4.5.5 Organisation, Information und Dokumentation / Kompetenzstufe 2

Die Durchführung eines Projektes erfolgt immer in einem bestimmten Rahmen. Dies impliziert, dass Personen, die das Projekt durchführen, in eine Organisationsform eingebunden sind – die Projektorganisation. Diese stellt nach der DIN 69901-5:2009 die „Aufbau- und Ablauforganisation eines bestimmten Projektes" [DIN20b, Seite 159] dar. Etwas konkreter wird die ISO 10006; sie unterscheidet zwischen Trägerorganisation bzw. Stammorganisation und Projektorganisation. Die Trägerorganisation wird als diejenige Organisation bezeichnet, welche entscheidet, das Projekt durchzuführen und es einer Projektorganisation zuzuweisen. Die Projektorganisation wiederum führt das Projekt durch [DIN20c].

Projektorganisationen sind aufgrund der bestimmten Lebensdauer eines Projekts temporär, und werden spezifisch für die zu erledigende Aufgabe ins Leben gerufen.

Mit der **Aufbauorganisation** wird der Rahmen abgesteckt, mit dessen Hilfe das hierarchische Gerüst der Projektorganisation abgebildet wird. Die **Ablauforganisation** hingegen regelt das räumliche und zeitliche Zusammenwirken von Menschen, Betriebs- bzw. Arbeitsmitteln und Informationen zur Erfüllung der Arbeitsaufgaben (Prozesssicht).

Die klassischen und am längsten bekannten Projektorganisationsformen sind:

- Stabs- bzw. Einflussorganisation
- Matrixorganisation
- autonome bzw. reine Projektorganisation

3.5.1.1 Stabs- bzw. Einfluss-Projektorganisation

Bei der Einfluss-Projektorganisation wird der Projektleiter als Stabsstelle in die unveränderte Stammorganisation des Unternehmens eingebettet. Der Projektleiter hat keine Weisungs- oder Entscheidungsbefugnis und somit auch keine Ergebnisverantwortung ... (was sich in der Praxis in den meisten Fällen als Trugschluss herausstellt). Er übt lediglich eine beratende Funktion aus. Die Projektmitarbeiter verbleiben weiterhin in ihrer Linienfunktion [PATZ17].

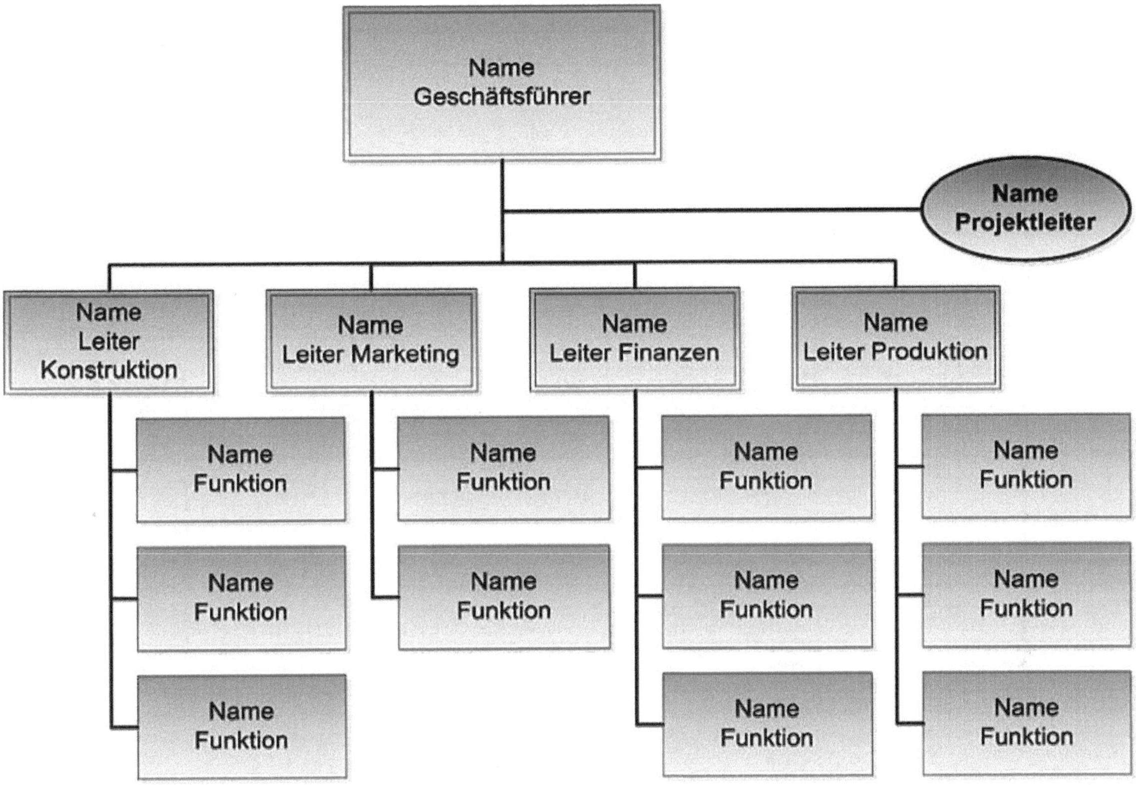

Abbildung 24 – Einfluss-Projektorganisation

3.5.1.2 Matrix-Projektorganisation

Die Matrix-Projektorganisation teilt die Kompetenzen zwischen der Linien- und der Projektorganisation auf. Während des Projekts wird der Projektleiter aus der Linienorganisation herausgelöst und erhält die fachliche Entscheidungs- und Weisungsbefugnis für projektbezogene Aktivitäten. Die Projektmitarbeiter bleiben in ihrer Linienfunktion und unterstehen disziplinarisch ihrem Vorgesetzten.

Die gestrichelten Linien zeigen Über- bzw. Unterordnungen mit ausschließlich fachlicher Leitungsbefugnis an, während durchgezogene Linien Über- bzw. Unterordnungen mit sowohl fachlicher als auch disziplinarischer Leitungsbefugnis darstellen.

Der dargestellte Lenkungsausschuss fungiert als temporäres, übergeordnetes Steuerungsgremium für das Projekt. Er dient dem Projektleiter als Berichts-, Entscheidungs- und Eskalationsgremium und wird nach Abschluss des Projekts aufgelöst [GPM17b].

Es gibt verschiedene Ausprägungen der Matrix-Projektorganisation: starke (reine), ausgewogene und schwache Matrix. Die starke Matrix-Projektorganisation (PO) orientiert sich bei der Position des Projektleiters eher an der autonomen Projektorganisation. In der ausgewogenen Matrix-PO bleibt der Projektleiter in der Linie, während die schwache Matrix-PO eher in Richtung einer Einfluss-PO tendiert. Bei dieser Form der Matrix-PO gibt es keinen ausgewiesenen Projektleiter, sondern nur einen Projektkoordinator.

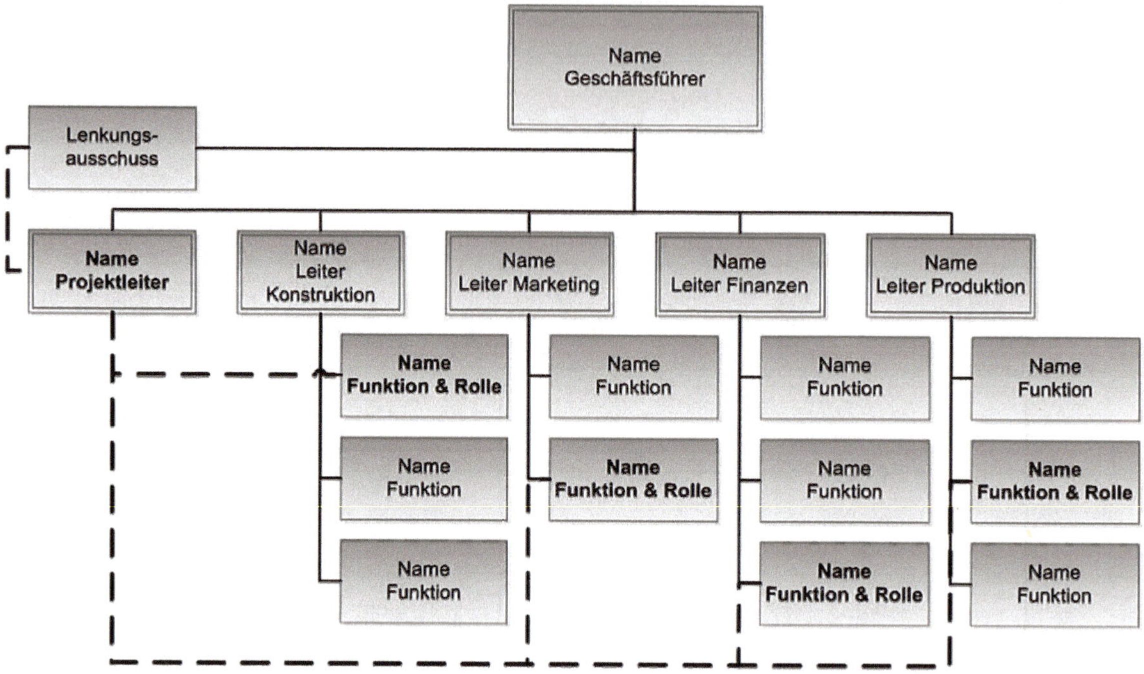

Abbildung 25 – Matrix-Projektorganisation

3.5.1.3 Autonome bzw. reine Projektorganisation

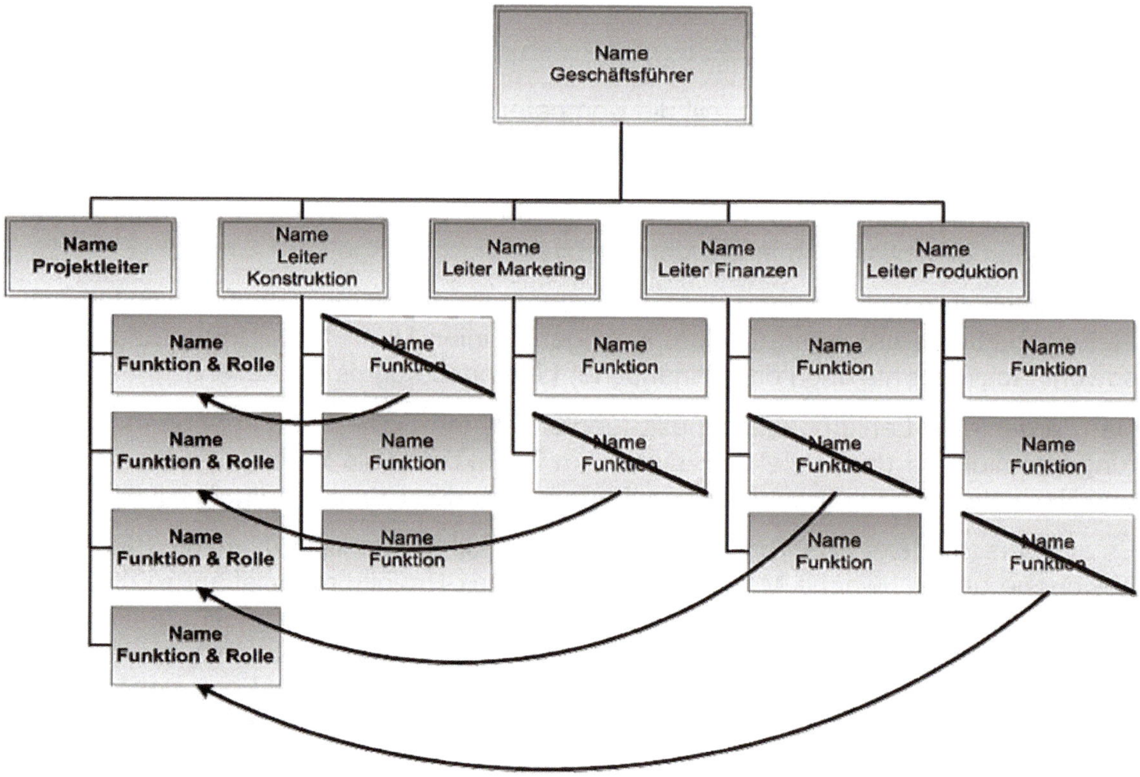

Abbildung 26 – Autonome Projektorganisation

Das Projekt wird aus der Linie ausgegliedert und somit zu einem selbständigen Element in der Stammorganisation. Der Projektleiter nimmt die fachliche und disziplinarische Verantwortung für die Projektmitarbeiter wahr. Die Projektmitarbeiter werden aus ihrer Linienfunktion herausgenommen und arbeiten ausschließlich für das Projekt.

Sonderformen der autonomen Projektorganisation (nicht mehr Bestandteil der Stammorganisation) sind:

- **Projektgesellschaften** (rechtlich selbständig, Projektleiter ist in Personalunion auch Geschäftsführer), z.B. Projektgesellschaft Landesgartenschau Rheinland-Pfalz mbH, Projektgesellschaft Neue Messe GmbH & Co. KG
- **Arbeitsgemeinschaften** (ARGE) – Zusammenschluss mehrerer Unternehmen für ein gemeinsames Projekt, z.B. ARGE Fahrbahn Transtec Gotthard (Alpine Bau Schweiz GmbH und Balfour Beatty Rail GmbH), ARGE Heben und Bewegen (Wiesbauer GmbH & Co. KG und SCHOLPP Kran & Transport GmbH)

„Organisation ist ein Mittel, die Kräfte des Einzelnen zu vervielfältigen."

Peter F. Drucker (1909-2005), US-amerikanischer Ökonom

3.5.1.4 Lenkungsausschuss

4.3.2 Governance, Strukturen und Prozesse / Kompetenzstufe 1

Der Lenkungsausschuss (auch Steering Committee, Steuerkreis, Steuerungsgruppe, Projektbeirat) ist ein übergeordnetes Berichts-, Steuerungs-, Entscheidungs- und Eskalationsgremium und setzt sich üblicherweise aus leitenden Mitarbeitern der vom Projekt betroffenen Unternehmenseinheiten zusammen. Der LA ist i.d.R. die höchste Eskalationsinstanz, da durch seine Besetzung ein Ausgleich zwischen Auftragnehmer- und Auftraggeber-Interessen erfolgen kann [TIMI24].

Die Aufgaben des Lenkungsausschuss zeigt beispielhaft folgende Tabelle (in Anlehnung an [PFET20, PATZ17])

Aufgabe	➢ Entscheidung in kritischen Projektsituationen ➢ Unterstützung des PL bei der Durchsetzung von Projektentscheiden ➢ Bereitstellung der benötigten Ressourcen ➢ Freigabe von Änderungsanträgen (spez. Bei Lasten- bzw. Pflichtenheft) ➢ Durchführen von Projektreviews ➢ Informiert sich regelmäßig über den Projektstatus ➢ …
Kompetenz (Befugnisse)	➢ Definieren spezifischer Kompetenzen des PL ➢ Freigabe von Meilensteinen ➢ Entscheidung über vorgeschlagene Lösungswege ➢ „Rückschaltung" von roten Ampeln ➢ …

Verantwortung	➢ ... für die Freigabe / Unterzeichnung des Projektauftrages (z.B. durch Sprecher des LA) ➢ ... für die Entlastung des PL durch Freigabe des Projektabschlussberichts ➢ ... für das Treffen von zeitnahen Entscheidungen bei Anträgen aus den Projekten ➢ ...

Tabelle 21 – AKV eines Lenkungsausschuss (Beispiel)

3.5.2 Kongruenzprinzip in der Unternehmensführung

4.5.5 Organisation, Information und Dokumentation / Kompetenzstufe 1

HENRI FAYOL, der Begründer der französischen Managementlehre, entwickelte in den 1920er Jahren vierzehn Managementprinzipien als Richtlinien für die Unternehmensführung. Ein Prinzip, nämlich „Autorität und Verantwortung", gilt als eines der bekanntesten Organisationsgrundsätze und besagt, dass Übereinstimmung (Kongruenz) zwischen Aufgaben, Kompetenzen und Verantwortung erforderlich ist. Nur wenn der Stelleninhaber die für die Aufgabendurchführung notwendigen **Durchführungs**- (dürfen) und **Leitungskompetenzen** (wollen und können) sowie die **erforderlichen Informationen** besitzt, kann er auch für die Ergebnisse seiner Tätigkeit verantwortlich gemacht werden [MOTZ17, BEA11].

Bei der Ausarbeitung der Projektorganisation müssen die benötigten Rollen und ihre **AKVs** (**A**ufgaben, **K**ompetenzen, **V**erantwortung) im Projekt beschrieben werden. Im Idealfall hat der Projektleiter in dieser Phase bereits Personen, die er diesen Rollen zuordnen kann. Meist erfolgt jedoch die Besetzung der Rollen während der Ressourcenplanung.

3.5.2.1 Projektrollen

Eine Rolle beschreibt eine Stelle in der Projektorganisation, für die eine Person verantwortlich zeichnet. Gleichzeitig ist sie die Summe der Erwartungen, die an den Rolleninhaber gerichtet werden. Einer Rolle sind

a) Aufgaben
b) Kompetenzen
c) Befugnisse und
d) Verantwortung

zugeordnet [GPM17b].

Während **Aufgaben** (Was muss der Rolleninhaber tun? Welche Pflichten zur Erfüllung der Aufgabe hat er?) und **Verantwortung** (Wofür ist der Rolleninhaber fachlich und / oder disziplinarisch verantwortlich?) klar abgegrenzt sind, werden Kompetenzen und Befugnisse oft „in einen Topf" geworfen bzw. synonym verwendet. Getrennt steht **Befugnis** für die *„Berechtigung zu (rechtswirksamen) Handlungen im Namen und im Rahmen von Organisationen und / oder Projekten."*[MOTZ17, Seite 39] im Sinne von „Was darf der Rolleninhaber?" **Kompetenz** dagegen beschreibt die *„Befähigung, die ein Individuum, ... auf einem bestimmten Gebiet oder in definierten Bereichen besitzt."* [MOTZ17, Seite 106] im Sinne von „Was kann der Rolleninhaber bzw. was soll er können?" Kompetenzen können beispielsweise in Fach-, Methoden-, Sozial- und personale Kompetenz unterschieden werden.

3.5.2.2 AKV-Matrix

4.5.5 Organisation, Information und Dokumentation / Kompetenzstufe 2

In einer AKV-Matrix, werden **A**ufgaben, **K**ompetenzen (im Sinnen von Befugnissen) und **V**erantwortlichkeiten einer Rolle in Beziehung zueinander gesetzt. Sie beschreibt damit die Projektrollen [MOTZ17].

Hin und wieder wird die AKV-Matrix auch als ABV-Matrix (**A**ufgaben, **B**efugnissen, **V**erantwortlichkeiten) bezeichnet.

Eine mögliche Rollenbeschreibung (AKV) eines Projektleiters zeigt beispielhaft folgende Tabelle (in Anlehnung an [PFET20, PATZ17]).

Aufgabe	➢ Auftragsklärung und Abstimmung mit dem Auftraggeber ➢ Rahmenterminplan erstellen ➢ Durchführen einer Kapazitäts- und Budgetplanung für das Projekt ➢ Definition des Projektteams in Abstimmung mit den Linienvorgesetzten ➢ Nachhalten der Projektziele mit Fokus auf die vereinbarte/n Leistung, Kosten und Termin ➢ Aufzeigen von Risiken und Lösungsansätzen ➢ Sicherstellung eines regelmäßigen Informationsflusses an alle Projekt-Beteiligten (Stakeholdermanagement ➢ Vorbereiten, koordinieren und durchführen von Projektteam-Meetings ➢ Vorbereiten und durchführen von Statusmeetings mit dem Lenkungsausschuss ➢ …
Kompetenz (Befugnisse)	➢ Vorgabe von projektspezifischen Zielen gegenüber Teammitgliedern ➢ Einberufung von Projektteamsitzungen zur Abstimmung von Inhalten ➢ Bewerten des Projektstatus auf Basis vorhandener Informationen und definierter Maßnahmen ➢ Einfordern der Kapazitätsbereitstellung sowie Beantragung von Zusatzkapazität im Rahmen des Risikomanagements ➢ Eskalation in höheres Entscheidungsgremium ➢ Beurteilen der Arbeitsergebnisse ➢ Einfordern von Information über Abwesenheit von Teammitgliedern ➢ Einfordern der definierten Zahlen, Daten, Fakten zum jeweiligen Meilenstein ➢ …

Verantwortung	➢ … für die Sicherstellung des Projekterfolgs (Leistung, Kosten, Termin) ➢ … für Rechenschaft gegenüber den Auftraggebern und dem Lenkungsausschuss ➢ … für die Verfügbarkeit eines kontinuierlichen, belastbaren Projektstatus ➢ … für die rechtzeitige Eskalation bei Abweichungen oder Terminverzug ➢ … für die Durchführung und Kommunikation von Lessons-Learned Workshops o.ä. zur Verbesserung der Projektarbeit ➢ … für die Bewertung von Änderungsanträgen ➢ … für die Koordination der Kommunikation und Dokumentation in Zusammenhang mit dem Projekt ➢ …

Tabelle 22 – Auszug einer Rollenbeschreibung (AKV) eines Projektleiters (Beispiel)

3.5.2.3 Verantwortlichkeitsmatrix

4.5.5 Organisation, Information und Dokument. / Kompetenzstufe 1

Die Verantwortlichkeitsmatrix ist eine wichtige organisatorische Regelung im Projekt und zeigt die Verbindung zwischen Aufgaben (Arbeitspaketen) bzw. Vorgängen und den Rollen innerhalb des Projektteams. Dazu werden in der Matrix in den Spalten die Rollen und in den Zeilen die Aufgaben aufgeführt.

Eine Möglichkeit diese präzise Zuweisung zu erstellen ist die sog. **RACI-Matrix.** Das Akronym steht dabei für [SCHM15]

- **R**esponsible (zuständig) bekommen die Rollen, die ein Arbeitspaket erledigen
- **A**ccountable (verantwortlich), bekommt die Rolle mit der Entscheidungsbefugnis
- **C**onsulted (beratend), bekommen die Rollen, die vor einer Entscheidung zu Rate gezogen werden
- **I**nformed (informiert), bekommen die Rollen, die nach einer Entscheidung benachrichtigt werden (müssen).

	Rollen				
PSP Code	**Vorgang**	**PL**	**Einkauf**	**EM**	**LA**
ZS01-B1	Ideenworkshop durchführen	A	R	R	
ZS01-B2	Rahmenbedingungen definieren	A, R			
ZS01-C1	Sponsoren akquirieren	A, R	C		I
ZS01-C2	Vertragspartner finden	A		C	
ZS01-C3	Teilnehmer bewerben	A	R		

Abbildung 27 – RACI – Matrix

Die RACI-Matrix findet auch in einer erweiterten Form – RASCI – Anwendung. Die Ergänzung „S“ steht für

- Supportant (unterstützend), bekommt die Rolle, die Ressourcen, Informationen oder Mentoring bereitstellen

Die Abgrenzung zwischen „Accountable“ und „Responsible“ führt regelmäßig zu Missverständnissen. Im deutschsprachigen Raum kommt daher häufig die **VDMI**-Matrix (**V**erantwortlich, **D**urchführend, **M**itarbeit bei der Aufgabe, erhält **I**nformation) zur Anwendung.

Nichtsdestotrotz gilt hier bei jedem Arbeitspaket oder Vorgang für „V“ (Verantwortlich) oder „A“ (Accountable) das „Highlander-Prinzip“: Es kann nur einen geben ... ("Highlander: Es kann nur einen geben", US-Kinofilm, 1986).

3.5.3 Informationsmanagement

4.5.5 Organisation, Information und Dokument. / Kompetenzstufe 1

Laut dem Brockhaus-Lexikon ist eine „**Information** eine „Auskunft, Nachricht, Mitteilung, Belehrung; die formulierte Unterrichtung.“

Die Informationen zum Projekt bzw. die Projektdokumentation sollten den Mitgliedern der Projektorganisation und anderen Stakeholdern in passender Form zur Verfügung stehen, damit sie in die Lage versetzt werden, die von ihnen geforderten Aufgaben zu erfüllen. Das Gestalten, Sammeln, Auswählen, Aufbewahren und Abfragen sowie das Verfügbar machen von Projektdaten (in formatierter, unformatierter, graphischer, elektronischer Form oder auf Papier) ist Inhalt des Informationsmanagements.

Das Informationsmanagement hat die Wahl zwischen zwei grundsätzlichen Typen von Informationskanälen – über Menschen als Träger der Information und mittels verschiedener Medien. Über Medien können Informationen auditiv, schriftlich oder bildlich (visuell) bereitgestellt werden. Interessierte Stakeholder haben dann die Möglichkeit, diese selbstständig abzuholen (Pull-Prinzip) oder automatisiert, beispielsweise als elektronischen Newsletter (Push-Prinzip), zu erhalten.

Unter der schriftlichen Kommunikation werden Berichte, Artikel, Reports und Dokumente subsumiert. Der Einsatz von Ton und Bild erfolgt häufig gleichzeitig. „Social Media“ ist hier das Stichwort. Facebook, WhatsApp, Youtube, Doodle und Co finden immer mehr Anwendung zur Verbreitung von Informationen und zur Abstimmung von Terminen. Mit allen Nachteilen wie z.B. der Gefahr von Missbrauch der Informationen und der Vermischung zwischen privaten und geschäftlichen Informationen [PFET20].

Im Projekt ist es wichtig, festzustellen, wer welche Informationen benötigt bzw. welchen Informationsbedarf (Informationsbedarfsmatrix) hat. Ausgangspunkt dazu ist die Stakeholderanalyse mit den dabei herausgearbeiteten Interessen, Einstellungen u.ä. der einzelnen Stakeholder (outside-in-Vorgehen) [FREI16].

3.5.4 Dokumentenmanagement

4.5.5 Organisation, Information und Dokument. / Kompetenzstufe 1

Ein **Dokument** wird nach DIN EN ISO 9000:2015 als eine *„Information und ihr Trägermedium“* definiert. In der DIN EN ISO 9001:2015 ist die **Pflicht** zur *„Dokumentation in einem nützlichen Umfang“* festgehalten.

Die Summe aller Dokumente sowie das Wissen und die Erkenntnisse, die im Projektverlauf gewonnen werden, Verwendung und Anwendung finden, stellen die **Projektdokumentation** bzw. die Projektakte dar [DIN20a, TIMI24].

Zur Organisation der Projektdokumentation bietet sich eine Dokumentenmatrix bzw. Dokumentenübersichtsliste an. Sie zeigt im Minimum welche Dokumente im Projekt zu erstellen sind bzw. bereits erstellt wurden, wer dafür verantwortlich ist, in welchem Status (z.B. Entwurf, freigegeben) sich das jeweilige Dokument befindet, die aktuell gültige Versionsnummer und wo es abgelegt ist [FELK15, TIMI24].

Dokument	Inhalt	Version	Status	Verantwortl.	Phase	Ablageort
Projektsteckbrief	...	1.00	abgenommen	PL	Vorplanungs- & Prüfungsphase	Laufwerk
Risikoplan	...	1.20	fertiggestellt	PL	Angebotsphase	Ordner
QS-Plan	...	0.80	in Bearbeitung	PL	Angebotsphase	...
...	...	...	zurückgezogen	...	...	...

Tabelle 23 – Dokumententabelle (Beispiel)

Die Versionierung der Dokumente ist mit Blick auf das Änderungsmanagement ein wesentlicher Erfolgsfaktor. Ohne die Versionsnummer eines Dokuments ist nach kurzer (Projektlauf-)Zeit nicht mehr feststellbar, welches der kursierenden Dokumente gleichen Namens das aktuelle und somit das gültige Dokument ist.

Als hilfreich erweist sich ebenfalls, zu Beginn des Projekts festzulegen, wie die Dokumente gekennzeichnet (**Dokumentationsstandard**) werden und welche Anforderungen (**Dokumentenstandards**) zu erfüllen sind. Für die Kennzeichnung, sprich die Benennung gibt es evtl. Vorgaben seitens des Unternehmens als Dokumentationsrichtlinie im Rahmen der ISO 9001 Zertifizierung oder sie werden am Anfang des Projekts durch den Projektleiter festgelegt.

Die Dokumentenstandards teilen sich in formale und inhaltliche Anforderungen. Formale Anforderungen beziehen sich auf Informationen zum Dokument wie beispielsweise Aufbau des Dokumentenkopfes mit Dokumentenname, Nummer, Projektname, Erstellungsdatum, Autor und Verteiler. Die inhaltlichen auf die Gliederung des Dokuments (z.B. Ziel des Dokuments, Zusammenfassung, Hauptteil).

Der Bedarf an Dokumenten lässt sich in einer **Dokumentenbedarfsmatrix** festhalten. Dabei werden ausgehend vom definierten Projektgegenstand die für das Projekt typischen Dokumententypen (z.B. Anforderungsspezifikation, Statusbericht, Benutzerhandbuch) auf Relevanz geprüft und gegebenenfalls mit dem Hinweis auf eine vorhandene Vorlage in die Matrix eingetragen [TIMI24].

In Unternehmen, die nach ISO 9001:2015 zertifiziert sind, gelten in Bezug auf die Dokumentation spezifische Anforderungen.

1. **Dokumentierte Informationen zum Qualitätsmanagementsystem:**
   Die Organisation muss dokumentierte Informationen über ihr Qualitätsmanagementsystem erstellen und pflegen, um die Wirksamkeit des Systems zu gewährleisten.

2. **Dokumentierte Informationen, die für den Prozessbetrieb erforderlich sind:** Es ist notwendig, dokumentierte Informationen bereitzustellen, um den Betrieb der Prozesse innerhalb des Qualitätsmanagementsystems sicherzustellen. Dies kann Verfahrensanweisungen, Arbeitsanweisungen, Spezifikationen oder andere relevante Dokumente umfassen.
3. **Aufzeichnungen:** Die Organisation muss Aufzeichnungen erstellen, um Nachweise über die Wirksamkeit des Qualitätsmanagementsystems zu erbringen. Diese Aufzeichnungen können Berichte, Prüfungsberichte, Schulungsunterlagen, Kundenbewertungen, interne Audits und andere relevante Dokumente umfassen.

Die ISO 9001:2015 gestaltet die Anforderungen an die Dokumentation bewusst flexibel. Daher ist es für jede Organisation von entscheidender Bedeutung, ihre Dokumentationsanforderungen anhand ihrer Art, Größe, der angebotenen Produkte und Dienstleistungen sowie der Risiken und Chancen festzulegen und zu pflegen.

Wichtige Projektdokumente

Im Laufe eines Projektes werden jede Menge Dokumente produziert, in elektronischer Form auf Laufwerken gespeichert oder konventionell in Ordner abgelegt. Beispiele sind in der folgenden Tabelle aufgelistet [GPM17b, PATZ17, RÖSS08]

Dokument	Inhalt
Projektsteckbrief	beinhaltet das Ergebnis der Projektdefinition
Projektauftrag	Auftrag zur Durchführung des Projektes
Leistungsbeschreibung / Pflichtenheft	ist das erarbeitete Realisierungsvorhaben auf Basis des vom Auftraggeber vorgegebenen Lastenheftes
Zielbeschreibung	enthält die nachzuweisenden Ergebnisse, die vollständig, eindeutig, positiv, ergebnisorientiert und lösungsneutral zu formulieren sind.
Verträge	Dienst-, Werk- und / oder Kaufverträge als Dokumentation wer an wen was zu welchen Bedingungen zu leisten hat.
Projektorganisation mit den Projektbeteiligten und deren Rollen	beschreibt die Aufbau- und Ablauforganisation zur Abwicklung des Projektes
Projektstrukturplan inkl. Änderungen	ist die vollständige hierarchische Darstellung aller Elemente der Projektstruktur als Diagramm oder Liste
Phasenplan	gliedert den zeitlichen Projektverlauf in sachlich abgegrenzte Abschnitte (Phasen) mit den wichtigsten Tätigkeiten (Aktivitäten)
Ablauf- und Terminplan inkl. Änderungen	ist die grafische Darstellung des Projektablaufes in Form eines vernetzten Balken- oder Netzplans
Ressourcenplan	Übersicht über die für das Projekt eingeplanten Ressourcen

Dokument	Inhalt
Risiko-Maßnahmenplan	Aufstellung der korrektiven oder präventiven Gegenmaßnahmen, durch die Risiken vermieden, vermindert oder abgewälzt werden
Statusberichte	zusammenfassender Projektbericht über den aktuellen Stand im Projekt
Protokolle	Dokumentation von Ideen, Erkenntnissen und Entscheidungsprozessen, um die Sinnhaftigkeit und Transparenz einer Vorgehensweise festzuhalten.
Abschlussbericht	zusammenfassende, abschließende Darstellung von Aufgaben und erzielten Ergebnissen von Zeit-, Kosten- und Personalaufwand sowie ggf. Hinweise für Anschlussprojekte

Tabelle 24 – Beispiele für Projektdokumente

3.6 Literatur

[APM17b] *APM (Association for Project Management)* (Hrsg.). (2022). 10 key principles of stakeholder engagement | APM. Abgerufen am 08. August 2023 von https://www.apm.org.uk/resources/find-a-resource/stakeholder-engagement/key-principles/

[ASSE14] *van Assen, M., van den Berg, G., & Pietersma, P.* (2. Aufl. 2009). Key Management Models. Harlow: Pearson Education

[BEA11] *Bea, F. X., Friedl, B., & Schweitzer, M.* (10. Neubearb. und erw. Aufl. 2011). Allgemeine Betriebswirtschaftslehre. Band 2 Führung. Stuttgart: UTB / Lucius & Lucius

[BEA19a] *Bea, F. X., Scheurer, S., & Hesselmann, S.* (3., vollst. überarb. und erw. Aufl. 2019). Projektmanagement. Konstanz: UVK Verlagsgesellschaft GmbH.

[BEA19b] *Bea, F. X., & Haas, J.* (10. Aufl. 2019). Strategisches Management. Konstanz: UVK Verlagsgesellschaft mbH

[BERG21] *Bergmann, R., & Garrecht, M.* (3., aktual. und erw. Aufl. 2021). Organisation und Projektmanagement. Wiesbaden: Springer Gabler

[CARR69] *Carroll, L.* (1869). Alice im Wunderland (Digitale Volltext-Ausgabe bei Wikisource Ausg.). (A. Zimmermann, Übers.) Leipzig: Johann Friedrich Hartknoch. Abgerufen am 15. 02 2017 von https://de.wikisource.org/w/index.php?title=Seite:Alice%E2%80%99s_Abenteuer_im_Wunderland_083.jpg&oldid=2804696

[DIN20a] *DIN Deutsches Institut für Normung e.V.* (4. Aufl. 2020). DIN-Normen im Projektmanagement. DIN 69901-5 Projektmanagement – Projektmanagementsysteme – Teil 5: Begriffe (Bd. DIN Taschenbuch 472). Berlin: Beuth Verlag GmbH

[DIN20c] *DIN Deutsches Institut für Normung e. V.* (4. Aufl. 2020). DIN-Normen im Projektmanagement. ISO 10006 – Qualitätsmanagementsysteme – Leitfaden für QM in Projekten. Berlin: Beuth Verlag GmbH

[DÖRN11] *Dörner, D.* (14. Aufl. 2011). Die Logik des Mißlingens. Strategisches Denken in komplexen Situationen. Reinbek: Rowohlt Taschenbuchverlag.

[DRÄT23] *Dräther, R., Koschek, H., & Sahling, C.* (3. Aufl. 2023). Scrum – kurz & gut. Köln: O'Reilly Verlag

[EBER22] *Ebert, C.* (7., überarbeitete u. aktual. Aufl. 2022). Systematisches Requirements Engineering: Anforderungen ermitteln, spezifizieren, analysieren und verwalten. Heidelberg: dpunkt.verlag GmbH.

[FELK15] *Felkai, R., & Arndt, B.* (3. Aufl, 2015). Projektmanagement für technische Projekte. Wiesbaden: Springer Fachmedien GmbH

[FLEI22] *Fleig, J.* (15. November 2022). SWOT-Analyse: So wird eine SWOT-Analyse erstellt – business-wissen.de. Abgerufen am 08. August 2023 von business-wissen.de: https://www.business-wissen.de/artikel/swot-analyse-so-wird-eine-swot-analyse-erstellt/

[FREI16] *Freitag, M.* (2016). Kommunikation im Projektmanagement: Aufgabenfelder und Funktionen der Projektkommunikation. Wiesbaden: Springer Fachmedien

[GABL18] *Gabler Wirtschaftslexikon.* (19. Feb. 2018). Gabler Wirtschaftslexikon. Abgerufen am 08. August 2023 von Definition | Autorität: https://wirtschaftslexikon.gabler.de/definition/autoritaet-31414/version-254971

[GNAK17] *Geschäftsstelle der Nationalen Arbeitsschutzkonferenz* (Hrsg.). (2017). Leitlinie Gefährdungsbeurteilung und Dokumentation. Berlin: Bundesanstalt für Arbeitsschutz und Arbeitsmedizin.

[GPM17a] *Deutsche Gesellschaft für Projektmanagement e. V.,* (Hrsg.). (1., aktual. Aufl. 2017). Individual Competence Baseline für Projektmanagement, Version 4.0 / Deutsche Fassung (Bd. 1). Nürnberg: Deutsche Gesellschaft für Projektmanagement e.V. (GPM)

[GPM17b] *GPM, SPM, & Gessler, M.* (Hrsg.). (8. Aufl. 2017). Kompetenzbasiertes Projektmanagement (PM3): Handbuch für die Projektarbeit, Qualifizierung und Zertifizierung auf Basis der IPMA Competence Baseline Version 3.0. Nürnberg: GPM Deutsche Gesellschaft für Projektmanagement e.V.

[GRIF15] *Griffiths, M.* (2015). PMI-ACP Exam Prep. RMC Publications Inc.

[HRUS23] *Hruschka, P.* (3. Aufl. 2023). Business Analysis und Requirements Engineering: Produkte und Prozesse nachhaltig verbessern. München: Carl Hanser Verlag

[IEEE11] *International Organization for Standardization* (Hrsg.). (2011). ISO/IEC/IEEE 29148 Systems and software engineering – Life cycle processes – Requirements Engineering. Genf

[KERZ22] *Kerzner, H.* (13. Aufl. 2022). Project Management: A systems Approach to Planning, Scheduling, and Controlling. Hoboken, New Jersey: Wiley

[MART16] *Martinelli, R., & Milosevic, D.* (2. Aufl. 2016). Project Management ToolBox: Tools And Techniques For The Practicing Project Manager. New Jersey: Wiley

[MOTZ17] *Motzel, E., & Möller, T.* (3., überarb. u. aktual. Aufl. 2017). Projektmanagement Lexikon: Referenzwerk zu den aktuellen nationalen und internationalen PM-Standards. Weinheim: Wiley-VCH Verlag

[OLFE19] *Olfert, K.* (Hrsg.). (17., aktual. Aufl. 2019). Kompendium der praktischen Betriebswirtschaft – Personalwirtschaft. Herne: NWB Verlag.

[PATZ17] *Patzak, G., & Rattay, G.* (7., überarb. Aufl. 2017). Projektmanagement: Leitfaden zum Management von Projekten, Projektportfolios und projektorientierten Unternehmen. Wien: Linde Verlags GmbH

[PFET20] *Pfetzing, K., & Rohde, A.* (7., vollst. überarb. Aufl. 2020). Ganzheitliches Projektmanagement. Wettenberg: Verlag Dr. Götz Schmidt.

[PMI21a] *Project Management Institute Inc.* (7th Edition 2021). A guide to the Project Management Body of Knowledge und Die Norm für Projektmanagement. Pennsylvania: PMI Inc.

[PREU20] *Preußig, J.* (2. Aufl. 2020). Agiles Projektmanagement. Agilität und Scrum im klassischen Umfeld. Freiburg: Haufe-Lexware

[RÖSS08] *Rößler, S., Mählisch, B., Voigtmann, L., Friedrich, S., & Steiner, B.* (2. Aufl. 2008). Projektmanagement für newcomer. Dresden: RKW Sachsen GmbH

[SCHE16] *Scheuring, H.* (7., überarb. und erg. Aufl. 2016). Der www-Schlüssel zum Projektmanagement: Eine kompakte Einführung in alle Aspekte des Projektmanagements und des Projektportfolio-Managements. Zürich: Orell Füssli

[SCHE18] *Schein, E. H., & Schein, P.* (5. Aufl. 2018). Organisationskultur und Leadership. München: Verlag Franz Vahlen.

[SCHM15] *Schmitt, R., & Pfeifer, T.* (5., aktual. Aufl. 2015). Qualitätsmanagement – Strategien – Methoden – Techniken. München: Carl Hanser Verlag

[SZTUb] *Sztuka, A.* (o.J.). Unternehmenskultur – Analyse und strategische Veränderung. Abgerufen am 08. August 2023 von manager wiki: http://www.manager-wiki.com/strategieumsetzung/6-unternehmenskultur

[TFME13] *Team FME.* (2013). PESTLE Analysis – Strategy Skills. O.O.: www.free-management-ebooks.com

[TIMI24] *Timinger, H.* (2. Aufl. 2024) Modernes Projektmanagement. Mit traditionellem, agilem und hybridem Vorgehen zum Erfolg. Weinheim: Wiley-VCH Verlag

[VDI01] *VDI Verein Deutscher Ingenieure e.V.* (2001). VDI 2519 Blatt 1: Vorgehensweise bei der Erstellung von Lasten-/Pflichtenheft. Berlin: Beuth Verlag GmbH

[WITT73] *Witte, E.* (1973). Organisation für Innovationsentscheidungen. Das Promotoren-Modell. Göttingen: Verlag Otto Schwarz & Co.

[WUND11] *Wunderer, R.* (9., neu bearb. Aufl. 2011). Führung und Zusammenarbeit. Köln: Wolters Kluwer GmbH

4 Planungsphase

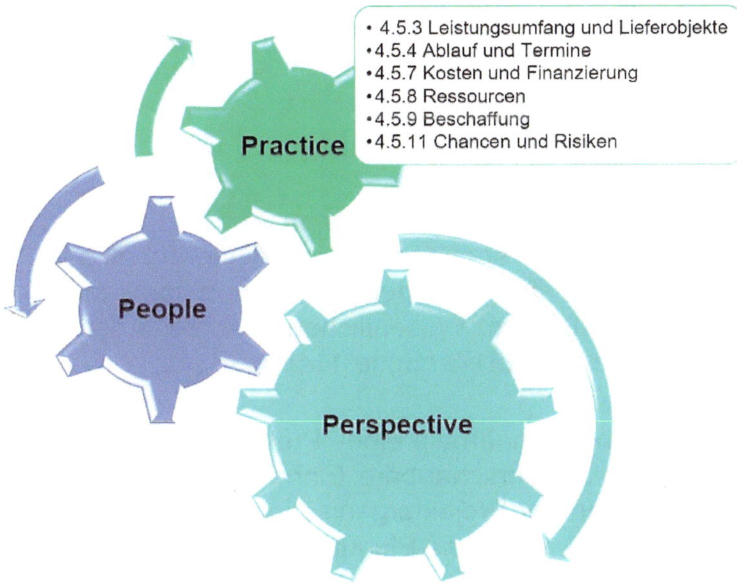

Abbildung 28 – ICB-Elemente in der Planungsphase

In der Planungsphase werden die wesentlichen Bedingungen für das Projekt festgelegt. Durch die Planung sollen realistische Werte für Leistung, Kosten und Termine ermittelt werden. Damit können Fehler reduziert, mangelnde Abstimmung verhindert und so Fehlentwicklungen in einem frühen Projektstadium vermieden werden. Die Projektplanung umfasst u.a. die Planung der Projektstruktur, des Projektaufwandes, des Ressourceneinsatzes und der Kosten. Abhängig von den konkreten Anforderungen im Projekt werden zum Abschluss der Planungsphase noch die Vertragsinhalte mit den Lieferanten abgestimmt [GPM17b].

Grundsätzlich sollten bei der Planung folgende Fragen geklärt werden, um eine Konzept- bzw. Planungsfreigabe als Ergebnis dieser PM-Phase zu erhalten [BERG21].

Was?	Was muss im Detail gemacht werden (Projektstrukturplan)?
Wie?	Wie soll vorgegangen werden (Ablaufplan)? Welche Mittel und Ressourcen werden eingesetzt (Einsatzmittelplan)?
Wann?	Wann wird mit dem Projekt begonnen? Wann soll / muss es fertig sein (Terminplan)?
Wie viel?	Wie viel wird das Projekt kosten und wie erfolgt die Finanzierung (Kosten- und Finanzplanung)?
Welche?	Welche Risiken bzw. Chancen bestehen (Risikoplan)?
Wie gut?	Welche Qualitätsziele müssen erreicht werden und wie wird deren Erreichung sichergestellt (Qualitätsplan)?

Tabelle 25 – Fragen während der Planungsphase

Die Planungsphase enthält verschiedene ICB-Elemente aus dem Bereich PRACTICE. Allerdings in veränderter Reihenfolge. Aus Sicht des Autors macht es mehr Sinn, sich zuerst um den Ressourcenbedarf zu kümmern und dann darauf aufbauend die Kostenplanung durchzuführen. Die Themen Chancen und Risiken sowie Qualität sind projektbegleitende Prozesse und können auch in einer früheren Projektmanagementphase gestartet bzw. durchgeführt werden.

4.1 Leistungsumfang und Lieferobjekte

Leistungsumfang und Lieferobjekte (4.5.3)

„Der LEISTUNGSUMFANG definiert den spezifischen Fokus oder Inhalt des Projekts. Er beschreibt die Ergebnisse, die Leistung und den Nutzen und damit die Arbeit, die zu ihrer Erzeugung erforderliche ist. ... Im Wesentlichen beschreibt der LEISTUNGSUMFANG die Grenzen des Projekts." [GPM17a, Seite 114]

Projektstrukturen schaffen Ordnung innerhalb eines Projektes. Dazu gehört neben der Aufteilung der Gesamtaufgabe in überschaubare Einheiten auch die Phasenplanung (siehe Kapitel 3.4), das Festlegen der Projektorganisation (siehe Kapitel 3.5), das Planen der Kosten (siehe Kapitel 4.4), sowie die Planung der Kommunikation.

Die Projektstrukturierung gibt damit allen Stakeholdern eine klare Orientierung und erleichtert dem Projektleiter die Kommunikation [DIN20b].

4.1.1 Leistungsumfang strukturieren

4.5.3 Leistungsumfang und Lieferobjekte / Kompetenzstufe 2

Projektstrukturplan

Ein Projektstrukturplan (Work Breakdown Structure, WBS) stellt als Schlüsselinstrument die Grundlage für alle weiteren Pläne eines Projekts dar und wird daher auch als „Stückliste des Projekts" oder „Plan der Pläne" bezeichnet [BEA19b, GPM17b].

In anderen Worten, der PSP ist eine an Liefergegenständen orientierte Strukturierung der durch das Projektteam auszuführenden Arbeit, um die Projektziele zu erfüllen und die erforderlichen Liefergegenstände zu erstellen. Er organisiert und definiert den gesamten Inhalt und Umfang des Projekts [PMI21a].

Der Projektstrukturplan liefert somit

- eine gute Übersicht durch die systematische Erfassung der Einzelaufgaben über das Projekt in seiner Gesamtheit
- eine Grundlage für die Unterteilung der Liefergegenstände in kleinere Komponenten (Arbeitspakete) mit eindeutiger Verantwortlichkeit
- eine vollständige Übersicht des Projektinhaltes
- alle Leistungen zur Erreichung des Projektzieles, die sich kostenmäßig niederschlagen
- eine Basis für die notwendige Koordination bei Schnittstellen zwischen den Arbeitspaketen [PATZ17, KERZ22]

Aufbau des PSP

Für den Aufbau des PSP kommt eine hierarchische Baumstruktur zur Anwendung. Sie besteht aus

- Wurzelelement
- Teilprojekten
- Teilaufgaben
- Arbeitspaketen

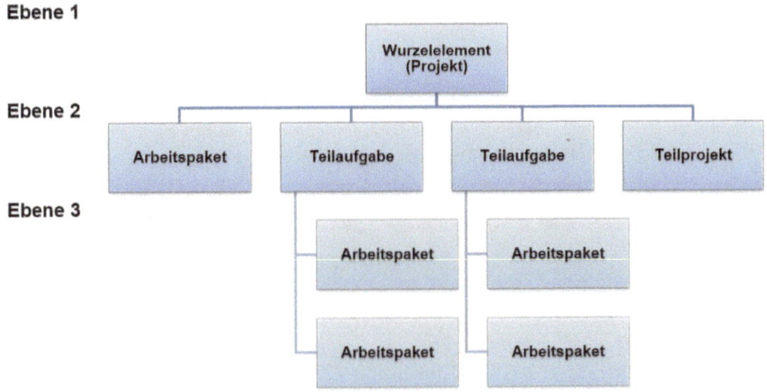

Abbildung 29 – Elemente des PSP

Das Arbeitspaket stellt per Definition die „kleinste nicht mehr teilbare Einheit“ im PSP dar. Es kann aber, falls dies im weiteren Verlauf der Planung notwendig ist, in einzelne **Vorgänge** zerlegt werden. Die Beziehung zwischen Arbeitspaket und Vorgang kann sich wie folgt gestalten

- 1:1 (ein Arbeitspaket = ein Vorgang)
- 1:n (ein Arbeitspaket = mehrere Vorgänge)
- eher theoretisch – m:1 (mehrere Arbeitspakete = ein Sammelvorgang)

Die Arbeitspakete sollten nicht zu klein gewählt werden, da der Strukturplan sonst sehr unübersichtlich wird und nur noch schwer zu verwalten ist. Als Gliederungstiefe hat sich in der Praxis eine Detaillierung in drei bis vier Ebenen bewährt. Allerdings ist dies immer auch abhängig vom

- Informationsbedürfnis der Entscheidungsträger
- Detaillierungsgrad bereits vorhandener Informationen (z.B. ähnliche Projekte)
- Informationsbedürfnis der Adressaten des PSP

Gliederungsprinzipien des PSP

Bei der Erstellung von Projektstrukturplänen werden vier verschiedene Gliederungsprinzipien unterschieden: [DIN20a]

- phasen- oder ablauforientiert
- objektorientiert
- funktions- oder aktivitätsorientiert
- gemischtorientiert

Phasen- oder ablauforientiert

Die Strukturierung der Teilaufgaben orientiert sich am gewählten Phasenmodell bzw. erfolgt nach dem zeitlichen Ablauf der einzelnen Tätigkeiten, die für die Verwirklichung des Projekts notwendig sind (WANN wird die Arbeit gemacht?)

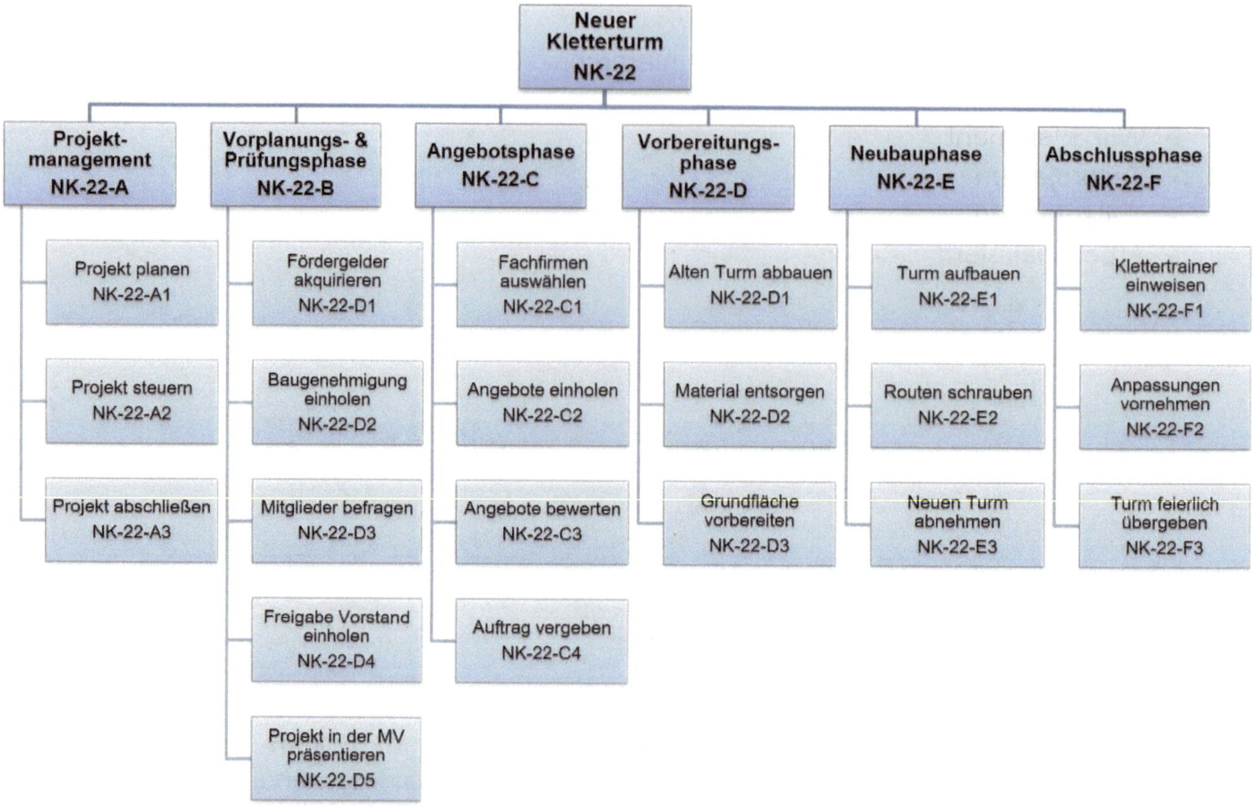

Abbildung 30 – Beispielprojekt – phasenorientierter PSP

pro	contra
➢ der grobe zeitliche Ablauf des Projekts ist aus dem PSP ersichtlich ➢ überschaubare Projektabschnitte	➢ Voraussetzung einer rein sequenziellen Abarbeitung aller Teilaufgaben ➢ Vermengung der Strukturplanung mit den Aspekten der nachgelagerten Ablaufplanung

Objektorientiert

Die Strukturierung der Teilaufgaben erfolgt nach der technischen Struktur des Objektes bzw. den einzelnen Bestandteilen, die im Projekt erstellt werden sollen (WAS ist zu tun? WORAN ist zu arbeiten? WORAUS besteht der Liefergegenstand?).

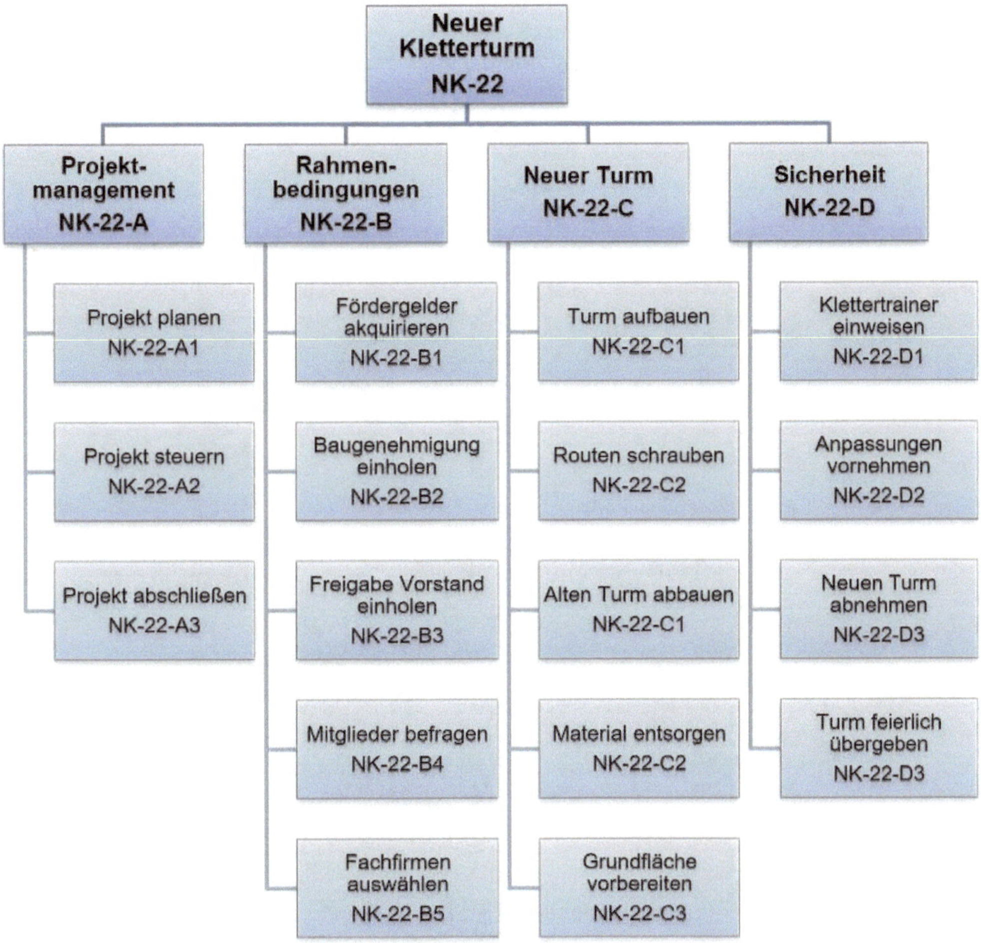

Abbildung 31 – Beispielprojekt – objektorientierter PSP

Pro	contra
➢ die Gliederung lässt sich unmittelbar aus den Konstruktionsunterlagen ableiten	➢ Synergievorteile aus der Erfüllung gleichartiger Teilaufgaben für unterschiedliche Objekte bleiben ungenutzt, z.B. Beschaffung ➢ manche Arbeitspakete lassen sich auf kein Objekt zurückführen, z.B. Sicherstellen der Projektfinanzierung

Funktions- oder aktivitätsorientiert

Die Strukturierung der Teilaufgaben erfolgt nach unterschiedlichen Funktionen bzw. nach den einzelnen Verrichtungen, die für die Verwirklichung des Projekts notwendig sind (WER führt die Arbeit durch bzw. WO wird sie durchgeführt?).

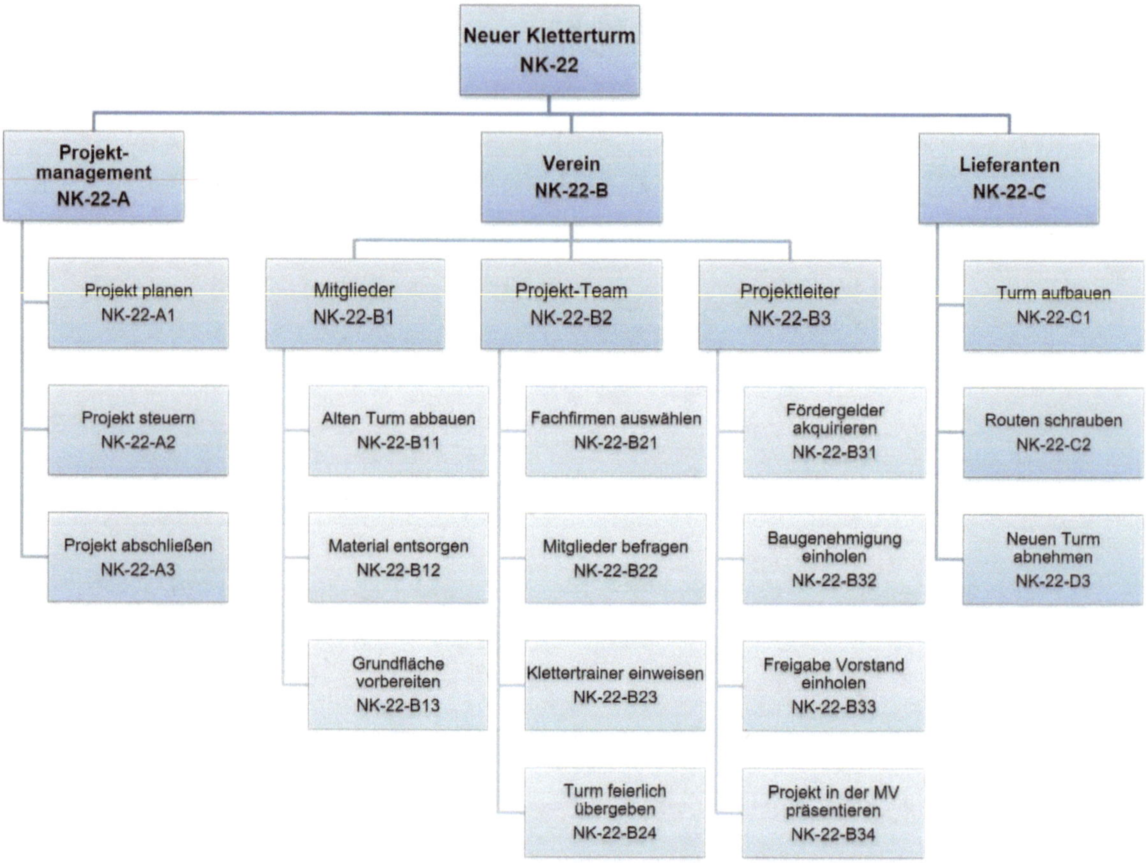

Abbildung 32 – Beispielprojekt – funktionsorientierter PSP

Pro	contra
➢ Synergievorteile durch Spezialisierung werden genutzt ➢ unmittelbare Zuordnung von funktionsorientiert definierten Arbeitspaketen (AP) zu den Einheiten der Unternehmensorganisation	➢ Festschreiben der funktionalen Organisationsform, keine Berücksichtigung übergreifender Erfordernisse ➢ nicht alle Funktionen gelten für alle Projektteile

Gemischtorientiert

Die Strukturierung erfolgt nach der Zweckmäßigkeit durch die Vermischung der o.g. Verfahren.

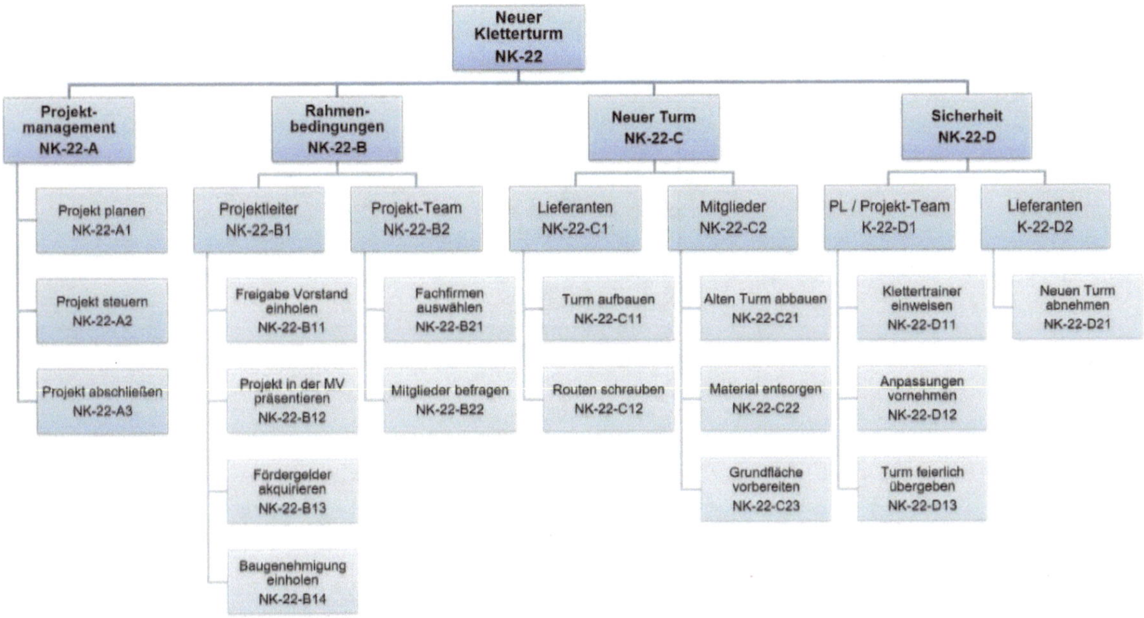

Abbildung 33 – Beispielprojekt – gemischtorientierter PSP (Ebene 1 objektorientiert, Ebene 2 funktionsorientiert)

Pro	contra
➢ flexibler Einsatz der verschiedenen Gliederungsmöglichkeiten	➢ keine eindeutige Systematik für die Projektstruktur

Üblicherweise wird in der Ebene unter dem Wurzelelement die PSP-Gliederung festgelegt, in den Ebenen darunter werden entsprechend die durchzuführenden Arbeitspakte aufgelistet. Auch gibt es nicht „den richtigen" Projektstrukturplan. Wichtig ist der Nutzen fürs Projekt, dass die Teammitglieder mit der Struktur zurechtkommen und dass damit die Arbeitspakete des Projektes vollständig abgebildet werden. Es gilt der Grundsatz **„So genau wie nötig, nicht so genau wie möglich."**

Projektmanagement im PSP

Die Tätigkeiten bzw. Vorgänge des Projektmanagement sind, wie die anderen Vorgänge auch, Leistungen, die erbracht und in der Regel vergütet werden. Damit die PM-Tätigkeiten und der damit verbundene Aufwand für alle Beteiligten sichtbar sind, ist in jedem PSP auf der zweiten Ebene „Projektmanagement" als eigenes Element mit entsprechender Untergliederung aufzuführen [GPM17b].

Abbildung 34 – Projektmanagement im PSP (Beispiel)

Das Element „Projektmanagement“ ist dabei unabhängig von dem gewählten Gliederungsprinzip – objekt-, funktions-, phasen- oder gemischtorientiert – des PSP [PATZ17].

Eine vereinfachte Variante lässt sich auch mit den drei Arbeitspakten – *Projekt planen*, *Projekt steuern* und *Projekt abschließen* – darstellen. Hier gilt ebenso der Grundsatz **„So genau wie nötig, nicht so genau wie möglich.“**

Codierung im PSP

Zur Identifikation der PSP-Elemente – Wurzelelement, Teilprojekt, Teilaufgabe, Arbeitspaket – ist es erforderlich, diese eindeutig zu kennzeichnen. Dazu werden die Elemente codiert, also mit einer PSP-Code-Nummer versehen. Das Wurzelelement erhält in den meisten Fällen die Projektnummer, unter der das Projekt im Unternehmen angelegt wurde. Der PSP-Code für alle weiteren Elemente ist jetzt so zu wählen, dass diese unmissverständlich dem Projekt zugeordnet werden können.

Für die Codierung wird ein identifizierendes und klassifizierendes Schlüsselsystem unterschieden. Die **identifizierende** Codierung ermöglicht nur das direkte Auffinden des PSP-Elements ohne zusätzliche Informationen. Sie kann

- numerisch,
- dekadisch (Sonderform der numerischen Codierung mit fester Länge),
- alphabetisch oder
- alpha-numerisch

ausgeführt werden.

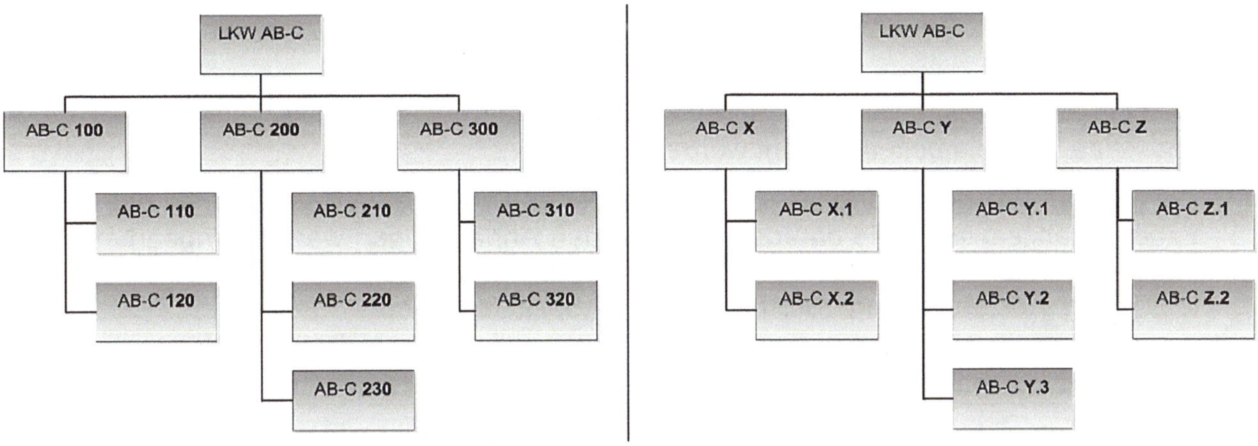

Abbildung 35 – Beispiel für numerische (links) und alpha-numerische Codierung (rechts)

Der **klassifizierende** Projektcode wird angewendet, wenn mehr als nur die reine Zuordnung der Elemente dargestellt werden soll [GPM17b].

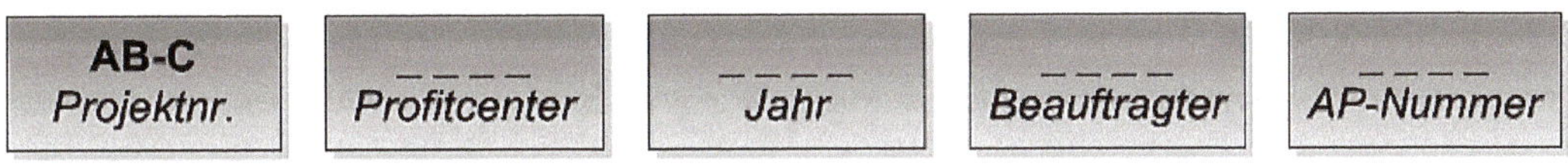

Abbildung 36 – Klassifizierende Codierung (Beispiel)

Achtung, auch hier gilt, wie bei der Gestaltung des Projektstrukturplans **„Nicht so viel Information wie möglich, sondern nur so viel wie nötig."**

Abgrenzung Zielsystem und Projektstrukturplan

Ziele definieren das „Warum" für das Projekt – was muss erreicht, welcher Nutzen muss realisiert und welche Anforderungen der Stakeholder müssen erfüllt werden?

→ Zielzustand

Der **PSP** definiert den spezifischen Fokus oder Inhalt des Projekts. Er beschreibt die Ergebnisse, die Leistung und den Nutzen und damit die Arbeit, die zu ihrer Erzeugung erforderliche ist.

→ Weg zum Ziel

4.1.2 Vorgehensweise zur Erstellung des PSP

Bei der Erstellung des Projektstrukturplans ist neben dem Projektleiter auch das Kernteam involviert. So ist sichergestellt, dass die Projektbeteiligten alle Aufgaben erfassen und ein einheitliches Projektverständnis entwickeln.

Als Vorgehensweise bieten sich folgende Verfahrensschritte an [PATZ17, GPM17b]

- **top down** (deduktives Vorgehen oder Zerlegungsmethode)
  ausgehend vom Wurzelelement wird das Projekt in den einzelnen Ebenen zerlegt bis die Arbeitspakete vorliegen, anschließend werden die Elemente codiert
- **bottom up** (induktives Vorgehen oder Zusammensetzmethode)
  mittels Kreativitätstechniken (z.B. Brainstorming) werden die Arbeitspakete identifiziert und aufsteigend zusammengefasst, danach wird den Elementen ein PSP-Code zugewiesen

Bei beiden Vorgehensweisen ist darauf zu achten, dass keine Arbeitsschritte vergessen und keine Doppelarbeiten geplant werden.

Der „fertige" Projektstrukturplan wird im erweiterten Projektteam diskutiert und ggf. mit Experten abgestimmt. Die daraus resultierenden Anpassungen werden eingearbeitet, dokumentiert für die weiteren Planungsschritte (Ablauf- und Terminplanung, Einsatzmittelplanung, Kostenplanung, Risikoanalyse) als Basis festgelegt.

4.1.3 Arbeitspakete definieren

Nachdem das Gliederungsprinzip für den Projektstrukturplan festgelegt ist, wird dieser weiter detailliert. Die Arbeitspakete als *„in sich geschlossene Aufgabenstellung … die bis zu einem festgelegten Zeitpunkt mit definiertem Ergebnis und Aufwand vollbracht werden* [DIN20a, Seite 151], sind entsprechend zu beschreiben und zuzuordnen.

Der Mindestumfang der Arbeitspaketbeschreibung enthält folgende Punkte [GPM17b]

- Projektnummer und -name
- Titel des Arbeitspaketes und PSP-Code
- Arbeitspaketverantwortlicher
- Aktivitäten bzw. Leistungsbeschreibung
- Ziel bzw. Ergebniserwartung
- Voraussetzungen (z.B. Einsatzmittel, Vorleistungen)
- Termine, Kosten
- Aufwand
- Messung des Fortschrittsgrads
- Status des Arbeitspaketes (z.B. offen, begonnen bzw. in Arbeit, abgeschlossen)
- Risiko (Ist das Arbeitspaket eine Maßnahme (präventiv) aus der Risikoliste? Beinhaltet das Arbeitspaket ein Risiko?)
- Datum und Unterschrift des Arbeitspaketverantwortlichen (APV)

Die folgende Abbildung zeigt beispielhaft ein mögliches Arbeitspaketformular.

Arbeitspaketformular		Projekt-Nr. NK-22	AP-Verantwortlicher Herr G., Kletterwart
Projektname Neuer Kletterturm	Projektphase Vorbereitungs-phase	PSP-Code AP NK-22-D3	AP-Bezeichnung Grundfläche vorbereiten

Vorgänger (PSP-Code)	**Start des AP (Datum)**	**Dauer des AP/Woche(n)**	**Ende des AP (Datum)**	**Nachfolger (PSP-Code)**
NK-22-D1	08.02.2023	30	30.10.2022	NK-22-E1

Besondere Voraussetzungen für das AP	AP-Risiko/Chance (inkl. Begründung) Zur Einhaltung des Termins muss eine Fachfirma beauftragt werden. <u>Grund</u>: Zu wenig Mitglieder melden sich für die zu erbringende Arbeitsleistung
Der alte Turm muss vollständig abgebaut sein.	**Lieferobjekte des Arbeitspakets / Tätigkeitsbeschreibung** Alle Geländearbeiten die notwendig sind, um die vorgesehene Fläche für den neuen Turm inkl. Fallschutzboden (225 qm) eben, frei von Altlasten und mit stabilem Fundament herzustellen.

Ressourcen & Kosten / beteiligte Mitarbeiter

Nr.	Ausführende Personen	Arbeitsaufwand (PT)	Sonstige Ressourcen	Personalkosten (€)	Investitionen (€)	Sachkosten (€)
1	Herr K. (PL)	40	Miettransporter	4.800.-	0.-	1.000.-
2	Herr G. (KW)	40	Material	4.000.-	0.-	3.200.-
3	Vereinsmitglieder	60	Verpflegung	1.380.-	0.-	800.-
	Summe(n)	**140**		**10.180.-**	**0.-**	**5.000.-**

Besonderheiten/Spezifika	**Fortschrittsmessung**
-	Mengenproportional, in Prozent der vorbereiteten Fläche zur Gesamtfläche von 225 qm.
AP-Verantwortlicher	**Projektleiter**
______________________ Datum, Unterschrift	______________________ Datum, Unterschrift

Abbildung 37 – Beispielprojekt – Arbeitspaketbeschreibung

4.2 Ablauf und Termine

Ablauf und Termine (4.5.4)

„Die Kompetenz ABLAUF UND TERMINE umfasst die Identifizierung und Strukturierung (Ablauf- und Terminplanung) aller Komponenten eines Projekts in zeitlicher Reihenfolge, um die Durchführung zu optimieren." [GPM17a, Seite 118]

Auf Grundlage des im Projektstrukturplan festgehaltenen Projektinhalts wird mit der Ablauf- und Terminplanung die sachlogische und zeitliche Anordnung der Arbeitspakete bzw. der daraus hervorgehenden Vorgänge ermittelt. Ein wichtiges Instrument dafür ist die Netzplantechnik. Mit Hilfe eines Netzplans lassen sich die zu bearbeitenden Aufgaben inkl. ihrer Abhängigkeiten darstellen. Die gebräuchlichste Darstellung ist der Vorgangs-Knoten-Netzplan (VKN) bzw. AON Diagram – Activity on Node Diagram.

4.2.1 Prozess

4.5.4 Ablauf und Termine / Kompetenzstufe 2

Die Erstellung eines Ablaufplans erfolgt in vier Schritten.

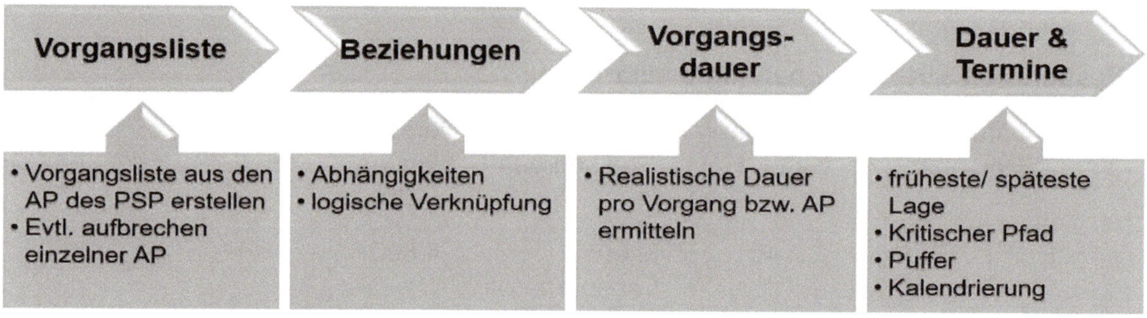

Abbildung 38 – Ablaufplan erstellen

Vorgangsliste

Basis der Vorgangsliste sind die im Projektstrukturplan ermittelten Arbeitspakete. Je nach Erfordernis kann es notwendig sein, einzelne Arbeitspakete in die darin enthaltenen Vorgänge zu zerlegen (1:n). Wichtig ist, dass dabei alle davon betroffenen Arbeitspaketverantwortlichen die notwendigen Informationen für das „Aufschnüren" ihrer Arbeitspakete bereitstellen bzw. dies selbst vornehmen [GPM17b].

Das Motto dabei sollte sein „So grob wie möglich, so detailliert wie nötig."

Beziehungen

Die Vorgänge werden jetzt auf ihre zeitlichen und logischen Abhängigkeiten untersucht. Häufig bestehen neben den Abhängigkeiten der Vorgänge eines Arbeitspaketes untereinander logische Beziehungen über die AP-Grenze hinaus. Folgende Anordnungsbeziehungen (AOB) können zur Anwendung kommen: **Normalfolge** (Ende-Anfang-Beziehung), **Anfangsfolge** (Anfang-Anfang-Beziehung), **Endfolge** (Ende-Ende-Beziehung) und **Sprungfolge** (Anfang-Ende-Beziehung) [PATZ17]. (Siehe hierzu auch Abbildung 41 – Anordnungsbeziehungen.)

Es empfiehlt sich, erst mit Normalfolgen zu starten und im weiteren Planungsverlauf (z.B. für die Optimierung) Anfangs- und Endfolgen einzusetzen.

Vorgangsdauer

Ziel dieses Schritts ist es, die Dauer für die einzelnen Vorgänge realistisch abzuschätzen.

→ Schätzmethoden siehe Kapitel 4.3.3 Schätzmethoden

Die folgende Tabelle zeigt beispielhaft das Ergebnis der drei Schritte Vorgangsliste, Beziehungen und Vorgangsdauer.

PSP-Code	Vorgangsname	Dauer	PSP-Code Nachfolger	AOB
...	...	...	...	...
M3	Angebote ausgewählt, Fachfirma beauftrag	0 Tage	NK-22-D1	Normalfolge
NK-22-D	Vorbereitungsphase			
...-D1	alten Turm abbauen	104 Tage	NK-22-D3 NK-22-D2	Normalfolge Anfangsfolge
...-D2	Material entsorgen	98 Tage	M4	Normalfolge
...-D3	Grundfläche vorbereiten	189 Tage	M4	Normalfolge
M4	alter Turm abgerissen, Fläche für den Neubau vorbereitet	0 Tage	NK-22-E1	Normalfolge
...	...	...	...	...

Tabelle 26 – Beispielprojekt – Vorgangsliste (Auszug)

Projektdauer & Termine

Aus der Vorgangsliste wird jetzt der Netzplan erstellt. Dabei ist darauf zu achten, dass jeder Vorgang mindestens einen Vorgänger und einen Nachfolger haben muss. Ausnahmen gelten nur für das Startereignis (kein Vorgänger) und das Endereignis (kein Nachfolger). Ausgehend vom Startereignis kann anhand der Dauer der Vorgänge die Gesamtdauer des Projektes dargestellt werden. Mit dieser Analyse erhält man außerdem eine Aussage zur frühesten und zur spätesten Lage der Vorgänge, wie viel Puffer zwischen den Vorgängen existiert und welcher Folge von Vorgängen besondere Aufmerksamkeit zu widmen ist (→ kritischer Pfad). Bei der anschließenden **Kalendrierung** wird der Ablaufplan mit dem Projektkalender hinterlegt. Jetzt können vorgegebene Termine, Wochenenden, Feiertage und Arbeitszeiten berücksichtigt werden [PATZ17].

Zum Verständnis der verschiedenen Berechnungen ist es wichtig und sinnvoll, diese in Grundzügen manuell nachvollziehen zu können. In der Projektpraxis wird niemand ein komplexes Projekt „von Hand" durchrechnen. Das übernehmen üblicherweise Planungstools wie z.B. Microsoft Project, ORACLE Primavera, OpenProject, InLoox oder ähnliche.

4.2.2 Elemente im Netzplan

Die wichtigsten Elemente des Netzplans – Vorgangsknoten und Anordnungsbeziehungen – werden hier mit den zugehörigen Begriffen dargestellt und erläutert. Eine ausführliche Beschreibung findet sich in der DIN 69900:2009 [DIN20e].

Vorgangsknoten

PSP-Code	Verantwortlicher	Dauer
	Vorgangsname	
Frühester Anfangszeitpunkt **FAZ**	Gesamte Pufferzeit **GP**	Frühester Endzeitpunkt **FEZ**
Spätester Anfangszeitpunkt **SAZ**	Freie Pufferzeit **FP**	Spätester Endzeitpunkt **SEZ**

Abbildung 39 – Darstellung und Einteilung eines Vorgangsknotens

FAZ und FEZ bezeichnen Anfangs- und Endzeitpunkt der **frühesten Lage**, also der unter Berücksichtigung der im Netzplan enthaltenen Bedingungen nicht weiter nach vorne verschiebbarer Lage des Vorgangs. SAZ und SEZ sind somit die Eckzeitpunkte für die **späteste Lage** (nicht weiter nach hinten verschiebbar).

Die Gesamte Pufferzeit bzw. **Gesamtpuffer** (GP) bezeichnet die Zeitspanne zwischen frühester und spätester Lage eines Vorgangs (SAZ – FAZ bzw. SEZ – FEZ) und ist gleichzeitig die Zeitspanne, um die der Vorgang verschoben werden kann, bis er an den spätesten Anfangszeitpunkt seines Nachfolgers stößt [GPM17b].

Das Überschreiten dieses Puffers hat in der Praxis Auswirkung auf den Endtermin des Projektes.

Freie Pufferzeit bzw. **Freier Puffer** (FP) gibt die Zeitspanne an, um die der Vorgang gegenüber seiner frühesten Lage verschoben werden kann, ohne den FAZ seines Nachfolgers zu beeinträchtigen [DIN20e].

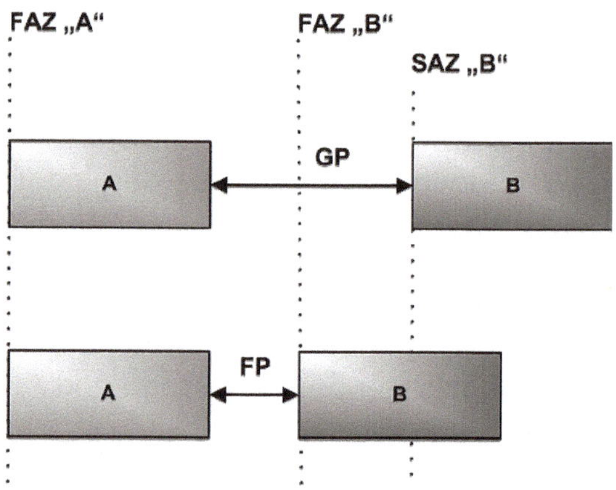

Abbildung 40 – Freier Puffer und Gesamtpuffer

Anordnungsbeziehungen – Übersicht

Jeder Vorgang hat einen Anfangs- und einen Endzeitpunkt. Die Beziehung zwischen den Vorgängen wird immer bezogen auf den Anfangs- oder Endzeitpunkt ausgedrückt. Dadurch ergeben sich vier mögliche Verbindungen. Mit einer Anordnungsbeziehung (AOB) wird immer die Beziehung genau zweier Vorgänge beschrieben (1:1). Ein Vorgang kann jedoch mehrere dieser Beziehungen haben.

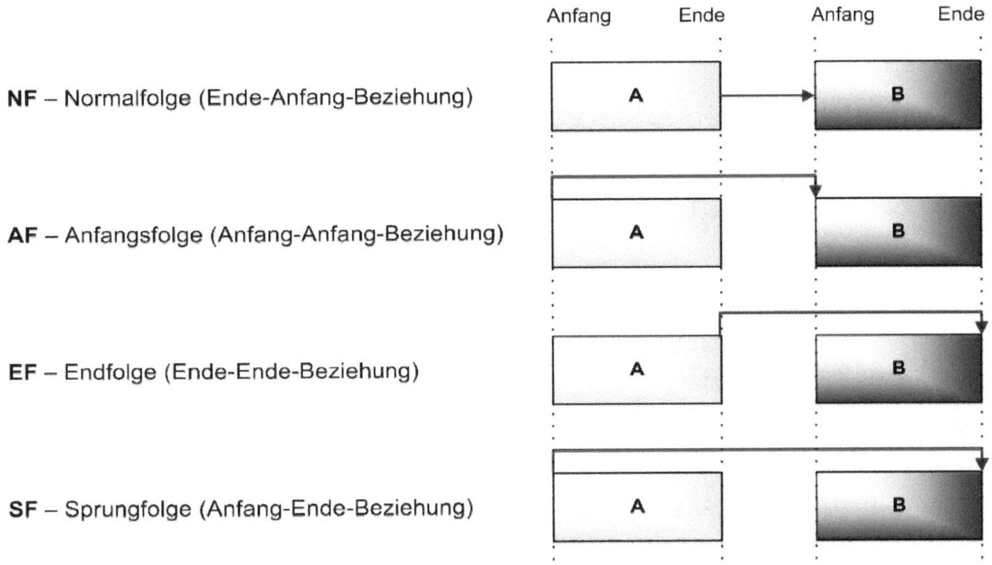

Abbildung 41 – Anordnungsbeziehungen (stilisierte Darstellung)

Zur Verdeutlichung werden die AOB im Folgenden je an einem Beispiel veranschaulicht. Das Beispiel enthält sowohl die Darstellung im Netzplan mit Vorgangsknoten als auch im Balkenplan bzw. Gantt-Chart, wie sie beispielsweise in Microsoft Project dargestellt werden. Die Länge der Balken verhält sich im Gantt-Chart bzw. Gantt-Diagramm proportional zur Dauer des Vorgangs.

Beispiel **Normalfolge**

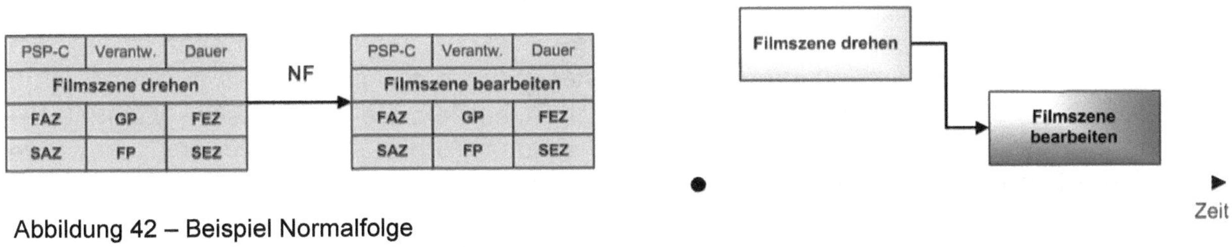

Abbildung 42 – Beispiel Normalfolge

Beispiel **Anfangsfolge**

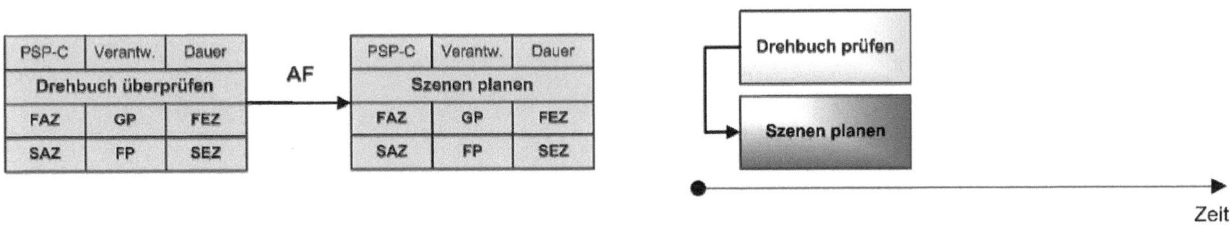

Abbildung 43 – Beispiel Anfangsfolge

Beispiel **Endfolge**

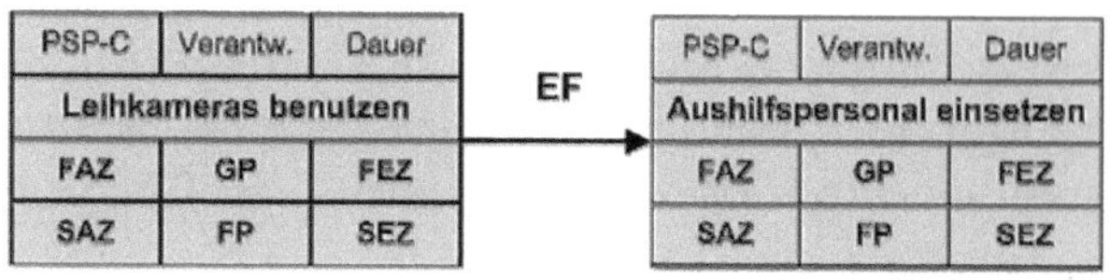

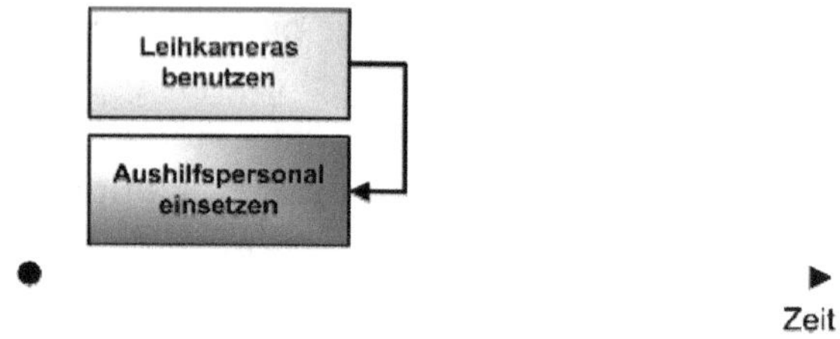

Abbildung 44 – Beispiel Endfolge

Beispiel **Sprungfolge** (selten verwendet)

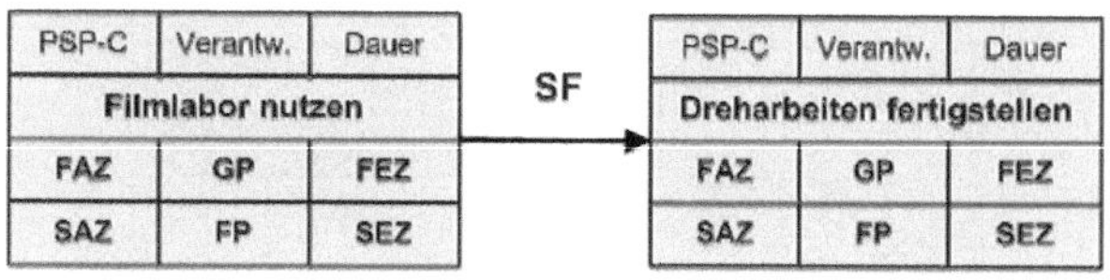

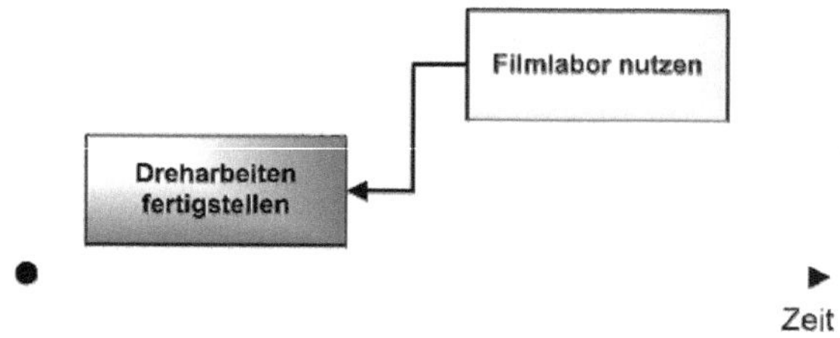

Abbildung 45 – Beispiel Sprungfolge

Positive und negative Zeitabstände

Um notwendige Verzögerungen oder Überschneidungen zwischen Vorgängen darzustellen, können feste Zeitabstände definiert werden. Diese können, wie nachfolgend gezeigt, mit einem positiven (Verzögerung) oder negativen Wert (Überschneidung) belegt sein.

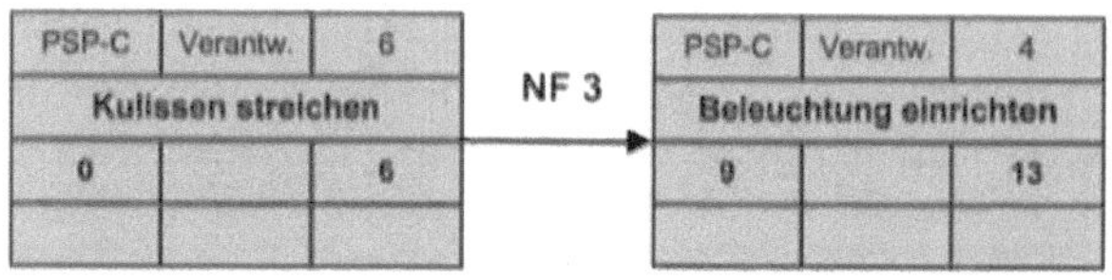

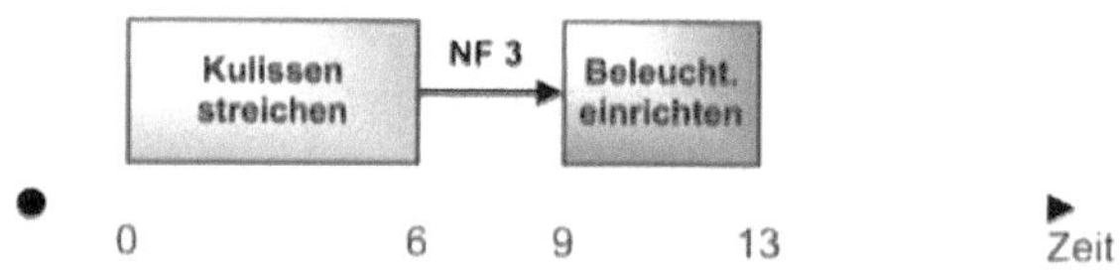

Abbildung 46 – Verzögerung, positiver Zeitabstand

In diesem Beispiel muss die Farbe drei Tage trocknen, bevor mit Arbeiten in der Filmkulisse begonnen werden kann. Dieser feste Zeitabstand könnte auch in den Vorgang „Kulisse streichen" als Trocknungszeit integriert werden. Da aber dieser „Tätigkeit" keinerlei Ressourcen zugeordnet werden und sie den Vorgang unnötig verlängern würde, ist der feste Abstand zum Nachfolger die bessere Wahl.

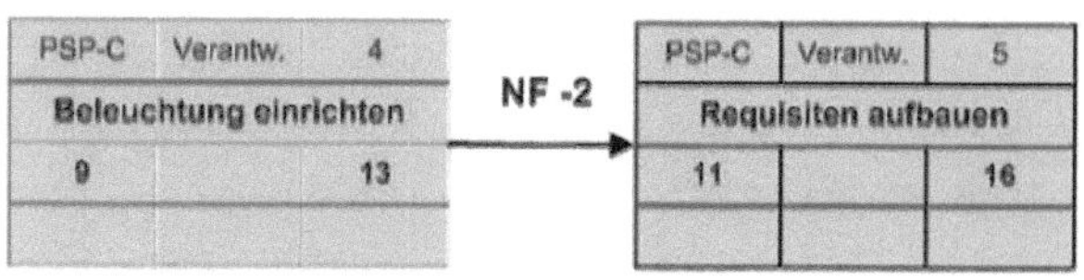

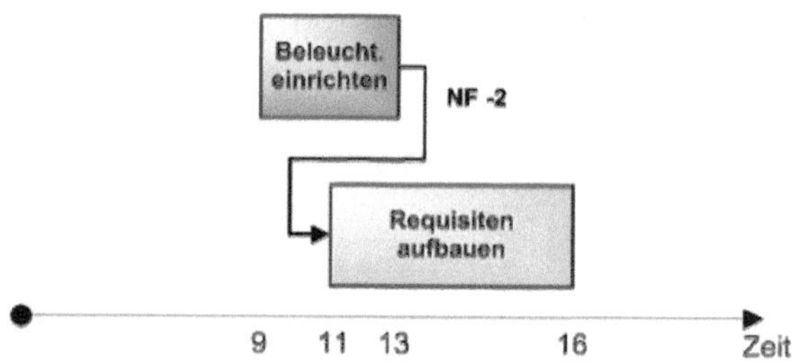

Abbildung 47 – Überlappung negativer Zeitabstand

Mit einem negativen Zeitabstand wird der Start des Nachfolgers vorgezogen. Im Beispiel kann der Vorgang „Requisiten aufbauen" schon zwei Tage vor Ende seines Vorgängers beginnen. Diese Art der Überschneidung gehört bereits zum Feintuning des Netzplans.

Zur Berechnung des Netzplans gelten ein paar einfache Rechenregeln [DIN20e].

1. Für alle Vorgänge wird die Dauer ermittelt
2. Vorwärtsrechnung (progressive Rechnung)
   a. Beim ersten Vorgang (Startmeilenstein) wird FAZ = 0 eingesetzt
   b. Dann wird der FEZ ermittelt → FEZ = FAZ + Dauer
   c. Falls kein Zeitabstand auf den nächsten Vorgang besteht ist $FAZ_N = FEZ_V$, ansonsten wird der Zeitabstand mit einbezogen $FAZ_N = FEZ_V$ + Zeitabstand
   d. Werden Vorgänge zusammengeführt, wird der höchste FEZ_V als FAZ_N, eingesetzt

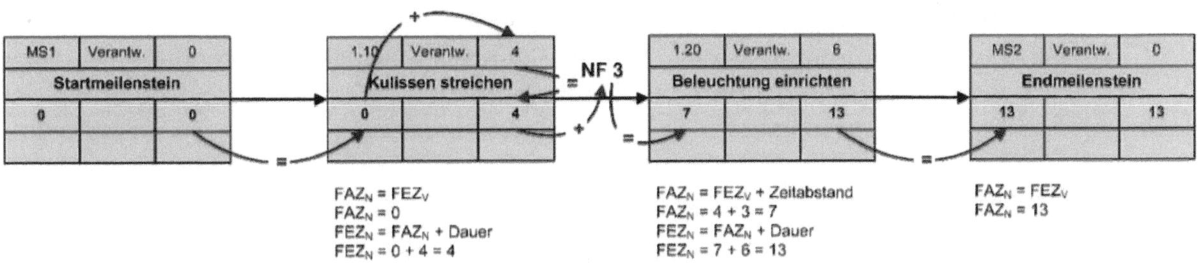

Abbildung 48 – Vorwärtsrechnung

3. Rückwärtsrechnung (retrograde Rechnung)
   a. Beim letzten Vorgang wird SEZ = FEZ eingesetzt
   b. Dann wird der SAZ ermittelt → SAZ = SEZ – Dauer
   c. Falls kein Zeitabstand für den vorhergehenden Vorgang besteht ist $SEZ_V = SAZ_N$, ansonsten wird der Zeitabstand mit einbezogen $SEZ_V = SAZ_N$ – Zeitabstand
   d. Werden Vorgänge zusammengeführt, wird der niedrigste SAZ_N als SEZ_V, eingesetzt

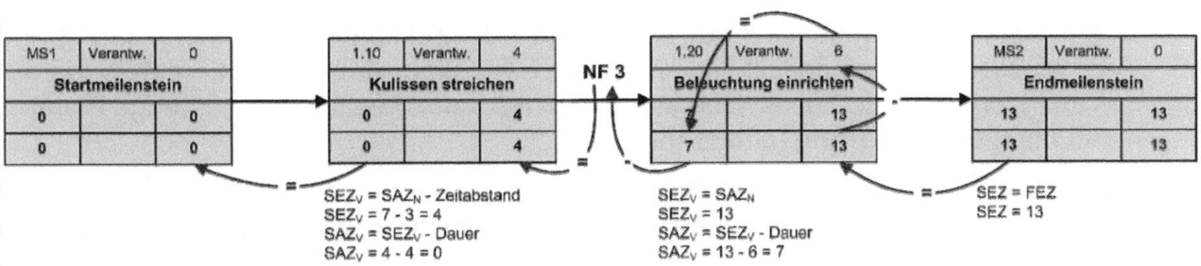

Abbildung 49 – Rückwärtsrechnung

4. Ermittlung der Zeitreserven
   a. Der **Gesamtpuffer** wird für jeden Vorgang berechnet → GP = SAZ – FAZ oder GP = SEZ – FEZ

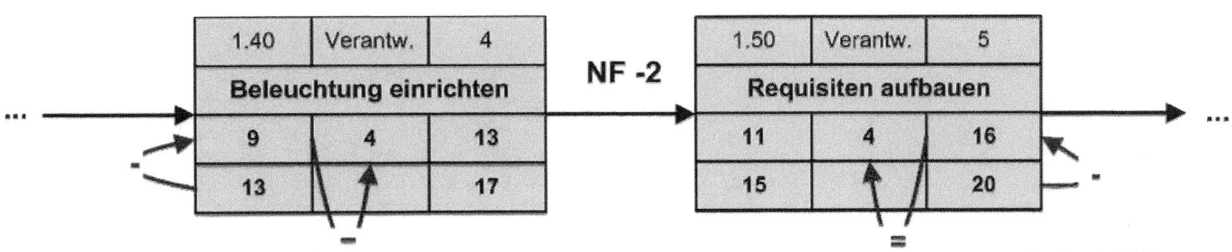

Abbildung 50 – Zeitreserve – Gesamtpuffer

b. Anschließend wird der **Freie Puffer** für jeden Vorgang errechnet → $FP = FAZ_N - FEZ_V$ Gibt es zwischen den Vorgängen einen Zeitabstand, so wird dieser in die Rechnung mit einbezogen → $FP = FAZ_N - \text{Zeitabstand} - FEZ_V$

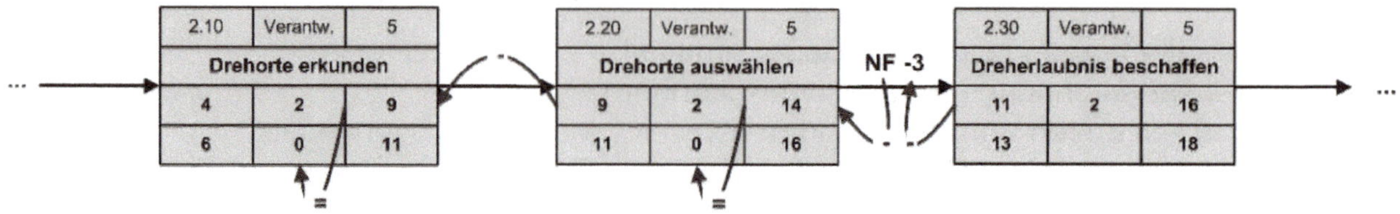

Abbildung 51 – Zeitreserve – freier Puffer

c. Identifizieren des **kritischen Pfads** (kritischer Weg) – Der kritische Pfad ist
   i. der längste Weg durch das Projekt und
   ii. bei dessen Vorgängen alle Puffer (GP und FP) Null sind. Das bedeutet, dass jede Verzögerung innerhalb dieser Kette auch gleichzeitig den Endtermin des Projektes verschiebt.

4.2.3 Kalendrierung

Bei dem oben beschriebenen Verfahren der Netzplantechnik kamen bisher nur relative Zeiteinheiten zum Einsatz, und es wurde unterstellt, dass alle Vorgänge lückenlos aufeinander folgen können.

In der Praxis ist zu berücksichtigen, dass

- an einem Arbeitstag nur eine begrenzte Anzahl an Arbeitsstunden zur Verfügung stehen
- die zu verplanende Zeit sich durch Wochenenden, Feiertage, Brückentage, Urlaub, Betriebsferien o.ä. verlängert

Somit muss, um konkrete Aussagen über Termine treffen zu können, ein Kalender hinterlegt werden. Im Gegensatz zur Dauer, die eine Zeitspanne zwischen Anfang und Ende eines Vorgangs darstellt, ist ein Termin ein Zeitpunkt, der durch ein Kalenderdatum ausgedrückt wird. Dieses „Überstülpen" eines Kalenders über die bisherige Planung nennt man **Kalendrierung** [GPM17b].

Dabei kann aus einer ursprünglichen Dauer von 20 Tagen unter Berücksichtigung der oben genannten Rahmenbedingungen eine Dauer von beispielsweise 40 Tagen werden (siehe Abb. 52). Bewegt man sich im internationalen Kontext kommen noch länderspezifische Feiertage (z.B. Nationalfeiertage, religiöse Feiertage) oder klimatische Besonderheiten (z.B. Regenzeit) hinzu, die unter Umständen die Dauer des Projektes weiter verlängern.

Wochen-tag	Dauer in Tagen	Übertrag in Kalender		
		Optimistisch	Realistisch	
Mo	1	16.12	16.12	
Di	2	17.12	17.12	
Mi	3	18.12	18.12	
Do	4	19.12	19.12	
Fr	5	20.12	20.12	
Sa	6	21.12	21.12	Wochenende
So	7	22.12	22.12	Wochenende
Mo	8	23.12	23.12	Schulferien
Di	9	24.12	24.12	Schulferien
Mi	10	25.12	25.12	Feiertag in D
Do	11	26.12	26.12	Feiertag in D
Fr	12	27.12	27.12	Schulferien
Sa	13	28.12	28.12	Wochenende
So	14	29.12	29.12	Wochenende
Mo	15	30.12	30.12	Schulferien
Di	16	31.12	31.12	Schulferien
Mi	17	1.1	1.1	Feiertag in D
Do	18	2.1	2.1	Schulferien
Fr	19	3.1	3.1	Schulferien
Sa	**20**	4.1	4.1	Wochenende
So	21	5.1	5.1	Wochenende
Mo	22	6.1	6.1	(Feiertag in D)
Di	23	7.1	7.1	
Mi	24	8.1	8.1	
Do	25	9.1	9.1	
Fr	26	10.1	10.1	
Sa	27	11.1	11.1	Wochenende
So	28	12.1	12.1	Wochenende
Mo	29	13.1	13.1	
Di	30	14.1	14.1	
Mi	**31**	15.1	15.1	
Do	32	**16.1**	16.1	
Fr	33		17.1	
Sa	34		18.1	Wochenende
So	35		19.1	Wochenende
Mo	36		20.1	
Di	37		21.1	
Mi	38		22.1	
Do	39		23.1	
Fr	**40**		**24.1**	

Abbildung 52 – Übertrag Projektdauer in Kalender (Beispiel)

4.2.4 Netzplan optimieren

4.5.4 Ablauf und Termine / Kompetenzstufe 2 (Level C)

Nach Aufstellen des Netzplans und der Berechnung der voraussichtlichen Gesamtdauer kann sich herausstellen, dass ein vom Auftraggeber geforderter Endtermin in dieser Konstellation nicht realisierbar ist. Jetzt beginnt mit allen Beteiligten ein iterativer Prozess mit dem Ziel, den Ablaufplan zu optimieren, ohne Inhalt und Umfang des Projektes zu reduzieren [PMI21a].

1. **Fast Tracking** (Verkürzung)
   a. Überlappung
      Durch die Nutzung negativer Zeitabstände (z.B. NF -2) werden zwei Vorgänge nicht mehr sequenziell, sondern überlappend abgearbeitet.
   b. Parallelisierung
      Durch gleichzeitiges Starten zweier oder mehrerer Vorgänge bzw. durch den Wechsel der Anordnungsbeziehung von Normalfolge zu Anfangsfolge, wo dies sinnvoll und möglich ist, werden Vorgänge nicht mehr sequenziell, sondern parallel abgearbeitet.
2. **Crashing** (Verdichtung)
   Die Dauer von Vorgängen kann durch Kapazitätsmaßnahmen verkürzt werden. Z.B. Erhöhung der Ressourcen, Einsatz qualifizierterer Ressourcen, anordnen von Mehrarbeit, zuordnen von Ressourcen aus nicht kritischen Vorgängen zu Vorgängen auf dem kritischen Pfad.

Bei all diesen Maßnahmen ist das „Magische Dreieck" (Kosten, Termine, Leistung) zu beachten. Die meisten Verdichtungsmaßnahmen wirken unmittelbar auf die Kosten.

„Adding manpower to a late software project makes it later."[19]
Frederick P. Brooks, Informatiker,
Autor von „The Mythical Man-Month. Essays on Software Engineering"

Hinweis: Veränderungen an Projektinhalt und -umfang (Reduzierung der Leistung) können nur mit Zustimmung des Auftraggebers umgesetzt werden und sind Gegenstand des Änderungsmanagements.

4.3 Ressourcen

Ressourcen (4.5.8)

„Die Kompetenz RESSOURCEN umfasst die Definition, Beschaffung, Kontrolle und Entwicklung von Ressourcen, die zum Erzielen des Projektergebnisses erforderlich sind. Ressourcen umfassen Personal, Expertenwissen, Anlagen, Ausrüstungen, Materialien, Infrastruktur, Werkzeuge und andere Vermögenwerte, die zur zielgerichteten Durchführung der Tätigkeiten erforderlich sind." [GPM17a, Seite 136]

Nachdem anhand des Ablauf- und Terminplans eine Vorstellung von der Dauer des Projektes existiert, gilt es, mit der Ressourcenplanung den ermittelten Plan mit den realen Ressourcen in Einklang zu bringen.

[19] „Der Einsatz zusätzlicher Arbeitskräfte bei einem bereits verzögerten (Software-)Projekt verzögert es nur noch mehr." Bekannt als Brook'sches Gesetz

Grundlage für die Ressourcenplanung oder Einsatzmittelplanung bildet der Projektstrukturplan mit seinen Teilaufgaben und Arbeitspaketen und die daraus abgeleitete Vorgangsliste.

4.3.1 Ressourcenarten

4.5.8 Ressourcen / Kompetenzstufe 2

Es gibt keine standardisierte Systematik für Ressourcenarten. Allgemein wird zwischen

- Personal (mit einer bestimmten Qualifikation)
- Sachmittel (mit bestimmten Merkmalen)
- Finanzmittel

unterschieden. Ergänzend können Wissen, Know-How, Lizenzen und Patente ebenfalls als Ressourcen betrachtet und unter dem Oberbegriff „abstrakte Ressourcen" zusammengefasst werden [ANGE12].

Gebräuchlich im Projektumfeld sind die vier „M"s – **M**ensch, **M**aschine, **M**aterial, **Mone**ten (Finanzen), wobei Maschine und Material eigentlich unter die Sachmittel fallen …

4.3.2 Prozess Ressourcenplanung

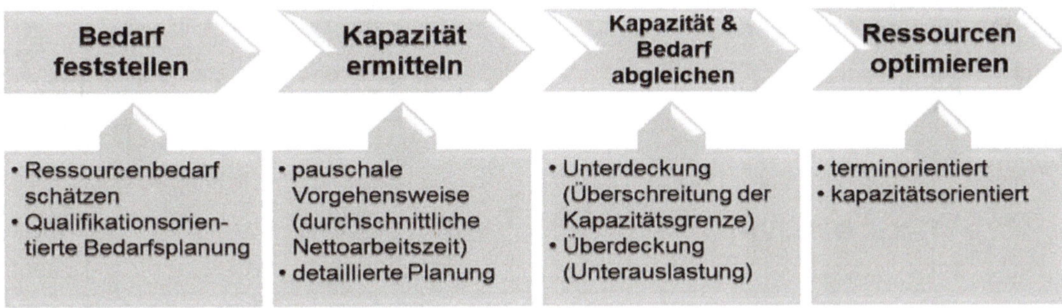

Abbildung 53 – Ablauf Ressourcenplanung

Bedarf feststellen

4.5.8 Ressourcen / Kompetenzstufe 2

Im ersten Schritt kann der Bedarf an Personentagen „global" für das gesamte Projekt geschätzt werden, was allerdings zur Folge hat, dass zwischen den verschiedenen benötigten Qualifikationen nicht unterschieden wird. Damit später der Abgleich mit den zur Verfügung stehenden Kapazitäten durchgeführt werden kann, müssen die Projektplanung verfeinert und den Arbeitspaketen bzw. Vorgängen die unterschiedlichen notwendigen Ressourcen zugeordnet werden [BEA19a].

Einsatzmittel	Anzahl	Aufwand (PT)
Projektleiter (PL)	1	120
Vorstandsvorsitzender (VV)	1	65
Finanzvorstand (FV)	1	35
Kletterwart (KW)	1	80
Mitarbeiterin Geschäftsstelle (GS)	1	60
Ehrenamtliche Helfer (EH)	10	80

Tabelle 27 – Beispielprojekt – Einsatzmittelbedarf (Personal)

Folgende Fragen helfen, die Einsatzmittel zu planen [PATZ17]

- **Welche** Qualifikationen sind erforderlich?
- **Wie viele** davon (Anzahl) werden benötigt?
- **Welche** sind Engpass-Ressourcen?
- Ab **Wann** (Zeitpunkt) und **Wie** lange (Zeitraum) werden sie benötigt?
- **Wie** kann sichergestellt werden, dass diese Ressourcen auch verfügbar sind?

→ Schätzmethoden siehe Kapitel 4.3.3 Schätzmethoden

Um bei der Schätzung möglichst all diese Aspekte zu erfassen, empfiehlt es sich, alle Beteiligten mit einzubeziehen. Das Ergebnis ist eine Liste der benötigten Einsatzmittel nach Art und Anzahl, ohne Bezug auf bestimmte Personen.

PSP-Code	Vorgangsname	Dauer (Tage)	Aufwand (PT)	Anzahl
...	...	...	...	...
M3	Angebote ausgewählt, Fachfirma beauftragt	0		
NK-22-D	Vorbereitungsphase			
...-D1	Alten Turm abbauen	104	40 40 50	1 PL 1 KW 5 EH
...-D2	Material entsorgen	98	20 20 50	1 PL 1 KW 5 EH
...-D3	Grundfläche vorbereiten	189	40 40 60	1 PL 1 KW 10 EH
M4	Alter Turm abgerissen, Fläche für den Neubau vorbereitet	0		
...	...	...	...	...

Tabelle 28 – Beispielprojekt – Einsatzmittelbedarfsplan (Auszug)

Kapazität ermitteln

Bei der Berechnung kann pauschal oder detailliert vorgegangen werden. Bei der pauschalen Vorgehensweise wird die zur Verfügung stehende Nettoarbeitszeit (Nettokapazität) nach Abzug aller Wochenenden, Feier-, Urlaubs-, Weiterbildungs- und durchschnittlicher Krankheitstage berechnet [BEA19a].

Kalendertage	365
Wochenende	-105
Feiertage	-10
Bruttokapazität	250
Urlaubstage	-30
Krankheit, Weiterbildung	-10
Nettokapazität	210

Tabelle 29 – Nettokapazität (Beispiel)

Mit der pauschalen Planung könnten rund 10 Personenmonate an verfügbarer Arbeitszeit pro Einsatzmittel veranschlagt werden. Dies spiegelt aber nicht die Projektrealität wider. Je nach Projektorganisation haben die Mitarbeiter Routineaufgaben in ihrer Linienfunktion zu erledigen oder sind noch in weiteren Projekten tätig. Die detaillierte Planung bringt hier mehr Klarheit [GPM17b].

Nettokapazität	210
Administration / Besprechungen	-25
Linientätigkeit	-20
Projektkapazität	165
Arbeit in anderen Projekten	-95
Freie Kapazität	70

Tabelle 30 – Freie Kapazität (Beispiel)

Diese Planung sollte für jede Ressource wenigstens auf Monatsebene durchgeführt werden, je exakter (tagesgenauer) desto besser.

Kapazität und Bedarf abgleichen

4.5.8 Ressourcen / Kompetenzstufe 2

Nachdem nun klar ist, welche Einsatzmittel wann und wie lange für das Projekt eingesetzt werden sollten, müssen diese Erkenntnisse nun den tatsächlich zur Verfügung stehenden Kapazitäten gegenübergestellt werden. Dazu nimmt man die Vorgänge im vernetzten Balkenplan (Gantt-Chart), die von der vorgesehenen Ressource ausgeführt werden sollen und legt für diese die **Ressourcenganglinie** fest [BEA19a].

Dabei dürfen „keine Äpfel mit Birnen verglichen“ werden, d.h. es dürfen immer nur Ressourcen mit derselben Qualifikation zusammengefasst und analysiert werden.

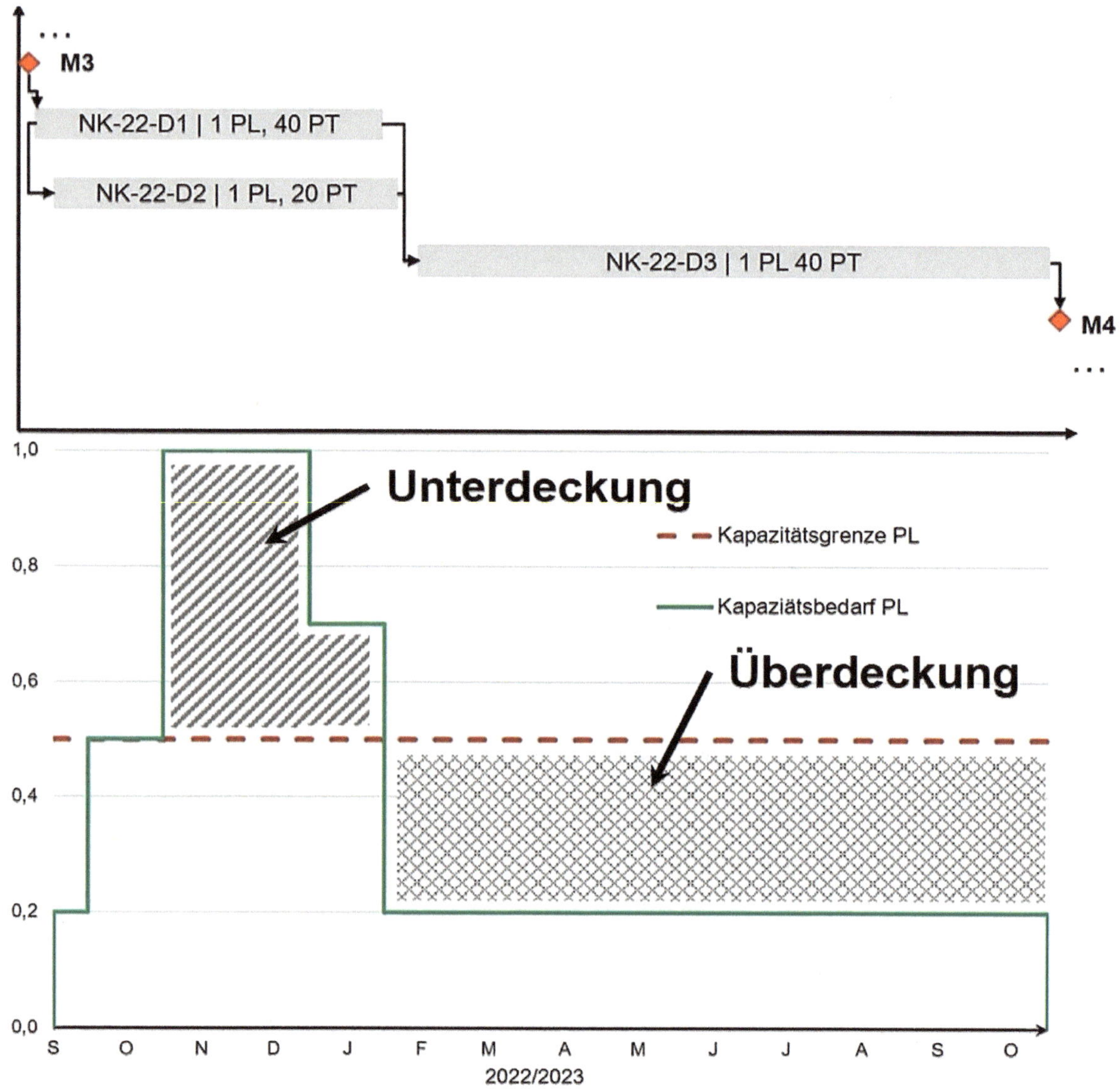

Abbildung 54 – Beispielprojekt – Ressourcenganglinie PL (Auszug Vorbereitungsphase)

Mit der Ressourcenganglinie (auch Auslastungsdiagramm) lässt sich schnell feststellen, wann eine Überschreitung der Kapazitätsgrenze (**Unterdeckung**) stattfindet bzw. wann die Ressource nicht ausgelastet ist (**Überdeckung**). Während eine Überdeckung nur aus wirtschaftlichem Blickwinkel kritisch zu betrachten ist, kann eine Unterdeckung den Projekterfolg gefährden (z.B. Aufgaben werden nicht oder qualitativ schlecht erledigt, krankheitsbedingter Ausfall der Ressource durch Überlastung führt zu weiteren Engpässen). Deshalb sind Unterdeckungen immer zu lösen, d.h. der Projektplan ist dahingehend zu optimieren.

Ressourcen optimieren

4.5.8 Ressourcen / Kompetenzstufe 2

Ziel der Einsatzmitteloptimierung (Ressourcenoptimierung) ist es, alle Möglichkeiten unter den gegebenen Verfügbarkeiten auszuschöpfen, um die Durchführbarkeit des Projektes zu gewährleisten. Dazu gibt es zwei grundsätzliche Vorgehensweisen [LITK05]:

Termintreue Optimierung

Bei dieser Methode wird am Ablauf- und Terminplan festgehalten, und Verschiebungen der Vorgänge dürfen nur innerhalb der Pufferzeiten erfolgen. Die Verfügbarkeit wird durch den Einsatz von qualifiziertem Personal erhöht. Maßnahmen können beispielsweise das Umschichten von Ressourcen innerhalb des Unternehmens zugunsten des Projektes, die Vergabe von Fremdleistungen oder der Mehrschichtbetrieb sein. Das Budget spielt hierbei eine untergeordnete Rolle.

Kapazitätstreue Optimierung

Diese Methode betrachtet die gegebene Kapazität als unveränderlich. Eine Optimierung kann hier nur durch das Verschieben und/oder Strecken von Vorgängen erreicht werden, wobei Verschiebungen von Projektterminen akzeptiert werden.

Konkrete Maßnahmen der Optimierung können sein [BEA19a]:

- **schieben** – das Ressourcenproblem wird über das (Ver-)schieben des Vorgangs gelöst. Dies ist jedoch nur möglich, wenn die zeitlichen und logischen Beziehungen zu den anderen Vorgängen / Arbeitspaketen dies zulassen.
- **strecken** – es wird mehr Zeit für die Bearbeitung des Vorgangs eingeplant. Der Aufwand bleibt gleich, verteilt sich jedoch über eine längere Dauer.
- **substituieren** – die bisher eingesetzte Ressource wird durch eine effizientere Ressource ersetzt.
- **splitten** – der Vorgang bzw. das Arbeitspaket wird in mehrere Teile zerlegt, die zeitlich so verschoben werden, um den Ressourcenengpass aufzulösen.
- **stauchen** – der Vorgang wird zeitlich verkürzt, was aber zu einem erhöhten Ressourcenbedarf führt und evtl. zusätzliche Optimierungsmaßnahmen an anderen Vorgängen / Arbeitspaketen erforderlich macht.

Die sechste Maßnahme, Leistungsreduzierung durch **Streichen**, ist, wie bereits im Kapitel 4.2 Ablauf und Termine festgestellt, Gegenstand des Änderungsmanagements und kein Instrument zur Optimierung.

4.3.3 Schätzmethoden

4.5.4 Ablauf und Termine | 4.5.7 Kosten und Finanzierung / Kompetenzstufe 2

Die Abschätzung des Aufwandes bildet eine wichtige Basis für grundlegende Entscheidungen und ist somit nach dem Phasenplan die zweite Machbarkeitsprüfung für die vom Auftraggeber genannten Projektziele. An dieser Stelle kann unter dem Blickwinkel der gegebenen Rahmenbedingungen bezüglich Personals, Material und Sachmittel erneut eine Go/Nogo-Entscheidung für das Projekt getroffen werden.

Beispiele zu Fehleinschätzungen die u.a. zu Imageschäden und / oder hohen Vertragsstrafen führten, sind

- Einführung der „LKW-Maut in Deutschland" durch das Betreiberkonsortium Toll Collect 2006 – mehrfache Verschiebung des Starttermins vom 31.08.2003 auf den 02.11.2003, dann auf 01.01.2005. Letztendlich war das System im Januar 2006 vollständig betriebsbereit. Der Verschiebung lag neben technischen Themen auch eine Unterschätzung des mit dem Projekt verbundenen Aufwands zugrunde.

- Neubau Terminal 5 London-Heathrow 2008 – Gepäckchaos nach Inbetriebnahme, zeitweise türmten sich bis zu 28.000 Koffer, in den ersten vier Tagen mussten 431 Flüge gestrichen werden. Der Aufwand für das Testen der neuen Gepäckabfertigung wurde unterschätzt und aus Zeitgründen (Eröffnungstermin war veröffentlicht) nicht korrigiert, ebenso wurden die Aufwände für die Schulung der Gepäckarbeiter zu niedrig angesetzt.

Dafür können folgende Methoden zum Einsatz kommen [BEA19b, GPM17b, DIN20a]

Methoden	Beschreibung
Expertenschätzung	
Einzelschätzung	Zugriff auf das Fachwissen eines einzelnen Experten. Vorgehen ist unkompliziert, die Qualität der Schätzung hängt allerdings von der Professionalität der befragten Person ab.
Schätzklausur	Bei diesem Vorgehen wird Wert auf gruppendynamische Prozesse gelegt. Die Experten (meist das Projektteam) planen und schätzen die Vorgänge / Arbeitspakete gemeinsam. Auf diese Weise entsteht eine gemeinsame Basis und Verständnis für das Projekt.
Planning Poker	Eine Variante der Schätzklausur – Konsensbasierte Technik für die relative Größenschätzung bzw. für den relativen Aufwand mittels Story Points von User Stories indem Elemente ähnlicher Größe gruppiert oder zusammengefasst werden. Die Schätzskala beruht häufig auf eine abgewandelte Form der Fibonacci-Folge – 0, ½, 1, 2, 3, 5, 8, 13, 20, 40, 100
Delphi-Methode	Einzelbefragung von mehreren, (in der Regel) räumlich getrennten Fachleuten mit dem Ziel, zunächst unabhängig geäußerte (unterschiedliche) Schätzungen oder Prognosen in mehreren Befragungsrunden schrittweise eine möglichst weitgehende Übereinstimmung unter den Experten zu erreichen [MOTZ17].
Analogiemethoden	Das zu schätzende Projekt wird mit einem oder mehreren ähnlichen, abgeschlossenen Projekten verglichen. Aus dem bekannten Aufwand wird der geschätzte Aufwand für das neue Projekt abgeleitet. Interessant für Unternehmen, die Projekte mit hohem Wiederholungscharakter durchführen. Hilfreich bei der Auswertung von Analogieprojekten sind Erfahrungsdatenbanken und Kennzahlensysteme.
Bereichsschätzung	
Drei-Punkt-Schätzung	Ergänzt Schätz- und Prognosemethoden um deren Verlässlichkeit zu erhöhen. Es werden jeweils drei Schätzungen vorgenommen: **O**ptimistischer, **w**ahrscheinlicher und **p**essimistischer Schätzwert Aus diesen drei Werten wird dann ein Mittelwert gebildet → (**o** + **w** + **p**) / 3 Bezieht man die Betaverteilung mit ein so sieht die Formel folgendermaßen aus (**o** + 4 * **w** + **p**) / 6 (auch PERT-Wert entnommen aus der Netzplan-Technik PERT = Program Evaluation and Review Technique)

Parametrische Verfahren (kommen überwiegend in der Softwareentwicklung zum Einsatz)	
COCOMO III (Constructive Cost Model)	COCOMO III – Algorithmisches Modell, das mithilfe mathematischer Funktionen die verschiedenen Parameter und Faktoren berücksichtigt, um den Aufwand, die Dauer und die Kosten eines Softwareentwicklungsprojekts zu schätzen. Sehr aufwendig.
Function Point-Methode	Auf Basis geforderter Funktionalität, der Bewertung der Funktionen, der zu erbringenden Qualität und des erforderlichen Aufwands schließt man analog von bekannten, ähnlichen Projekten auf das neue Projekt.

Tabelle 31 – Schätzmethoden

„Arbeit dehnt sich in genau dem Maß aus,
wie Zeit für ihre Erledigung zur Verfügung steht."

Cyril Northcote Parkinson (1909 – 1993),
brit. Soziologe, entdeckte die Parkinsonschen Gesetze

4.4 Kosten und Finanzierung

Kosten und Finanzierung (4.5.7)

„Zur Kompetenz KOSTEN UND FINANZIERUNG gehören sämtliche Tätigkeiten zur Schätzung, Planung, Beschaffung, Verwendung und Kontrolle finanzieller Ressourcen, sowohl der Zuflüsse als auch der Abflüsse des Projekts." [GPM17a, Seite 131]

Die Planung der Kosten ist eine weitere Aufgabe im Projektplanungsprozess, bei der auf Grundlage der Ressourcenplanung erarbeitet wird, wann welche Kosten für Material, Personal, Sachmittel und Kapital zur Erledigung der einzelnen Projektaufgaben anfallen werden [MOTZ17].

Zur Info ...

Kosten	In Geld bewertete Einheit für den Verbrauch von Produktionsfaktoren zur Erstellung einer Leistung innerhalb einer Planungsperiode Geldwerte des Einsatzes von Gütern (einschließlich immaterieller Rechte und Dienstleistungen) zur Erstellung von betrieblichen Leistungen oder (im Projektmanagement) zur Bearbeitung bestimmter Aufgaben (z.B. Projektportfolios, Programmen, Projekten, Teilaufgaben, Arbeitspakete) [MOTZ17].
Budget	Buchhalterisch oder bilanztechnisch erfasste Geldmenge, die zur Deckung der Kosten benötigt wird Einzuhaltender Grenzwert (Limit) unterschiedlicher Art und unterschiedlichen Umfangs für ein Projekt oder einen Projektteilbereich [MOTZ17].

	Finanz-mittel	Summe der einem Projekt zur Verfügung gestellten Geldmittel Finanzielle (vorrangig liquide) Mittel zur Deckung der Kosten für die Bearbeitung von Projektaufgaben (z.B. Projektportfolios, Programme, Projekte, Arbeitspakete, Vorgänge) [MOTZ17].
	Ausgaben	Abfluss von liquiden Mitteln sowie auch alle Schuldenzugänge, die durch erhaltene Rechnungen entstehen und zu einem Anwachsen der Verbindlichkeiten führen
	Aufwand	Im Projektmanagement wird unter »Aufwand« der Verbrauch an Geldmitteln und Einsatzmitteln (Ressourcen) verstanden, die für die Erledigung einer Aufgabe (z.B. Projekt, Teilaufgabe, Arbeitspaket, Vorgang) aufzuwenden sind [MOTZ17].

Tabelle 32 – Zur Info … – Kosten, Budget, Finanzmittel …

4.4.1 Kostenarten, -stellen, -träger

4.5.7 Kosten und Finanzierung / Kompetenzstufe 1

Kostenarten-, Kostenstellen- und Kostenträgerrechnung sind aufeinanderfolgende Arbeitsschritte der Kostenrechnung. Das Ziel ist es, die Selbstkosten pro Kostenträgereinheit pro Stück bzw. pro Auftrag zu ermitteln [WÖHE10].

Kostenarten	Kostenstellen	Kostenträger
Welche Kosten sind angefallen?	**Wo** sind die Kosten angefallen?	**Wofür** sind die Kosten angefallen?
z.B. Materialkosten Personalkosten Sach- & Dienstleistungskosten Kapitalkosten …	z.B. Vertrieb Lager Projekt …	z.B. Produkt Artikel …

Tabelle 33 – Kostenarten, Kostenstellen, Kostenträger

4.4.2 Kostenplanung

4.5.7 Kosten und Finanzierung / Kompetenzstufe 1

Die Kostenplanung verfolgt hierbei drei Ziele – Kalkulationsbasis für den Preis des zu verkaufenden Produkts, Basis für das projektbegleitende Controlling (Plan/Ist-Vergleich) und Grundlage für die Planung zeitbezogener Zahlungen. Gleichzeitig findet damit aber auch eine Verifizierung der Annahmen aus der Projektauswahl statt, da die Projektarbeit, wie jedes unternehmerische Handeln, dem Primat der Wirtschaftlichkeit unterliegt und somit wenigstens zu Sicherung der Rentabilität des Unternehmens beitragen sollte [PATZ17].

Wie eingangs des Kapitels erwähnt, baut die Kostenplanung auf der Ressourcen- bzw. Einsatzmittelplanung auf. Pro Einsatzmittel werden die Kosten ermittelt und diese dann den Arbeitspaketen bzw. Vorgängen zugeordnet. In der Summe erhält man so die (Plan-)Gesamtkosten für das Projekt verteilt über die Projektlaufzeit.

Einsatzmittel	Anzahl	Kosten (€)
Personal		
Projektleiter (PL)	1	120.- /Tag
Vorstandsvorsitzender (VV)[20]	1	2,30/Tag
Finanzvorstand (FV)[20]	1	2,30/Tag
Kletterwart (KW)	1	100.- /Tag
Mitarbeiterin Geschäftsstelle (GS)	1	600.- /Tag
Ehrenamtliche Helfer[20]	10	23.-/Tag
Material		
Neuer Turm		360.000.-
Werkzeuge variiert je nach Werkzeug (∅)		85.- /Tag
Sachmittel		
Miete Transporter		55.- /Tag
Verpflegung (gesamt)		150.- /Tag

Tabelle 34 – Beispielprojekt – Kosten der Einsatzmittel

Die Kosten der Einsatzmittel werden den einzelnen Vorgängen zugeordnet. Zudem wird für die Finanzplanung festgehalten, ob die entstehenden Kosten **anfangsverteilt** (Fälligkeit zu Beginn des Vorgangs), **endverteilt** (Fälligkeit zum Ende des Vorgangs) oder **gleichverteilt** (Fälligkeit gleichmäßig während des Vorgangs) anfallen.

PSP-Code	Vorgangsname	Dauer (Tage)	Aufwand (PT)	Anzahl	Kosten (€)	Verteilung
...	...	...	...	...		
M3	Angebote ausgewählt, Fachfirma beauftrag	0				
NK-22-D	Vorbereitungsphase					
...-D1	Alten Turm abbauen	104	40 40 50	1 PL 1 KW 5 EH	4.800.- 4.000.- 575.-	gleich

[20] Hier wird der seit 2021 in Deutschland gültige Ehrenamtsfreibetrag von 840.- Euro/Jahr angesetzt

...-D2	Material entsorgen	98	20 20 50	1 PL 1 KW 5 EH	2.400.- 2.000.- 575.-	gleich
...-D3	Grundfläche vorbereiten	189	40 40 60	1 PL 1 KW 10 EH	4.800.- 4.000.- 1.380.-	gleich
...	...	...	...	...		

Tabelle 35 – Beispielprojekt – Übersicht Kostenplan (Auszug Vorbereitungsphase)

4.4.3 Kostengang- und Kostensummenlinie

4.5.7 Kosten und Finanzierung / Kompetenzstufe 2

Es werden zwei Arten der grafischen Darstellung des voraussichtlichen Kostenverlaufs unterschieden – **Kostenganglinie** (Kostenanfall pro Zeitperiode) und **Kostensummenlinie** (kumulierter Kostenanfall zu jedem Zeitpunkt).

Beide Diagrammformen können in der Praxis als eigenständiges Diagramm oder in Verbindung mit einem Balkenplan vorkommen. Kostengang- und Kostensummenlinie können (bei entsprechendem Maßstab) auch gleichzeitig im gleichen Diagramm abgebildet werden [MOTZ17].

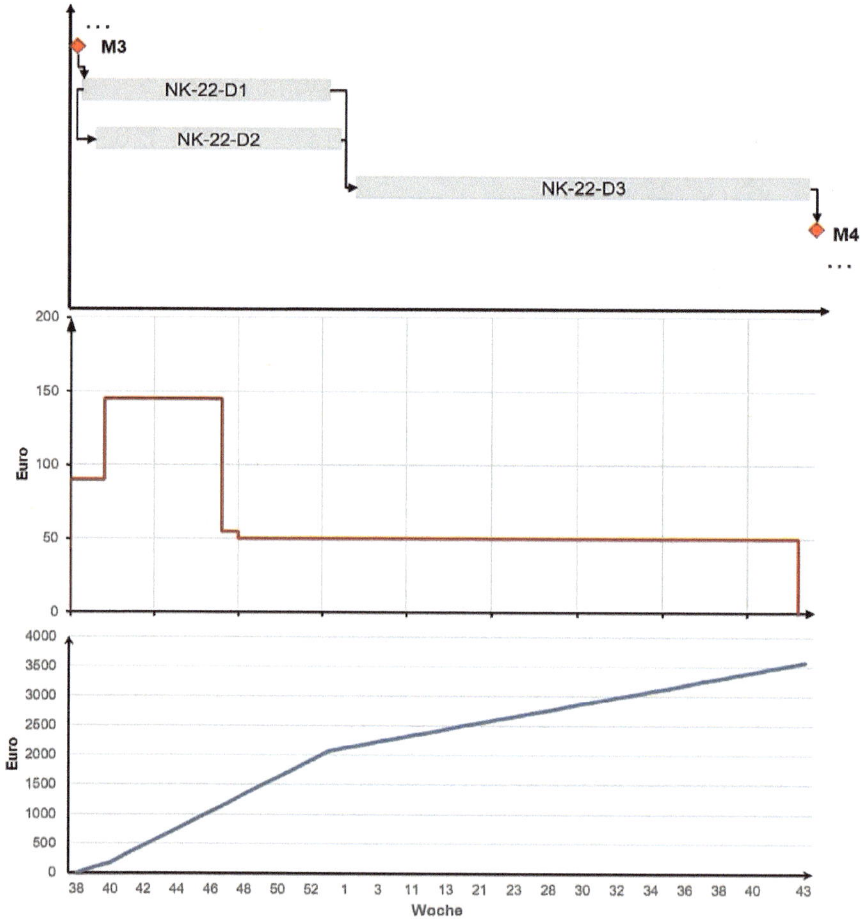

Abbildung 55 – Beispielprojekt – Kostengang- und Kostensummenlinie (Auszug Vorbereitungsphase)

4.5 Vertragliche Aspekte der Projektarbeit

Vertragliche Aspekte der Projektarbeit werden in der ICB 4 durch die Kompetenz BESCHAFFUNG repräsentiert. Ein, um es mit einem Qualitätsbegriff auszudrücken, inhärentes Merkmal der Beschaffung sind, sofern diese legal erfolgt, Verträge (Kapitel 4.5.2).

Beschaffung (4.5.9)

„Die BESCHAFFUNG ist ein Vorgang, bei dem Güter und / oder Dienstleistungen von externen Parteien eingekauft oder bezogen werden. ... Da sich die Beschaffung hauptsächlich an Lieferanten außerhalb der Stammorganisation richtet, werden Ressourcen (Personal, Werkzeuge Materialien und Teillieferungen) beschafft, die innerhalb der Organisation nicht verfügbar sind." [GPM17a, Seite 140]

4.5.1 Beschaffung

4.5.9 Beschaffung / Kompetenzstufe 1

Die Beschaffung bzw. das Beschaffungsmanagement beinhaltet alle Maßnahmen, um die für das Projekt benötigten Verbrauchsgüter, Investitionsgüter oder Dienstleistungen zu ermitteln und zum günstigsten Preis und zum richtigen Zeitpunkt zu bekommen bzw. zur Verfügung zu stellen. Grundlagen dafür können z.B. ein Lastenheft, einzelne Spezifikationen oder auch die absehbare Nichtverfügbarkeit (Obsoleszenz) von Bauteilen sein.

Der Beschaffungsprozess lässt sich in folgende Teilschritte untergliedern

1. Bedarfsermittlung im Projekt
2. Suche geeigneter Lieferanten
3. Anfrage und Angebotseinholung
4. Vergleich der eingeholten Angebote
5. Vertragsverhandlungen und –abschluss
6. Auslösen der Bestellung
7. Überwachung des Bestellablaufs und der Lieferung
8. Rechnungsabwicklung
9. Bewertung des Lieferanten

Die Beschaffung findet in rechtlichen Zusammenhängen statt. Betrachtet man den Beschaffungsprozess, so lässt er sich in drei Phasen einteilen – **Vorbereitungsphase** (das rechtlich verbindliche Handeln wird vorbereitet, Schritte 1 bis 3), **Vertragsabschlussphase** (Festlegen der Vertragsbedingungen und Vertragsabschluss, Schritte 4 bis 6) und **Abwicklungsphase** (Abwicklung der vertraglich vereinbarten Inhalte, Schritte 7 bis 9). In allen drei Phasen können, je nach Vertragstyp, rechtliche Probleme mit unterschiedlichen Auswirkungen auftreten.

4.5.1.1 Make-or-Buy Entscheidung

4.5.9 Beschaffung / Kompetenzstufe 1

Bei der Bedarfsermittlung kann geprüft werden, ob der Bedarf zugekauft ("Buy") oder im eigenen Unternehmen ("Make") erstellt werden kann (Make-or-Buy-Entscheidung) [PATZ17].

Die Entscheidung zwischen Fremdbezug und Eigenproduktion ist eine strategische Überlegung, die von verschiedenen Faktoren abhängt. Kriterien für eine Make-or-Buy Entscheidung können sein:

Kriterien	Beschreibung
Kernkompetenzen	Die Herstellung des Produkts oder die Erbringung der Dienstleistung gehört nicht zu den Kernkompetenzen des Unternehmens.
Kosten	Die Eigenproduktion kann teurer sein als der Fremdbezug (→ Skaleneffekten, Spezialisierung, Effizienz in der Lieferkette).
Qualität	Erforderliche hohe Qualitätsstandards die das das Unternehmen selbst nicht sicherstellen kann.
Ressourcen, Expertise	Eigene Ressourcen (z.B. Arbeitskraft, Maschinenkapazitäten, spezielle Fähigkeiten) sind nur begrenzt oder nicht verfügbar.
Flexibilität, Skalierbarkeit	Flexibilität in Bezug auf Produktvariationen oder Mengenänderungen ist erforderlich.
Zeitfaktoren	Bei einem engen Zeitrahmen kann der (Zu-)Kauf die schnellere Option sein.
regulatorische Anforderungen	Regulatorische Vorschriften und Compliance-Anforderungen können die Entscheidung beeinflussen.

Tabelle 36 – Make-or-Buy Kriterien (Beispiele)

Die Gewichtung dieser Kriterien hängt von der Branche, der Art des Produkts oder der Dienstleistung und den spezifischen Umständen des Unternehmens ab. Eine sorgfältige Analyse unter Berücksichtigung dieser Faktoren kann bei der Make-or-Buy-Entscheidung unterstützen.

4.5.1.2 Anfragearten

4.5.9 Beschaffung / Kompetenzstufe 2 (Level C)

Im Rahmen der Beschaffung können folgende Anfragearten zum Einsatz kommen [GUBE17, Seite 133]

Anfrage	Beschreibung
RFI (Request for Information)	Auf Basis der Ausschreibungsunterlagen werden mögliche Lieferanten angefragt, ob sie die geforderten Dienstleistungen oder Produkte generell liefern können. Diese Anfrage eignet sich, um einen Überblick über die infrage kommenden Lieferanten zu erhalten.
RFQ (Request for Quotation)	Nachdem die potenziellen Lieferanten durch einen RFI auf diejenigen reduziert wurden, die die geforderten Leistungen liefern können, erhalten diese den RFQ. Mit dieser Anfrage werden möglichst präzise Preise erfragt.

RFP (Request for Proposal)	Der RFP ist die in der Praxis gängigste Anfragevariante. Sie enthält bereits alle für einen Vertragsabschluss nötigen Informationen. Reicht ein Lieferant/Partner basierend auf einem RFP ein Angebot ein, ist ein Vertragsabschluss durch eine Annahmeerklärung möglich. Es besteht aber keine Verpflichtung, das Angebot anzunehmen
RFF (Request for Feature)	Bei dieser, weniger weit verbreiteten Anfrageart handelt es sich um die Anfrage zur Erweiterung eines bestehenden Systems oder Angebots/Vertrags.

Tabelle 37 – Anfragearten im Beschaffungsprozess

4.5.2 Verträge, Vertragsarten

4.5.9 Beschaffung / Kompetenzstufe 1

Ein Vertrag ist ein mehrseitiges Rechtsgeschäft, das durch einander entsprechende Willenserklärungen der Beteiligten zustande kommt (Angebot und Annahme). Es enthält eine rechtlich bindende Einigung der Beteiligten, welche Leistungen sie zu welchen Konditionen zur Erreichung des Projektzieles erbringen wollen.

Grundsätzlich gilt in Deutschland die Vertragsfreiheit. Diese steht als Bestandteil der allgemeinen Handlungsfreiheit (Art. 2 Abs. 1 GG) unter verfassungsrechtlichem Schutz. Im bürgerlichen Recht meint die Vertragsfreiheit, dass die Parteien Abschluss wie auch Inhalt eines Vertrages frei gestalten können (Abschluss- und Gestaltungsfreiheit). Die Vertragsfreiheit findet ihre Grenzen in den allgemeinen Verboten der **Gesetzwidrigkeit** (§ 134 BGB) und der **Sittenwidrigkeit** (§ 138 BGB) sowie in zwingenden gesetzlichen **Vorschriften des Verbraucherschutzes**.

Im Rahmen der Projektarbeit kann der Projektleiter bzw. Projektmanager hauptsächlich mit folgenden Vertragsarten in Berührung kommen

- Kaufvertrag (§§ 433 ff. BGB)
- Werkvertrag (§§ 631 ff. BGB)
- Dienstvertrag (§§ 611 ff. BGB)
- Mietvertrag (§§ 535 ff. BGB) findet grundsätzlich auch beim Leasingvertrag Anwendung

Vertragsart	Bestimmung	Pflichten AG (Käufer)	Pflichten AN (Verkäufer)
Kaufvertrag	Kaufsache bzw. Ware	• Kaufpreiszahlung • Abnahme	• Sach- und rechtsmangelfreie Eigentumsverschaffung • Übergabe
Werkvertrag	Erfolg	• Abnahme • Vergütung	• Herstellung eines vereinbarten Werkes zum vereinbarten Zeitpunkt

Dienst-vertrag	Leistung	• Vergütung	• Leistung versprochener Dienste
Mietvertrag	zeitweise Gebrauchsüberlassung gegen Entgelt	• Zahlung der vereinbarten Miete	• Gewährung des Gebrauchs der gemieteten Sache
Leasing-vertrag	zeitlich begrenztes Nutzungsrecht	• Verantwortung für Wartung und Pflege • Zahlung der vereinbarten Leasingrate	• Gewährung der Nutzung des Investitionsgutes

Tabelle 38 – Vertragsarten und daraus entstehende Pflichten

Das Vertragsmanagement im Rahmen von Projekten umfasst gem. der DIN 69901 die Steuerung [DIN20a]:

- der Gestaltung,
- des Abschlusses,
- der Fortschreibung, und
- der Abwicklung von Verträgen

4.5.3 Leistungsstörungen

4.5.9 Beschaffung / Kompetenzstufe 2 (Level C)

Auftraggeber und Auftragnehmer haben im Rahmen des Vertrages ihre jeweilige Leistung vollständig, rechtzeitig und in der vereinbarten Qualität zu erbringen. Tut eine der Vertragsparteien das nicht, ist ihre Leistung gestört. Eine Leistungsstörung entspricht einer Pflichtverletzung. Diese umfasst alle Formen der Leistungsstörungen, z.B. Nichtleistung, Schlechtleistung, verspätete Erfüllung auch Spätleistung (Verzug).

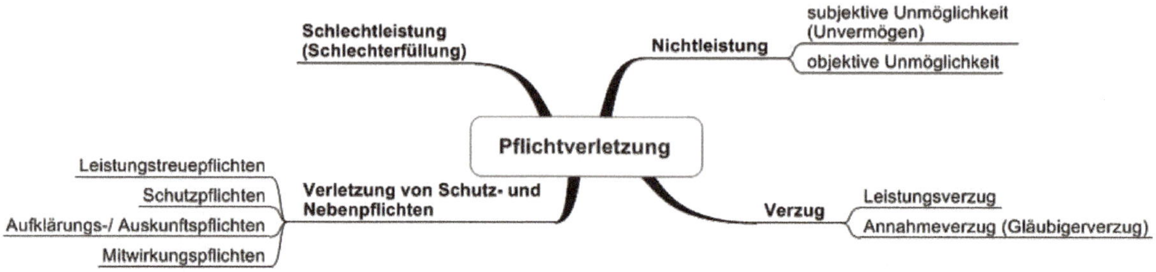

Abbildung 56 – Formen der Pflichtverletzung

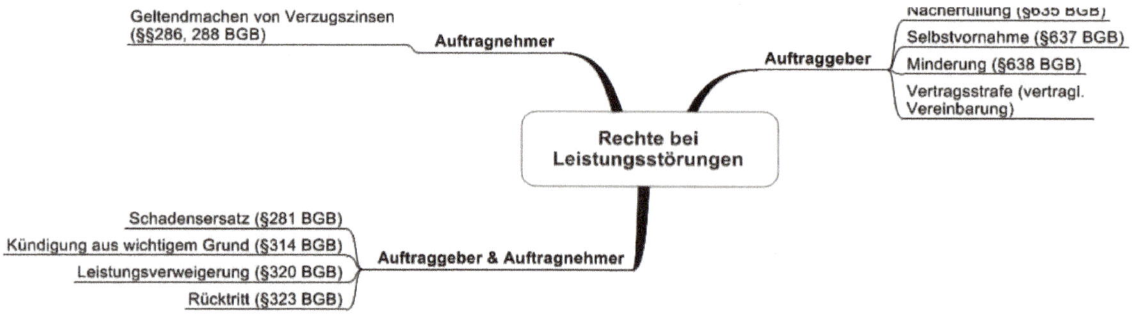

Abbildung 57 – Rechte bei Leistungsstörungen

In Folge von Leistungsstörungen haben sowohl der Auftraggeber als auch der Auftragnehmer gesetzliche oder vertraglich vereinbarte Rechte.

Leistungsstörungen können nicht zeitlich unbegrenzt geltend gemacht werden. Ansprüche haben ein Verfallsdatum, die Verjährung. Die regelmäßige **Verjährungsfrist** (§195 BGB) beträgt drei Jahre, bei Kaufverträgen zwei Jahre (§634a (1) BGB) und bei Baumängeln fünf Jahre (§634a (2) BGB). Die regelmäßige Verjährungsfrist beginnt mit der Abnahme des Werkes. Stichtag ist allerdings immer der 31. Dezember unabhängig davon wann im laufenden Jahr der Anspruch entstanden ist (§199 (1) BGB).

4.5.4 Abnahme (Definition)

4.5.9 Beschaffung / Kompetenzstufe 1

Sowohl im Kauf- als auch im Werkvertrag steht unter Pflichten des Auftraggebers das Wort „Abnahme". Hier unterscheidet das Bürgerliche Gesetzbuch (BGB) wie folgt

Kaufvertrag – Der Auftraggeber (Käufer) ist zur Abnahme der Kaufsache verpflichtet (§ 433 Abs. 2 BGB). Eine Abnahmepflicht besteht, wenn der Kaufgegenstand frei von Rechten Dritter und frei von Sachmängeln ist. Besteht eine Abnahmepflicht und der Auftraggeber nimmt die Sache nicht ab, kommt der Käufer in Annahmeverzug nach § 293 ff. BGB.

Sachmängel werden zwischen erheblichen Mangel und unerheblichen Mangel unterschieden. Eine erkennbar mangelhafte Sache mit einem erheblichen Mangel muss der Auftraggeber nicht abnehmen.

Werkvertrag – Für den Werkvertrag ist eine Abnahme zwingend vorgesehen (§ 640 BGB). Der Auftraggeber bestätigt durch die Abnahme, dass die erbrachten Leistungen vertragsgemäß ausgeführt worden sind bzw. dass das von ihm bestellte Werk den vertraglichen Vereinbarungen entspricht. Ist die Abnahme erfolgt, ergeben sich dadurch zahlreiche Rechtsfolgen:

Auftraggeber

- ursprünglicher Erfüllungsanspruch erlischt
- Fälligkeit der Vergütung (§ 641 Abs. 1 Satz 1 BGB)
- Verzinsungspflicht des Bestellers (§ 641 Abs. 2 BGB)
- Gefahrenübergang – Übergang der Haftung für den unverschuldeten Untergang oder die Beschädigung der Sache auf den Auftraggeber (§ 644 Abs. 1 Satz 1 BGB)
- Beginn der Verjährungsfrist für bestimmte Mängelansprüche
- Beweislastumkehr – der Beweis, dass tatsächlich Mängel an dem Werk vorhanden sind, liegt nach der Abnahme auf Seiten des Auftraggebers.

Auftragnehmer

- Beginn der Mängelhaftungsfrist (§§ 634, 634a BGB)

4.6 Chancen und Risiken

Chancen und Risiken (4.5.11)

„Die Kompetenz CHANCEN UND RISIKEN umfasst die Identifikation, die Analyse, die daraus resultierende Planung und Umsetzung sowie die Steuerung der Chancen und Risiken eines Projekts. ... Beim Management von Chancen und Risiken handelt es sich um einen fortlaufenden Prozess, der sich über den gesamten Lebenszyklus des Projekts erstreckt.“ [GPM17a, Seite 150]

4.6.1 Grundlagen Chancen und Risiken

4.5.11 Chancen und Risiken / Kompetenzstufe 2

Neben der Notwendigkeit Risikomanagement auf Grund gesetzlicher (z.B. KontraG, US-GAAP, BASEL III), normenseitiger (z.B. ISO 9001) und unternehmensspezifischer Anforderungen (z.B. Corporate Governance) durchzuführen gehört es auch zu den Projektmanagementaufgaben innerhalb des Projektlebenszyklus. Risikomanagement hilft, Projektrisiken zu vermeiden, zu verringern oder zu begrenzen. Ebenfalls fällt in dieses Aufgabenspektrum das Fördern von Projektchancen, also von positiven Entwicklungsmöglichkeiten.

Risikomanagement ...

- verbessert den Handlungsspielraum des Projektleiters.
- identifiziert und steuert Risiken im Projekt.
- stellt ein Frühwarnsystem dar, durch das Risiken minimiert und beherrscht werden können.
- erkennt Chancen für das Projekt und zeigt Wege zu deren Nutzung auf.
- verbessert die Kommunikation und den Umgang mit Risiken und Chancen.

Das Wort „Risiko“ leitet sich aus dem frühitalienischen ris(i)co ab – eine Klippe, die es zu umschiffen gilt. Die DIN 69901-5:2009 bezeichnet ein Risiko als

„Mögliche negative Abweichung im Projektverlauf (relevante Gefahren) gegenüber der Projektplanung durch Eintreten von ungeplanten oder Nicht-Eintreten von geplanten Ereignissen oder Umständen (Risikofaktoren).“ [DIN20a, Seite 159]

Kürzer fasst sich die Norm DIN ISO 31000:2018 Risikomanagement – Leitlinien. Sie bezeichnet ein Risiko als

„Auswirkung von Unsicherheit auf Ziele“ [DIN18, Seite 7]

4.6.2 Prozess

4.5.11 Chancen und Risiken / Kompetenzstufe 2

Das Risikomanagement folgt dem Prozess **I**dentifizieren – **A**nalysieren – **P**lanen – **C**ontrolling. Dieser Prozess wird spätestens bei jedem Meilenstein erneut durchlaufen, um den Status der bekannten Risiken festzustellen und neue zu identifizieren.

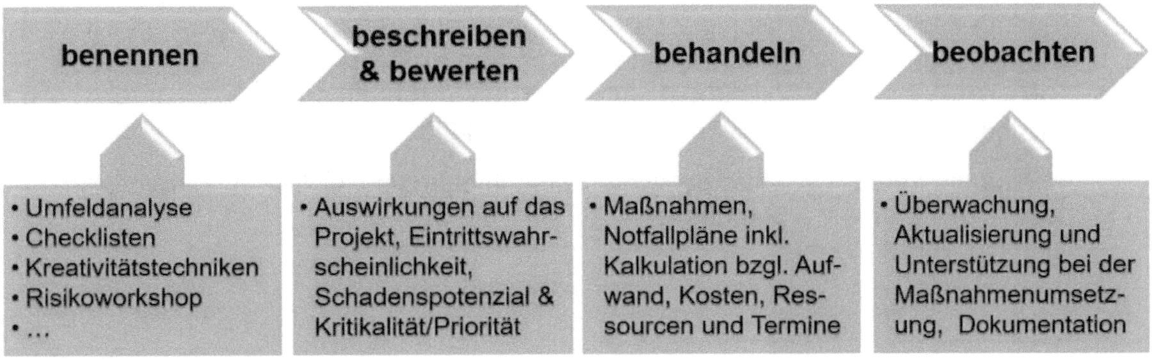

Abbildung 58 – Risikoprozess

BENENNEN (Risiken identifizieren)

Hier wird die enge Verzahnung mit der Umfeldanalyse sichtbar. In den Kategorien sachlich und direkt/indirekt bzw. intern/extern bereits identifizierte Bestandteile können direkt in die Risiko-Tabelle übernommen werden. Die während der Umfeldanalyse identifizierten Stakeholder (Kategorien sozial und direkt/indirekt bzw. intern/extern) werden via Stakeholderanalyse, wo notwendig, ebenfalls in die Risiko-Tabelle übernommen. Zur Identifikation weiterer Risiken empfehlen sich verschiedene Kreativitätstechniken (z.B. Brainwriting, Mind Mapping, Kopfstandmethode, FMEA), Checklisten sowie das systematische Durchforsten der bisher erstellten Projektpläne (PSP, Ressourcenplan, Ablauf- und Terminplan, Kostenplan) auf potenzielle Risiken. Hilfreich ist auch die Kategorisierung nach Risikoarten nach dem bereits in der Umfeldanalyse (→ Kapitel 3.2.1 Umfeldanalyse) kennengelernten Akronym PESTEL

- Political (politische Risiekn)
- Economic (wirtschaftliche Risiken)
- Social (gesellschaftliche Risiken)
- Technological (technische Risiken)
- Environmental ökologische Risiken)
- Legal (Gesetze, Normen, Regeln)

In dieser Phase sind alle identifizierten Risiken ernst zu nehmen – keine „Das schaffen wir schon"-Mentalität – jedes identifizierte Risiko ist wichtig genug, um betrachtet zu werden.

Die identifizierten Risiken werden in einer Tabelle gesammelt und strukturiert. Alle Risiken sind **präzise** zu benennen und zu beschreiben.

#	Risiko	Ursache (n)	Klassifizierung
1	Baugenehmigung wird nicht oder verspätet erteilt *(SL1, SL3, SL8)*	Die untere Naturschutzbehörde oder das Bauamt der Stadt Weinheim verweigert die Genehmigung aufgrund naturschutzrechtlicher oder baurechtlicher Bedenken.	Terminrisiko

2	Geplante Eigenleistung wird nicht erbracht *(SL2)*	Weniger als die vorgesehenen 10 Vereinsmitglieder stellen sich für die Eigenleistung beim Abriss und Vorbereitung des Geländes zur Verfügung.	Kostenrisiko
3	Teile für die Fertigstellung des Turmes sind nicht verfügbar	Lieferschwierigkeiten infolge der COVID-Pandemie.	Terminrisiko
n	...	...	...

Tabelle 39 – Beispielprojekt – Risikotabelle bzw. Risikoregister (Auszug)

Zur besseren Visualisierung können die Risiken in einem Portfolio dargestellt werden. Hierzu werden sie bezüglich **S**chadens**h**öhe (**SH**, auch **TW** für **T**rag**w**eite) und **E**in**t**ritts**w**ahrscheinlichkeit (**ETW**) qualifiziert und entsprechend im Portfolio eingeordnet. Eine **Qualifizierung** der Risiken kann beispielsweise nach „sehr hoch, hoch, niedrig, sehr niedrig" erfolgen. Es empfiehlt sich, die Ausprägung „mittel" nicht zu verwenden, um den Beteiligten eine eindeutige Stellungnahme abzuringen.

#	Risiko	Ursache (n)	Auswirkung	ETW	SH
1	Baugenehmigung wird nicht oder verspätet erteilt *(SL1, SL3, SL8)*	Die Untere Naturschutzbehörde oder das Bauamt der Stadt Weinheim verweigert die Genehmigung aufgrund naturschutzrechtlicher oder baurechtlicher Bedenken.	Der Neubau verzögert sich. Die Erfüllung der möglichen Auflagen seitens der Behörden überschreiten das Projektbudget	n	sh
2	Geplante Eigenleistung wird nicht erbracht *(SL2)*	Weniger als die vorgesehenen 10 Vereinsmitglieder stellen sich für die Eigenleistung beim Abriss und Vorbereitung des Geländes zur Verfügung.	Eigenleistung muss an Dienstleister vergeben werden. Der Fertigstellungstermin verzögert sich, das Projektbudget wird überschritten	h	h
3	Teile für die Fertigstellung des Turmes sind nicht verfügbar	Lieferschwierigkeiten infolge der COVID-Pandemie.	Abnahme kann nicht wie geplant stattfinden, Turm wird zum Saisonstart 2022 nicht fertig.	h	sh
n	...	...	...	...	...

sn = sehr niedrig, n = niedrig, h = hoch, sh = sehr hoch

Tabelle 40 – Beispielprojekt – qualifizierte Risikotabelle mit ETW und SH (Auszug)

Eine weitere Möglichkeit der qualifizierten Bewertung ist die Berechnung der Risikoprioritätszahl (RPZ) wie sie in der FMEA verwendet wird. Die RPZ kombiniert für jedes

Risiko die Einschätzung der Eintrittswahrscheinlichkeit mit der seiner Auswirkungen (Schadenshöhe).

Die Eintrittswahrscheinlichkeit und die Schadenshöhe werden dabei auf Skalen von beispielsweise 1 bis 10 bewertet, wobei 1 für sehr gering und 10 für sehr hoch steht. Je höher die RPZ, desto höher ist die Priorität des Risikos.

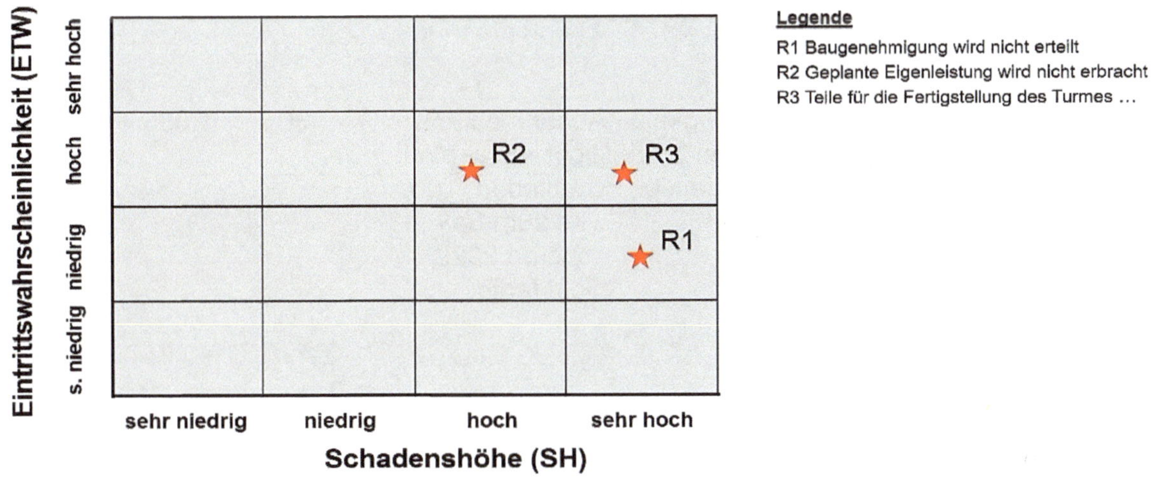

Abbildung 59 – Beispielprojekt – Qualifiziertes Risikoportfolio (Auszug)

BESCHREIBEN und BEWERTEN (Risiken analysieren)

Nach der Identifikation der Risiken folgen in dieser Phase deren Analyse und Bewertung und damit ihrer **Quantifizierung**. Es sind Überlegungen anzustellen bezüglich der Auswirkung, Schadenshöhe (auch Tragweite) und der Eintrittswahrscheinlichkeit. Hierzu kann die bereits genutzte Risikotabelle um die notwendigen Felder ergänzt werden. Der Risikowert (RW) ist das Produkt aus Eintrittswahrscheinlichkeit (ETW) und Schadenshöhe (SH) des Risikos:

$$ETW (\%) * SH (€) = RW (€)$$

Die Wahrscheinlichkeit des Eintretens wird üblicherweise auf einer Skala von 0 (ausgeschlossen) bis 100% (sicher) festgelegt. Unabhängig davon, ob sie individuell oder in einer Gruppe festgelegt wird, handelt es sich stets um einen subjektiven Wert, der die Risikopräferenz (risikofreudig, risikoneutral oder risikoavers) der Entscheidungsträger reflektiert.

#	Risiko	Ursache (n)	Auswirkung	ETW in %	SH in €	RW in €
1	Baugenehmigung wird nicht oder verspätet erteilt *(SL1, SL3, SL8)*	Die Untere Naturschutzbehörde oder das Bauamt der Stadt Weinheim verweigert die Genehmigung aufgrund naturschutzrechtlicher oder baurechtlicher Bedenken.	Der Neubau verzögert sich. Die Erfüllung der möglichen Auflagen seitens der Behörden überschreiten das Projektbudget	20	5.000.-	1.000.-

2	Geplante Eigenleistung wird nicht erbracht	Weniger als die vorgesehenen 10 Vereinsmitglieder stellen sich für die Eigenleistung beim Abriss und Vorbereitung des Geländes zur Verfügung.	Eigenleistung muss an Dienstleister vergeben werden. Der Fertigstellungstermin verzögert sich, das Projektbudget wird überschritten	30	20.000.-	6.000.-
3	Teile für die Fertigstellung des Turmes sind nicht verfügbar	Lieferschwierigkeiten infolge der COVID-Pandemie.	Abnahme kann nicht wie geplant stattfinden, Turm wird zum Saisonstart 2022 nicht fertig.	30	1.000.-	300.-
n	...	...	...	...	...	...
					Σ Risikowerte	7.300.-

Tabelle 41 – Beispielprojekt – Quantifizierte Risikotabelle mit ETW und SH (Auszug)

Die grafische Darstellung erfolgt mit Hilfe einer Grafik, ähnlich der eines Risikoportfolios.

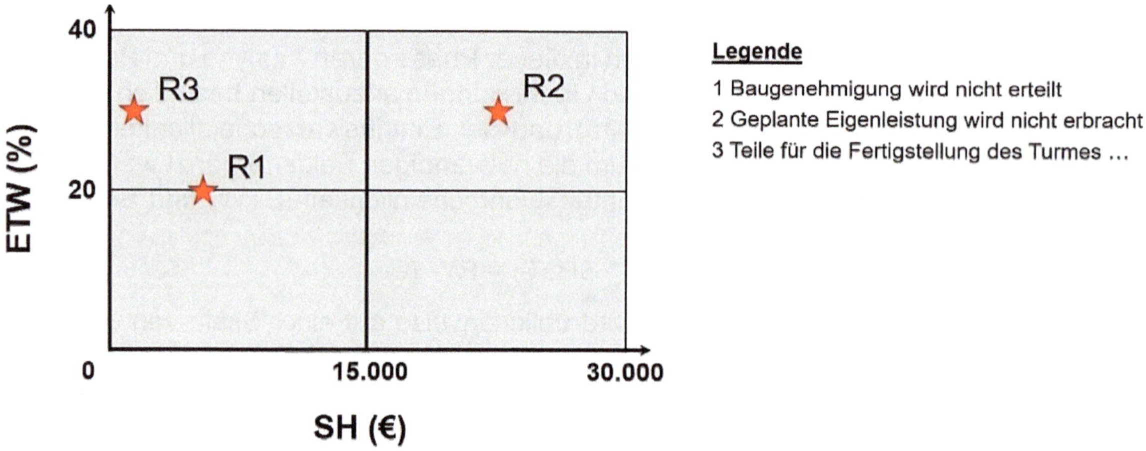

Abbildung 60 – Beispielprojekt – Quantifizierte Risikodarstellung (Auszug)

Der Risikowert (Expected Monetary Value) ermöglicht, die Risiken zu priorisieren, indem er eine quantitative Bewertung der potenziellen Verluste liefert. Durch die Berücksichtigung aller relevanten Risiken und ihrer Risikowerte-Werte kann das Projektteam besser entscheiden, welche Risiken sie angehen möchten und welche Maßnahmen zur Risikominderung oder -vermeidung ergriffen werden sollten.

Behandeln (Maßnahmen planen und umsetzen)

Nachdem die Risiken identifiziert, ihre Ursachen hinlänglich beschrieben und der jeweilige Risikowert ermittelt wurde, gilt es in diesem Schritt die geeigneten Risikostrategie und die entsprechenden Maßnahmen festzulegen.

Als Risikostrategie wird der Umgang und die Gestaltung der Risikobewältigung in Projekten bezeichnet. Grundsätzlich stehen verschiedene Handlungsalternativen zur Verfügung [DIN18].

Hierbei unterscheidet man zwischen präventiven (ursachenbezogenen), korrektiven (auswirkungsbezogenen) und selbsttragenden Handlungsalternativen.

Präventive Maßnahmen wirken, bevor das Risiko eintritt, beeinflussen also die Eintrittswahrscheinlichkeit. **Korrektive Maßnahmen** verringern nach Eintritt des Risikos die Tragweite bzw. die Schadenshöhe.

Generell gilt, Maßnahmen kosten Zeit und / oder Geld, nehmen also Ressourcen in Anspruch, die nur begrenzt zur Verfügung stehen. Sie sind also entsprechend der gewählten Risikostrategie zu planen.

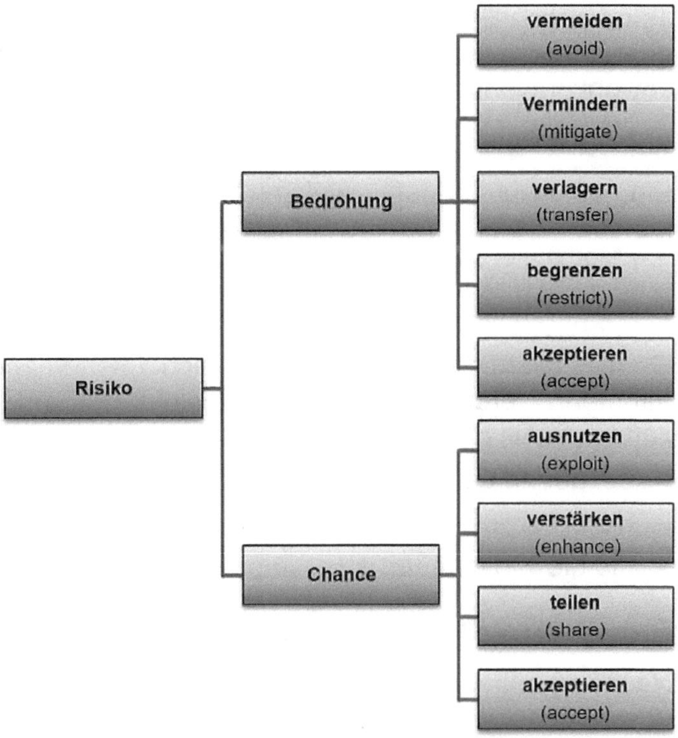

Abbildung 61 – Risikostrategien

	Strategie	Vorgehen
präventive Maßnahmen	vermeiden	Das Risiko wird gar nicht erst eingegangen (z.B. neue, noch unerprobte Technologie wird nicht eingesetzt).
	vermindern	beinhaltet alle Aktivitäten zur direkten Beeinflussung des Risikos, sei es über die Senkung der ETW. Risiken können über technische, organisatorische oder personelle Maßnahmen reduziert werden
korrektive Maßnahmen	begrenzen	Folgen des Schadensfalles werden minimiert. Die Maßnahmen greifen erst, wenn das Risiko eingetreten ist (z.B. Redundanz vorsehen)
	verlagern	Das Risiko wird auf Dritte übertragen, beispielsweise auf Versicherungen, Lieferanten, Kunden, Staat (z.B. Hermes-Bürgschaft zur Absicherung von Exporten). Diese Übertragung erfolgt i.d.R. mit Verträgen und findet nicht unentgeltlich statt. (z.B. Risikoprämie bei Versicherungen).
selbsttragende Maßnahmen	akzeptieren	Das Risiko wird vom Management akzeptiert, es werden keine Maßnahmen festgelegt. Meist sind dies Risiken mit geringer Schadenshöhe und niedriger Eintrittswahrscheinlichkeit.

Tabelle 42 – Maßnahmen und Risikostrategie

Je nach gewählter Maßnahme verringert sich die Eintrittswahrscheinlichkeit (präventiv) oder die Schadenshöhe (korrektiv). Es sind auch beide Fälle möglich, wenn für ein Risiko sowohl präventive als auch korrektive Maßnahmen zur Anwendung kommen können.

$$ETW_{neu} (\%) * SH (€) = RW_{neu} (€) \text{ bzw. } ETW (\%) * SH_{neu} (€) = RW_{neu} (€)$$

Ein Anhaltspunkt dafür, welche der geplanten Maßnahmen umgesetzt werden sollen, ist, dass die Summe aus RW_{neu} und den Kosten der Maßnahme kleiner sein sollte als der alte Risikowert.

$$RW_{neu} (€) + \text{Kosten der Maßnahme} (€) < RW_{alt} (€)$$

Geht es allerdings um sogenannte nicht tolerierbare Risiken, so sind in jedem Fall Maßnahmen zu ergreifen, auch wenn dies im Extremfall bedeutet, das Projekt nicht durchzuführen. Als nicht tolerierbare Risiken werden solche bezeichnet,

- bei denen Leib und Leben von Menschen bedroht sind;
- die erhebliche Schäden an der Umwelt verursachen können;
- die die wirtschaftliche Existenz des Unternehmens gefährden können.

BEOBACHTEN (Controlling der Maßnahmen)

Nachdem die Maßnahmen geplant und angestoßen wurden, sind sie in der Folge zu überwachen und gegebenenfalls zu steuern. Das Risikocontrolling ist häufig ein Teil des Projektcontrollings. Es ist für den Projektleiter ein unverzichtbares Instrument während des gesamten Projektverlaufs. Die mit den Maßnahmen festgelegten Kontrollzeitpunkte (z.B. Meilenstein, eintretendes Ereignis, 14-tägiger Jour Fixe) sorgen für eine erneute Analyse und Bewertung des Risikos bzw. der Risiken. Ergebnisse dieser Überprüfung können sich in allen Projektplänen (z.B. Ressourcenplanung, Kostenplanung, Ablauf- und Terminplanung) niederschlagen und führen möglicherweise zu deren Anpassung.

Die aktuelle Risikosituation ist auch Bestandteil des regelmäßigen Projektstatusberichts.

„Risikomanagement ist Projektmanagement für Erwachsene"

Tom DeMarco (*1940), Autor u.a. von „Der Termin" und „Bärentango"

4.7 Qualität

Qualität (4.5.6)

„QUALITÄT im Projekt beruht auf zwei maßgebenden Einflussgrößen. Einerseits geht es um die Qualität des Prozesses, also die Art und Weise, in welcher das Projekt organisiert wird. ... Anderseits geht es um das Management, die Sicherung und Kontrolle der Qualität von Ergebnis und Leistung des Projekts." [GPM17a, Seite 126]

Die Qualität eines Projekts bezieht sich auf das Ausmaß, in dem seine Eigenschaften denen der Projektanforderungen genügen. Entsprechend zieht sich das Qualitätsmanagement eines Projekts durch alle Phasen und Projektteile, von der anfänglichen Projektdefinition, dem Management des Projektteams, den Lieferobjekten bis hin zum Projektabschluss. Einfacher macht es sich die ISO 9000:2015, die Qualität als **Grad, in dem ein Satz inhärenter Merkmale Anforderungen erfüllt** bezeichnet [DIN20f].

Unter Anforderungen werden hierbei die Erwartungen der Kunden / interessierten Parteien verstanden, die häufig in einem Lastenheft, Grobkonzept oder einem Anforderungskatalog festgehalten werden. Diese Anforderungen beinhalten spezielle ihnen zuordenbare Merkmale (inhärente Merkmale).

4.7.1 Grundsätze des Qualitätsmanagements

4.5.6 Qualität / Kompetenzstufe 1

Das Qualitätsmanagement in Projekten adressiert sowohl das Projektmanagement (Projektmanagement-Qualität) als auch das zu erstellende Produkt (Produktqualität) und die damit im Zusammenhang stehenden Prozesse (Prozessqualität). Es beruht auf den sieben Grundsätzen der ISO 9000:2015 [DIN20f]

- **Kundenorientierung** – Die Erfüllung der Anforderungen der Kunden / interessierten Parteien sind für den Projekterfolg notwendig.
- **Führung** – Ein Projektleiter sollte so früh wie möglich ernannt werden. Er ist die Person mit definierter Verantwortung und Befugnis, das Projekt zu leiten und das projekteigene Qualitätsmanagement-System festzulegen, zu verwirklichen und aufrecht zu erhalten.
- **Engagement von Personen** – Das Projektteam sollte klar definierte Aufgaben, Kompetenzen und Verantwortung für seine Mitarbeit im Projekt besitzen.
- **prozessorientierter Ansatz** – Die Projektprozesse sollten festgelegt und dokumentiert sein.
- **Verbesserung** – Die Projektorganisation ist dafür verantwortlich, ständig nach Verbesserungen von Effizienz und Effektivität der Prozesse in ihrem Verantwortungsbereich zu suchen,
- **faktengestützte Entscheidungsfindung** – Zur Bewertung des Projektstatus sind Fortschritts- und Leistungsbeurteilungen durchzuführen.
- **Beziehungsmanagement** – Die Projektorganisation sollte für den Bezug externer Produkte mit ihren Lieferanten zusammenarbeiten.

„Qualität bedeutet, dass der Kunde und nicht die Ware zurückkommt."
Hermann Tietz (1837-1907), deutscher Kaufmann

4.7.2 Prozess (Aufgaben des Qualitätsmanagements)

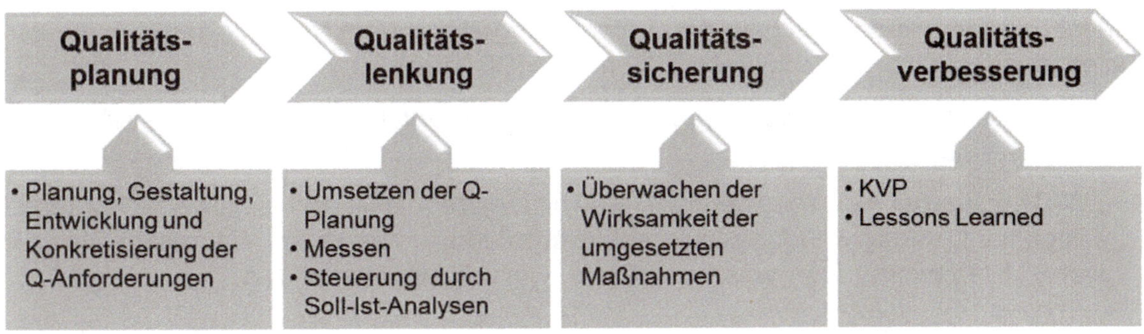

Abbildung 62 – Der Qualitätsmanagement-Prozess

Qualitätsplanung

Die Qualitätsplanung beginnt bereits mit der Konkretisierung der Projektziele aus den gestellten Anforderungen. Die Anforderungen können aus unterschiedlichen Quellen kommen

- Kundenanforderungen (z.B. Lastenheft, Reklamationen, Marktforschung und -analyse)
- Normen (z.B. ISO/IEC 25000 „Software-Engineering – Qualitätskriterien und Bewertung von Softwareprodukten (SQuaRE) – Leitfaden für SQuaRE", DIN EN 50126 „Spezifikation und Nachweis der Zuverlässigkeit, Verfügbarkeit, Instandhaltbarkeit und Sicherheit (RAMS)", ISO 9000 Normenreihe, ISO 29993 „Lerndienstleistungen jenseits der formalen Bildung – Dienstleistungsanforderungen")
- Reifegradmodelle (z.B. CMMI, SPICE)

Schlussendlich definiert der Kunde als Projektauftraggeber mit seinem Lastenheft, mehr oder weniger konkret, wie er sich das Produkt und in welcher Qualität vorstellt. Die Übersetzung der Kundensicht in ein Pflichtenheft, also der Perspektive des Projektteams ist in der Praxis die Herausforderung schlechthin. Unterstützung kann dabei das Quality Function Deployment (QFD) bieten. In der Anwendung von QFD wird eine Matrix genutzt, das „House of Quality". Mit dieser Matrix können die Kundenanforderungen ermittelt, gewichtet, in technische Merkmale übersetzt und mit den Qualitätsmerkmalen abgeglichen werden [BEA19a].

Ein weiterer Bestandteil der Qualitätsplanung ist die Definition von Quality Gates. Diese können mit Meilensteinen verknüpft werden oder eigene Meilensteine darstellen, mit denen das Erreichen von bestimmten Qualitätsanforderungen verbunden ist.

Qualitätslenkung

Aufgabe der Qualitätslenkung ist die erfolgreiche Umsetzung der Kundenanforderungen in der geplanten Qualität. Zur Überprüfung sind Messgrößen für die Produktqualität festzulegen, um im Rahmen des Projektcontrollings Plan-Ist-Vergleiche durchzuführen und entsprechende Maßnahmen zu initiieren. Unterstützung bieten dabei die „sieben traditionellen Werkzeuge" von Kaoru Ishikawa – Ursache-Wirkungs-Diagramm (siehe Kapitel „*Vielseitigkeit*"), Pareto-Analyse, Datentabellen, Trendanalyse, Histogramme, Punktdiagramme und Regelkarten [KERZ22].

Die Produktprüfung kann dabei in zwei Richtungen erfolgen – **Validierung**[21] i.S.v. „Erfüllt das Produkt tatsächlich die Kundenbedürfnisse?" und **Verifizierung**[22] i.S.v. „Entspricht das Produkt den festgelegten Anforderungen aus dem Pflichtenheft?". In beiden Fällen ist ein objektiver Nachweis zu erbringen [BEA19a].

Weitere nützliche Qualitätswerkzeuge zum Aufspüren von Fehlern bzw. der Analyse von Problemen sind

- **7W-Checkliste** (Werkzeug des KAIZEN) hilft unproduktive und nicht wertschöpfende Tätigkeiten (Verschwendung) zu identifizieren und zu beseitigen. Grundlage sind die sieben Fragewörter **wer**, **was**, **wo**, **wann**, **warum**, **wie** und **wieso**.

---

[21] DIN ISO 9000:2015 „Bestätigung durch Bereitstellung eines objektiven Nachweises, dass die Anforderungen für einen spezifischen **beabsichtigten Gebrauch** oder eine spezifische **beabsichtigte Anwendung** erfüllt worden sind."

[22] DIN ISO 9000:2015 „Bestätigung durch Bereitstellung eines objektiven Nachweises, dass **festgelegte Anforderungen** erfüllt worden sind."

- Wer macht es?
- Was ist zu tun?
- Wo wird es gemacht?
- Wann wird es gemacht?
- Warum macht er/sie es?
- Wie wird es gemacht?
- Wieso wird es nicht anders gemacht?

- **Qualitätskreis PDCA** (Plan – Do – Check – Act). Der **PDCA-Zyklus** oder auch **Deming-Qualitätskreis** beschreibt einen iterativen vierphasigen Problemlösungsprozess zur kontinuierlichen Verbesserung (siehe Kapitel „Deming Cycle")
- **FMEA** (Fehlermöglichkeit und Einfluss-Analyse) – Die **FMEA** ist eine weitgehend formalisierte analytische Methode zur systematischen Erfassung und Analyse möglicher Fehler mit dem Ziel der vorbeugenden Qualitätssicherung (siehe Kapitel „Vielseitigkeit").

Qualitätssicherung

Qualitätssicherung ist nicht ausschließlich Sache des Projektes, sondern ist eng verknüpft mit den Prozessen des Qualitätsmanagement-Systems des Unternehmens. Der Aufbau entsprechender Strukturen muss durch die Verankerung des Themas „Qualität" in der Unternehmens- und Projektkultur begleitet werden [BEA19a].

Projektreview bzw. ein Projektaudit können als Mittel zur Qualitätssicherung eingesetzt werden.

- **Projekt-Review**
  Analytische Qualitätssicherungsmaßnahme, die feststellt, welchen Status das Projekt in Bezug auf die Leistung, Termine und Kosten vorweist. Im Projekt-Review werden die erreichten Sachergebnisse analysiert, der Projektverlauf wird bewertet und Einflussfaktoren und Probleme werden diskutiert. Der vorliegende Projektstatus wird einer kritischen Überprüfung unterzogen. Der Abgleich des Soll-Ist-Zustands erfolgt auf der Grundlage der Projektvorgaben (Verträge und Spezifikationen), der Projektplanung und der Projektfortschreibung (Projektakte), er soll Abweichungen und mögliche Steuerungsmaßnahmen aufzeigen [GPM17b].
- **Projekt-Audit**
  Stichtagsbezogene Projektanalyse, die von einem unabhängigen Auditor durchgeführt wird. Gegenstand, Ziel und Inhalt werden im Vorfeld festgelegt. Wird in Problemfällen eingesetzt um Ergebnisse, Risiken oder Schwachstellen zu überprüfen [GPM17b].

Qualitätsverbesserung

Die Qualitätsverbesserung beinhaltet die kontinuierliche Verbesserung der Fähigkeiten zur Erfüllung von Qualitätsanforderungen. Ein wichtiger Bestandteil dabei ist die Erfahrungssicherung zum Projektende bzw. nach jedem erreichten Meilenstein (Lessons Learned alternativ → Kapitel 8.1.3.5 Retrospektive) und das entsprechende Zugänglichmachen der Informationen.

Zur Verbesserung des Projektmanagement-Systems der projektführenden Organisation und zur Unterstützung des organisationalen Lernens können Projektmanagement-Audits durchgeführt werden.

- **Projektmanagement-Audit**
  Systematische und unabhängige Untersuchung, in der Regel am Ende des Projektes, die feststellt, ob die Verfahrensweise und die damit verbundenen Ergebnisse

den geplanten Abläufen und Vorgaben entsprechen (Grundlage: PM-Handbuch). Weiterhin soll herausgefunden werden, ob die geplanten Abläufe geeignet sind, die Ziele zu erreichen. Das PM-Audit zeigt die

- Zweckmäßigkeit, Angemessenheit und ausreichende Wirksamkeit des PM-Systems,
- ausreichende Dokumentation der PM-Maßnahmen,
- Erfüllung der Forderungen des PM-Handbuchs,
- organisatorischen Schwachstellen

auf und legt Maßnahmen zur Systemverbesserung fest.

Die Auditierung des Projektmanagements als solches ist auch Gegenstand von Reifegradmodellen, wie z.B.

- Capability Maturity Model Integrated (CMMI),
- Software Process Improvement and Capability Determination (SPICE)
- Project Management Maturity Model (PMMM) oder
- Organizational Project Management Maturity Model (OPM3)

Für die Praxis gilt Qualitätsmanagement produziert Kosten, um die Gesamtkosten zu verringern. Diese (Qualitäts-)Kosten müssen bei der Kostenplanung berücksichtigt werden und sind im Rahmen des Projektcontrollings zu verfolgen und gezielt zu steuern.

4.7.3 Deming Cycle

4.5.6 Qualität / Kompetenzstufe 1

Der PDCA-Zyklus (Plan – Do – Check – Act) oder auch Deming-Cycle, benannt nach William Edwards Deming, beschreibt einen iterativen vierphasigen Problemlösungsprozess zur kontinuierlichen Verbesserung [AS-SE14, SCHM15].

Abbildung 63 – Deming-Cycle P-D-C-A

Hierbei steht ...	für ...
Plan	Analyse der Ist-Situation; Festlegung konkreter Ziele und Auswahl geeigneter Methoden sowie Strategien zur Erreichung dieser Ziele.
Do	Umsetzung der festgelegten Methoden und Strategien zur Erreichung der Ziele sowie zur Erfüllung der Qualitätsanforderungen.
Check	Überprüfung der aktuellen Situation im Vergleich zu den definierten Zielen aus der Planungsphase (**P**lan) – Bewertung des Fortschritts bei der Zielerreichung.
Act	Basierend auf den neuen Daten entscheiden, ob die Ziele erreicht wurden oder ob die Schritte **D**o und **C**heck wiederholt werden müssen, um kontinuierliche (Qualitäts)verbesserungen zu ermöglichen.

Tabelle 43 – PDCA – Erklärung

Kontinuierlicher Verbesserungsprozess vs. Lessons Learned

Der **KVP** ist ein Prinzip der ständigen Verbesserung. Also das wiederkehrende Suchen nach Problemursachen und deren Beseitigung, um alle Systeme im Unternehmen laufend und immer weiter zu verbessern. Bezogen auf das Projektmanagement steht hier die permanente Verbesserung der PM-Prozesse und –Aktivitäten innerhalb der Organisation im Fokus [MOTZ17].

Ein **Lessons Learned** -Workshop dient zur Sicherstellung der im Projekt erworbenen Erfahrungen (z.B. fachliche Erkenntnisse, Prozesserfahrungen) und den aufgebauten Wissensschatz, um diese/diesen für zukünftige Projekte nutzbar zu machen [PATZ17, PFET20].

4.7.4 Abnahmekriterien

4.5.6 Qualität | 4.5.2 Anforderungen und Ziele / Kompetenzstufe 1

Abnahmekriterien bzw. Akzeptanzkriterien sind eine Reihe von zwischen Auftraggeber und Auftragnehmer vereinbarten Bedingungen, die erfüllt sein müssen, bevor die Liefergegenstände abgenommen werden. Die Erfüllung aller Abnahmekriterien impliziert, dass die Bedürfnisse der Stakeholder gedeckt wurden [IEEE90, PMI21a, MOTZ17].

Abgrenzung Freigabe und Abnahme

Eine Freigabe ist die „Erlaubnis zur Durchführung nachfolgender Arbeiten mit festgelegtem Inhalt.“ [DIN20a, Seite 152] Sie stellt die Bestätigung eines Ereignisses durch eine dafür befugte Person (z.B. Projektleiter, Auftraggeber) oder Personengruppe (z.B. Lenkungsausschuss) dar.

Eine Abnahme schließt Projektschritte ab. Gem. der DIN 69901-5 stellt eine Abnahme eine unternehmerische Entscheidung des Auftraggebers dar, dass ein Ergebnis den Vereinbarungen entspricht und somit für nachfolgende Prozesse verwendet werden kann [DIN20a].

Im agilen Umfeld findet sich ebenfalls der Begriff „Akzeptanzkriterien“ wieder. Diese werden aus der Perspektive des Stakeholders pro User Story definiert und enthalten ein gewünschtes Verhalten. Im Gegensatz steht die Definition of Done, die häufig mit den Akzeptanzkriterien verwechselt wird. Die DoD ist eine Checkliste mit den Arbeitsschritten, die am Ende eines Sprints erfolgreich abgeschlossen sein müssen, damit die Arbeit als potenziell auslieferungsfähig erklärt werden kann. Die DoD muss also abgearbeitet sein bevor die Abnahme anhand der Akzeptanzkriterien vorgenommen wird (siehe auch Kapitel 8.1.4) [RUBI14].

4.8 Literatur

[ANGE12] *Angermeier, G.* (09. Nov. 2012). Ressource, Definition im Projektmanagement-Glossar des Projekt Magazins. Abgerufen am 28. Mai 2018 von Projekt Magazin – Das Fachportal für Projektmanagement: https://www.projektmagazin.de/glossarterm/ressource

[ASSE14] *van Assen, M., van den Berg, G., & Pietersma, P.* (3. Aufl. 2014). Key Management Models. Harlow: Pearson Education.

[BEA19a] *Bea, F. X., Scheurer, S., & Hesselmann, S.* (3., vollst. überarb. u. erw. Aufl. 2019). Projektmanagement. Konstanz: UVK Verlagsgesellschaft GmbH.

[BERG21] *Bergmann, R., & Garrecht, M.* (3., aktual. und erw. Aufl. 2021). Organisation und Projektmanagement. Wiesbaden: Springer Gabler.

[DIN20a] *DIN Deutsches Institut für Normung e.V.* (4. Aufl. 2020). DIN-Normen im Projektmanagement. DIN 69901-5 Projektmanagement – Projektmanagementsysteme – Teil 5: Begriffe (Bd. DIN Taschenbuch 472). Berlin: Beuth Verlag GmbH

[DIN20b] *DIN Deutsches Institut für Normung e.V.* (4. Aufl. 2020). DIN-Normen im Projektmanagement. ISO 21500 Leitlinien Projektmanagement (Bd. DIN Taschenbuch 472). Berlin: Beuth Verlag GmbH

[DIN20e] *DIN Deutsches Institut für Normung e.V.* (4. Aufl. 2020). DIN-Normen im Projektmanagement. DIN 69900 Projektmanagement – Netzplantechnik; Beschreibungen und Begriffe (Bd. DIN Taschenbuch 472). Berlin: Beuth Verlag GmbH

[DIN20f] *DIN Deutsches Institut für Normung e.V.* (11. Aufl. 2020). Qualitätsmanagement. QM-Systeme und –Verfahren. DIN EN ISO 9000:2015 Qualitätsmanagementsysteme – Grundlagen und Begriffe (Bd. DIN Taschenbuch 226). Berlin: Beuth Verlag GmbH

[DIN18] *DIN Deutsches Institut für Normung e.V.* (2018). DIN ISO 31000:2018-05 Risikomanagement – Leitlinien. Berlin: Beuth Verlag e.V.

[GPM17a] *Deutsche Gesellschaft für Projektmanagement e.V., (Hrsg.).* (1., aktual. Aufl. 2017). Individual Competence Baseline für Projektmanagement, Version 4.0 / Deutsche Fassung (Bd. 1). Nürnberg: Deutsche Gesellschaft für Projektmanagement e.V. (GPM)

[GPM17b] *GPM, SPM, & Gessler, M. (Hrsg.).* (8. Aufl. 2017). Kompetenzbasiertes Projektmanagement (PM3): Handbuch für die Projektarbeit, Qualifizierung und Zertifizierung auf Basis der IPMA Competence Baseline Version 3.0. Nürnberg: GPM Deutsche Gesellschaft für Projektmanagement e.V.

[IEEE90] *Institute of Electrical and Electronics Engineers (Hrsg.).* (1990). IEEE 610.12-1990: IEEE Standard Glossary of Software Engineering Terminology. New York.

[KERZ22] *Kerzner, H.* (13. Aufl. 2022). Project Management: A Systems Approach to Planning, Scheduling, and Controlling. Hoboken, New Jersey: Wiley

[LITK05] *Litke, H.-D. (Hrsg.).* (2005). Projektmanagement – Handbuch für die Praxis. Konzepte – Instrumente – Umsetzung. München: Hanser Fachbuchverlag.

[MOTZ17] *Motzel, E., & Möller, T.* (3., überarb. u.aktual. Aufl. 2017). Projektmanagement Lexikon: Referenzwerk zu den aktuellen nationalen und internationalen PM-Standards. Weinheim: Wiley-VCH Verlag

[PATZ17] *Patzak, G., & Rattay, G.* (7., überarb. Aufl. 2017). Projektmanagement: Leitfaden zum Management von Projekten, Projektportfolios und projektorientierten Unternehmen. Wien: Linde Verlags GmbH

[PFET20] *Pfetzing, K., & Rohde, A.* (7., vollst. überarb. Aufl. 2020). Ganzheitliches Projektmanagement. Wettenberg: Verlag Dr. Götz Schmidt.

[PMI21a] *Project Management Institute Inc.* (7th Edition 2021). A guide to the Project Management Body of Knowledge und Die Norm für Projektmanagement. Pennsylvania: PMI Inc.

[RUBI14] *Rubin, K. S.* (2014). Essential Scrum – Umfassendes Scrum-Wissen aus der Praxis. Frechen: mitp Verlag.

[SCHM15] *Schmitt, R., & Pfeifer, T.* (5., aktual. Aufl. 2015). Qualitätsmanagement – Strategien – Methoden – Techniken. München: Carl Hanser Verlag

[WÖHE23] *Wöhe, G., & Döring, U.* (28. Aufl. 2023). Einführung in die Allgemeine Betriebswirtschaftslehre. München: Verlag Franz Vahlen.

5 Steuerungsphase

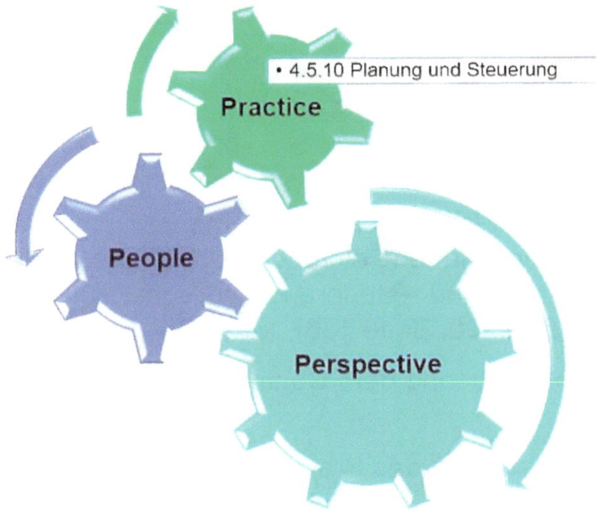

Abbildung 64 – ICB-Elemente in der Steuerungsphase

Auf der Ebene „Projekt" eröffnet der Kick-off die Realisierungsphase. Im Rahmen dieser Veranstaltung wird den Beteiligten das Projekt mit seinen Zielen, der Planung und der gewählten Organisationsform vorgestellt und nach einer Aussprache verpflichten sich alle, das Projekt entsprechend der Vorgaben umzusetzen. Während des Kick-Offs werden bereits die ersten Schritte auf dem Weg zur Teambildung und -entwicklung durchgeführt [GPM17b].

Parallel dazu beginnt jetzt auf der Ebene „Projektmanagement" die Steuerung des Projekts. Dazu gehören u.a. die Instrumente des Projektcontrollings und das Änderungsmanagement.

5.1 Projektcontrolling

Planung und Steuerung (4.5.10)

„Anhand des Designs werden alle Elemente in einem ausgewogenen Plan zusammengeführt, dessen Ausführung überwacht wird. Basierend auf den Änderungen, dies sich im Laufe des Projekts bzw. im Projektkontext ergeben, soll der Plan regelmäßig aktualisiert werden. Die STEUERUNG wird ebenfalls regelmäßig angepasst und verbessert, so dass der Einzelne die Kontrolle behält." [GPM17a, Seite 144]

Die Steuerung des Projektes ist eine permanente Aufgabe des Projektleiters. Um die Projektziele zu erreichen, muss er über den jeweiligen Projektstand informiert sein, Risiken rechtzeitig erkennen und gegebenenfalls entsprechende Maßnahmen einleiten. Unterstützt wird er dabei durch den Projektcontroller, der für die nötige Transparenz der Daten sorgt [LITK05, FIED20].

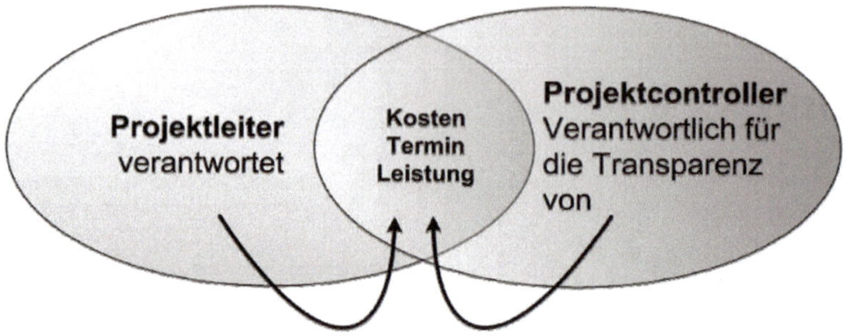

Abbildung 65 – Aufgabenteilung Projektleiter – Projektcontroller

Das Projektcontrolling als Teilaufgabe des Projektmanagements setzt, wie das Qualitätsmanagement, bereits bei der Projektplanung ein und stellt dort die Weichen für eine wirksame spätere Projektüberwachung und –steuerung und somit zum *„Sicherstellen des Erreichens aller Projektziele."* [DIN20b, Seite 156]

Zum Projektcontrolling gehören entsprechend dem Controlling-Regelkreis folgende Arbeitsschritte [MOTZ17]:

- Zielsetzung – entspricht der Zieldefinition des Projekts
- Planung – entspricht der Projektplanung (Phasenplan, PSP, Ressourcen, Kosten, etc.)
- Erfassen der Ist-Daten
- Vergleich und Bewerten der Ist-Daten mit den Plan- bzw. Soll-Daten, Erstellen von Prognosen, Erkennen von Trends
- Durchführen der Abweichungsanalyse und Erstellen von Korrekturvorschlägen,
- Planen, durchführen und steuern der Korrekturmaßnahmen
- Erfolgskontrolle, ob die ergriffenen Maßnahmen auch wirklich zur Lösung des Problems geführt haben.

5.1.1 Methoden zur Feststellung des Fortschrittsgrads

4.5.10 Planung und Steuerung / Kompetenzstufe 1

Bei der Erfassung des Leistungsfortschritts ist der Arbeitsstand der Vorgänge bzw. Arbeitspakete, die

- noch nicht begonnen wurden,
- bereits beendet sind,
- zum Stichtag in Arbeit sind,

zu erheben. Bei den ersten beiden gestaltet sich das recht einfach – 0% bzw. 100% – für den dritten Fall muss über Maßgrößen der Fortschritt ermittelt werden. Folgende methodische Hilfsmittel können dafür zur Anwendung kommen [PATZ17].

	Fortschritts-messung	Beschreibung	Bemerkung
eher objektiv	0 – 100	Der Fortschrittsgrad bleibt so lange „0%“ bis das Arbeitspaket fertiggestellt wird. Es gibt keine Zwischenschritte.	Einfach, ungenau, nur geeignet bei Aufgaben von relativ kurzer Dauer (< als Berichtszyklus) mit niedrigem Projektrisiko; geringer Aufwand für die Erfassung des Leistungsfortschritts.
	50 – 50	Das Arbeitspaket erhält vom Start weg einen Fortschrittsgrad von 50%. Die restlichen 50% werden erst nach Fertigstellung verbucht. Zwischenschritte sind nicht vorgesehen.	Einfach, geeignet bei Aufgaben mit umfangreichen Vorarbeiten und niedrigem Projektrisiko; geringer Aufwand für die Erfassung des Leistungsfortschritts.
	Mengen-proportionalität	Der Fortschrittsgrad wird entsprechend der verbrauchten Menge, fertiggestellten Stückzahlen, u.ä. bestimmt.	Geeignet bei mess- bzw. zählbaren Leistungsinhalten bzw. Ergebnissen, daher nur eingeschränkt nutzbar.
	Statusschritt-Methode	Fortschrittsmessung anhand vorher definierter Teillieferobjekte des Arbeitspaketes denen entsprechende Werte für den Fortschrittsgrad zugewiesen werden.	Auch Mikromeilensteine genannt, beliebig detaillierbar je nach Definition und Anzahl der Statusschritte, universell einsetzbar.
	Sekundär-proportionalität	Geeignet für Arbeitspakete, deren Fortschrittsgrad durch Abhängigkeiten von anderen Projektaufgaben nicht oder nur unzureichend festgestellt werden kann	komplex, geeignet für begleitenden „Overhead“ (z.B. QS, Tests, Maschineneinsatz), speziell einsetzbar.
Subjektiv	Zeitproportionalität	Der Fortschrittsgrad wird anhand der verstrichenen Zeit bezogen auf die geplante Dauer des Arbeitspaketes bestimmt.	Unabhängig von der erbrachten Leistung, daher nur bedingt einsetzbar.
	Schätzen	Die Schätzung basiert immer auf der subjektiven Beurteilung und Beurteilungsfähigkeit des Schätzenden. Sie ist daher nicht als allgemeine Fortschrittsgrad-Messtechnik zu empfehlen.	Nur bedingt einsetzbar → **90%-Syndrom**

Tabelle 44 – Schätzmethoden zur Fortschrittsmessung

Der **Fortschrittsgrad**$_{IST}$, (häufig auch als **Fertigstellunggrad** bezeichnet), errechnet sich dann aus dem Quotienten der erbrachten Ist-Leistung zur Gesamtleistung. Er dient als neutrales Maß für das Ergebnis zum Stichtag und ist unabhängig von den dafür benötigten Zeit- bzw. Aufwandsgrößen [DIN20a].

$$\text{Fortschrittsgrad}_{Ist}\ (\text{FGR}_{Ist}) = \text{Ist-Leistung} / \text{Plangesamtleistung} * 100$$

Besser, als nur die vergangene Leistung zu schätzen, ist es, die noch zu erbringende Leistung zukunftsorientiert zu ermitteln.

$$\text{Fortschrittsgrad}_{Ist}\ (\text{FGR}_{Ist}) = \text{Ist-Leistung} / (\text{Ist-Leistung} + \text{Restleistung}) * 100$$

Die voraussichtliche Gesamtleistung wird ermittelt, indem man die Restleistung für die noch zu erledigenden Arbeitspakete realistisch schätzt und dazu die erbrachte Leistung addiert. Unter Restleistung ist der Aufwand zu verstehen, der noch zu leisten ist, um das Arbeitspaket bzw. den Vorgang zu 100% zu erfüllen (Estimate to Complete).

5.1.2 Integrierte Projektsteuerung

Im Sinne der „Integrierten Projektsteuerung“ sorgt eine gesamthafte Betrachtung der Zielgrößen des Projekts – Termin, Kosten und Leistung – und deren Analyse als eine gute Entscheidungsbasis für den Projektleiter. Isolierte Maßnahmen zu einer Zielgröße mit entsprechend negativen Effekten auf die Anderen werden so vermieden. Der Hintergrund für die integrierte Betrachtung der Größen des Magischen Dreiecks ist,

- ein Bild des tatsächlichen Projektzustandes zu einem Stichtag zu erhalten,
- dem Leistungsfortschritt die entsprechenden Kosten zuzuordnen,
- Planabweichungen festzustellen,
- passende Steuerungsmaßnahmen zu ergreifen,
- ggf. Änderungen der Projektziele aufzeigen zu können.

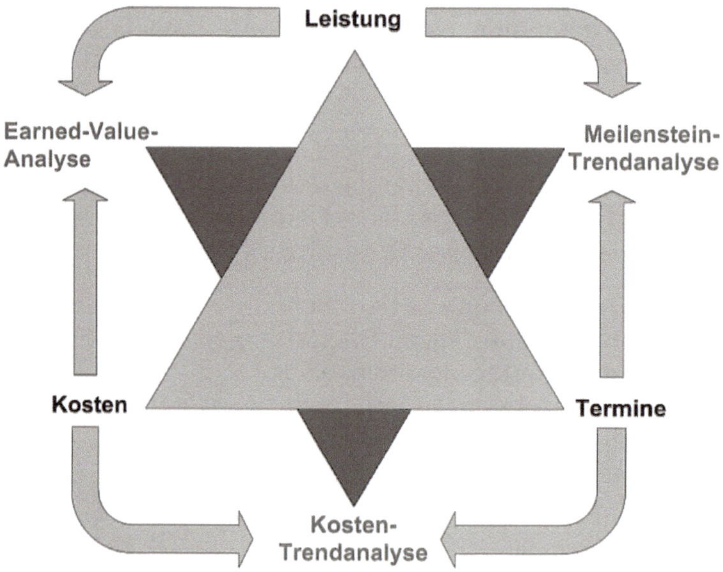

Abbildung 66 – Integrierte Projektsteuerung

Die wesentlichen Methoden Earned-Value-Analyse, Meilenstein-Trendanalyse und die Kosten-Trendanalyse werden in den folgenden Kapiteln vorgestellt.

5.1.2.1 Earned-Value-Analyse (EVA)

4.5.11 Planung und Steuerung / Kompetenzstufe 1

Die Earned-Value-Analyse oder Fertigstellungswert-Analyse ist eine Methode, die alle drei Zielgrößen (Termin, Kosten, Leistung) zugleich berücksichtigt und so ein differenziertes Bild des Projekts zum Stichtag ermöglicht. Dabei wird die Leistung in Kosten ausgedrückt und bezogen auf die Zeit erfasst [BEA19b, PMI21a, WANN20].

Die Earned-Value-Analyse bezieht sich auf folgende Größen

- **Plankosten** (PK) bzw. Planned Value (PV) – entsprechen den Kosten der aktuellen Planung. Sie gelten während der gesamten Projektdauer und werden nur angepasst, wenn sich eine Änderung am Projektumfang z.B. über einen Änderungsantrag ergibt
- **Ist-Kosten** (IK) bzw. Actual Cost (AC) – entsprechen den bis zum Stichtag tatsächlich angefallenen Kosten. Ist-Kosten sind demnach vergangenheitsbezogen Daten.
- **Soll-Kosten** (SK) bzw. Earned Value (EV) – entsprechen dem Wert der ausgeführten Arbeit zum Stichtag basierend auf den geplanten (budgetierten) Kosten.

Für die Berechnung kommen folgende Formeln zur Anwendung:

Fortschrittsgrad (FGR) – Verhältnis der zu einem Stichtag angefallenen Leistung zur Plangesamtleistung beispielsweise eines Vorgangs, Arbeitspaketes (AP) oder Projekts. Die Leistung kann in Personenstunden, -tage oder Mengen angegeben werden. Zur Erhebung des Fortschrittsgrades pro Arbeitspaket / Vorgang finden die entsprechenden Methoden aus Kapitel 5.1.1 Anwendung.

Der Fortschrittsgrad des Projekts (mit gewichtetem Fertigstellungsgrad der Arbeitspakete) berechnet sich wie folgt

$$FGR_{Projekt} = \Sigma\,(FGR_{Arbeitspaket} * PGK_{Arbeitspaket}) \,/\, PGK_{Projekt} * 100$$

oder $$FGR_{Projekt} = \Sigma\,(FW_{Arbeitspaket}) \,/\, PGK_{Projekt} * 100$$

Fertigstellungswert (FW) bzw. Earned Value (EV) – Wert, der sich bei der Abwicklung des Projekts zu einem bestimmten Stichtag ergibt.

$$\text{Fertigstellungswert (FW)} = \text{Plangesamtkosten (PGK)} * FGR_{Projekt}$$

Mit den gegebenen Werten (Plangesamtkosten, Istkosten) und dem berechneten Fertigstellungswert lässt sich zum Stichtag eine Prognose der möglichen Gesamtkosten des Projektes zum geplanten Projektende bzw. Teilaufgabe, Arbeitspaket oder Vorgang bei dessen Fertigstellung errechnen (Erwartete Gesamtkosten)

Die **Erwarteten Gesamtkosten** (EGK) bzw. Estimate at Completion (EAC) lassen sich auf drei Arten – additiv, linear und plan – prognostizieren. Diese implizieren jeweils eine Vorhersage bzw. eine Annahme über den weiteren Verlauf der Leistungserbringung [PATZ17, GPM17b].

Additive Prognose – es wird festgestellt, dass die Abweichung von einem klar identifizierten Arbeitspaket stammt, das restliche Projekt aber „on track" ist und dies auch so weitergeht, d.h. die zukünftige Leistungserbringung verläuft nach Plan.

$$\text{Additive Erwartete Gesamtkosten } (EGK_{add}) = PGK + IK - FW$$

Lineare Prognose – es wird festgestellt, dass die Abweichung nicht nur von einem Arbeitspaket, sondern von mehreren verursacht wurde und das Projekt „so gut“ oder „so schlecht“ bis zum Projektende weitergehen wird.

$$\text{Lineare Erwartete Gesamtkosten } (EGK_{lin}) = PGK * IK / FW$$

Plan-Erfüllung – es wird davon ausgegangen, dass trotz Kostenüberschreitung durch geeignete Steuerungsmaßnahmen die Plankosten letztendlich eingehalten werden können.

$$\text{Erwartete Gesamtkosten } (EGK_{Plan}) = PGK$$

Die Anwendung der Berechnungen zeigt folgendes Beispiel (Stichtag: Tag 20).

Stichtag	**5**	**10**	**15**	**20**	**25**	**30**	**35**	**40**	**45**
PK	0 €	6.000 €	13.500 €	20.000 €	7.334 €	10.833 €	16.133 €	24.500 €	19.500 €
PK (kumuliert)	0 €	6.000 €	19.500 €	39.500 €	46.834 €	57.667 €	73.800 €	98.300 €	**117.800 €**
IK	0 €	9.000 €	16.500 €	24.500 €	0 €	0 €	0 €	0 €	0 €
IK (kumuliert)	0 €	9.000 €	25.500 €	50.000 €					

Tabelle 45 – Plankosten und Ist-kosten zum Stichtag (Beispiel)

Fortschrittsgrad

$$\mathbf{FGR_{Projekt}} = \Sigma\,(FGR_{Arbeitspaket} * PGK_{Arbeitspaket}) / PGK_{Projekt} \rightarrow 41.500.\text{-}\ € / 117.800\ € = \underline{35\%}$$

Fertigstellungswert

$$\text{Fertigstellungswert (FW)} = PGK_{Projekt} * FGR_{Projekt} \rightarrow 117.800.\text{-}\ € * 35\% = \underline{41.500.\text{-}\ €}$$

Prognose

Lineare Prognose

$$EGK_{lin} = PGK * IK / FW \rightarrow 117.800.\text{-}\ € * 50.000.\text{-}\ € / 41.500.\text{-}\ € = \underline{141.928.\text{-}\ €}$$

Additive Prognose

$$EGK_{add} = PGK + IK - FW \rightarrow 117.800.\text{-}\ € + 50.000.\text{-}\ € - 41.500.\text{-}\ € = \underline{126.300.\text{-}\ €}$$

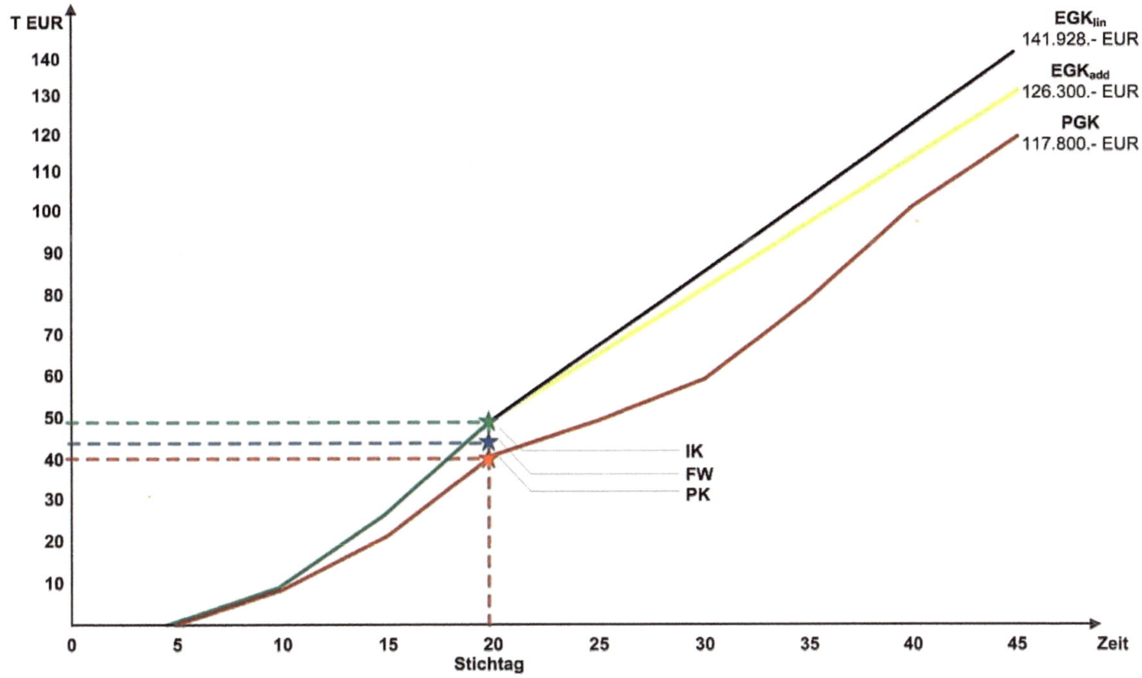

Abbildung 67 – Earned Value Analyse (Beispiel)

Die wichtigsten Abkürzungen und Definitionen zur Earned Value Analyse

Abk.	Definition	Berechnung	entspricht
PGK	Plangesamtkosten		BAC (Budget at Completion)
IK	Ist-Kosten		AC (Actual Cost)
PK	Plankosten (zum Stichtag)		PV (Planned Value)
FGR	Fertigstellungsgrad – Verhältnis der zum Stichtag erbrachten Leistung zur Gesamtleistung eines Vorgangs oder des Projektes, angegeben in Prozent (%)	FGR = Ist-Leistung / Gesamtleistung	PC (Percent Complete)
FW	Fertigstellungswert („realisierter Wert") – die dem Fertigstellungsgrad entsprechenden Kosten eines Vorganges oder des Projektes.	FW = FGR x PGK	EV (Earned Value)
EGK	Erwartete Gesamtkosten – voraussichtlich zu erwartende Gesamtkosten. Üblicherweise werden zur Absicherung der Prognose drei Werte gebildet, der pessimistische (linear), der planmäßige (additiv) und der optimistische (Plan-Erfüllung) Wert.	Lineare Prognose EGK_{lin} = PGK x (IK / FW) Additive Prognose EGK_{add} = PGK + IK – FW Plan-Erfüllung EGK = PGK	EAC (Estimate at Completion)

Plananalyse			
ZK	Zeitplan-Kennzahl – Maßzahl für die zeitliche Abweichung der bisher erbrachten Leistung von der Planung. ZK > 1 bedeutet Zeitvorsprung, ZK < 1 Zeitverzug *(Wie effizient nutzen wir die Zeit?)*	ZK = FW / PK	SPI (Schedule Performance Index)
PA	Planabweichung – vor oder hinter Plan; PA > 0 dem Plan voraus, PA < 0 dem Plan hinterher *(Sind wir vor dem Zeitplan oder hinterher?)*	PA = FW – PK In %: $PA_{\%}$ = PA / PK	SV (Schedule Variance)
Kostenanalyse			
EF	Effizienzfaktor – kennzeichnet die Effizienz der Wirtschaftlichkeit der bisherigen Leistungserbringung. Bei EF > 1 sind für die erbrachte Leistung weniger Kosten, bei EF < 1 mehr Kosten angefallen als ursprünglich geplant. *(Wie effizient nutzen wir unsere Ressourcen?)*	EF = FW / IK	CPI (Cost Performance Index)
KA	Kostenabweichung – Über oder unter Budget; KA > 0 unter Budget, KA < 0 über Budget *(Sind wir über oder unter Budget?)*	KA = FW – IK In % $KA_{\%}$ = KA / FW	CV (Cost Variance)

Tabelle 46 – Earned Value: Abkürzungen, Definitionen, Berechnungen

5.1.2.2 Meilenstein-Trendanalyse (MTA)

4.5.10 Planung und Steuerung / Kompetenzstufe 1

Während vernetzte Balkenpläne oder Netzpläne eine statische Momentaufnahme der Projektsituation bieten, können mit Hilfe der MTA Veränderungen eines Plantermins im Zeitverlauf dargestellt werden. Die Meilenstein-Trendanalyse ist somit ein wichtiges Instrument für die Analyse der Meilensteintermine des Projektes bzw. einer Projektphase. Die Basis bildet die regelmäßige, stichtagsbezogene Neuberechnung des Projektplans auf Grundlage des Fortschrittsgrads der Arbeitspakete [PATZ17, PFET20].

Ziel ist es, Trendaussagen darüber zu treffen, ob die geplanten Meilensteintermine eingehalten werden können, mit Terminverzug zu rechnen ist oder die Meilensteine eventuell vorzeitig erreicht werden. Die Darstellung erfolgt im Meilenstein-Trenddiagramm bei dem auf der waagerechten Achse die Berichtstermine und auf der senkrechten Achse die geplanten Endtermine der Meilensteine abgetragen werden [MOTZ17].

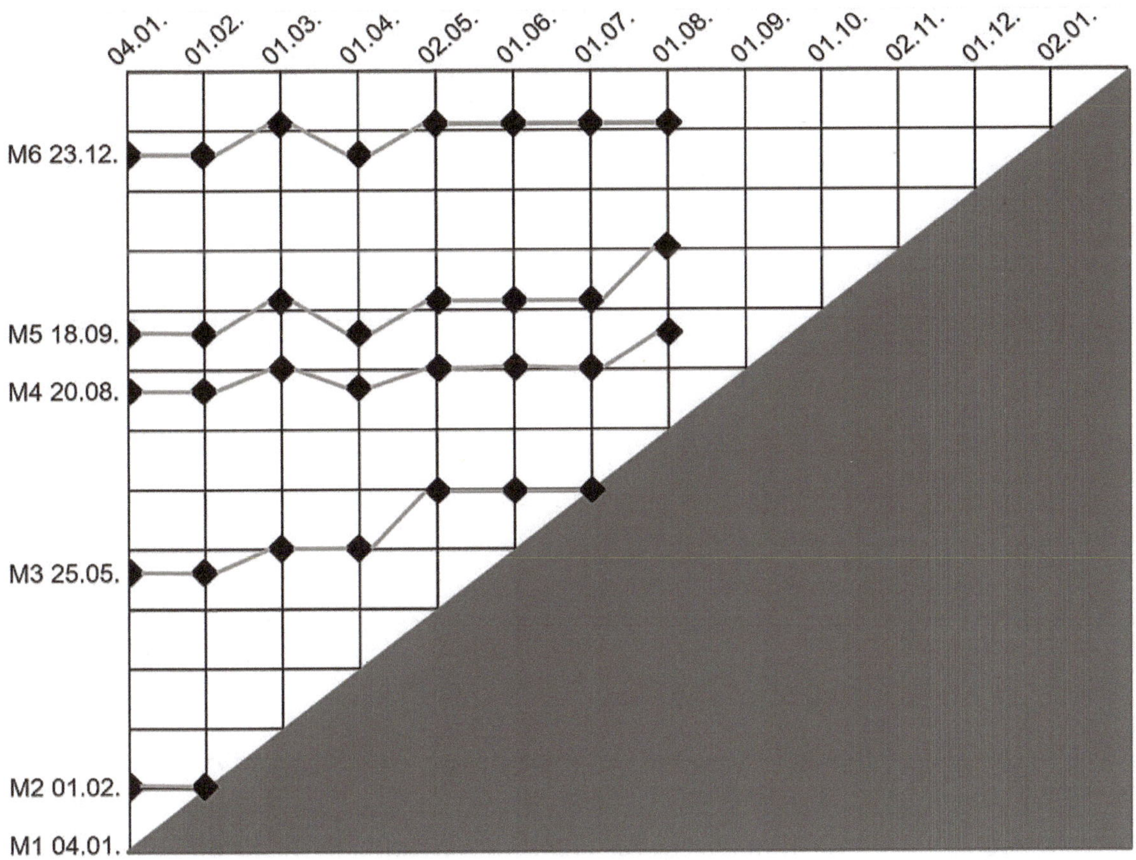

Abbildung 68 – Meilenstein-Trenddiagramm (Beispiel)

Zu den Berichtsterminen werden die Plantermine der einzelnen Meilensteine aktualisiert. Aus den entstehenden Verläufen lassen sich Rückschlüsse auf den möglichen Projektverlauf ziehen

- waagerechter Verlauf – Einhaltung des Termins
- ansteigender Verlauf – Indikator für die Überschreitung des Termins
- fallender Verlauf – Indikator für eine evtl. Unterschreitung des Termins [BEA19b, PATZ17, PFET20]

5.1.2.3 Kosten-Trendanalyse (KTA)

4.5.10 Planung und Steuerung / Kompetenzstufe 1

Die Kosten-Trendanalyse (KTA) ergänzt die Meilenstein-Trendanalyse (MTA) um die Betrachtung der Erwarteten Gesamtkosten (EGK) für das Projekt zu definierten Berichtszeitpunkten. Ziel ist es, Trendaussagen darüber treffen zu können, ob die ursprünglichen geplanten Gesamtkosten (PGK) bei Projektende voraussichtlich eingehalten werden oder ob Kostenüber- bzw. -unterschreitungen zu erwarten sind [GPM17b].

Die Erwarteten Gesamtkosten werden entweder geschätzt oder im Rahmen der Earned-Value-Analyse ermittelt und mit Hilfe des Kosten-Trenddiagramms über die Zeit dargestellt.

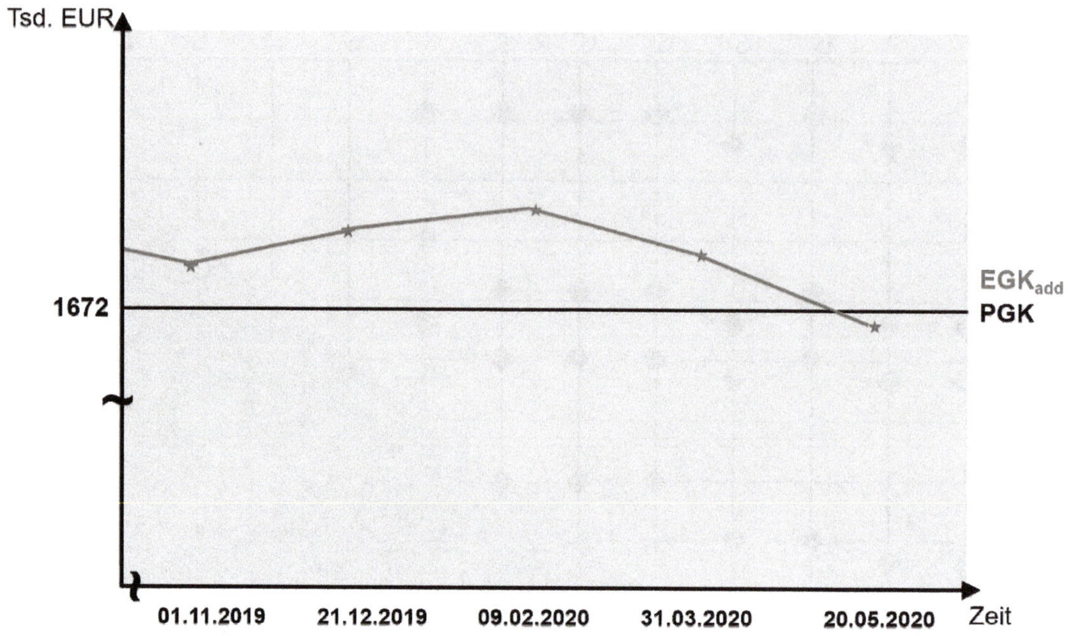

Abbildung 69 – Kosten-Trenddiagramm (Beispiel)

Die Interpretation folgt der bereits bei der Meilenstein-Trendanalyse aufgeführten Systematik

- waagrechter Verlauf – Einhaltung der ursprünglich geplanten Kosten
- ansteigender Verlauf – Indikator für die Überschreitung der ursprünglich geplanten Kosten
- fallender Verlauf – Indikator für die Unterschreitung der ursprünglich geplanten Kosten [BEA19a]

5.1.3 Steuerungsmaßnahmen

Nachdem durch die vorangegangenen Analysen die entsprechenden Trends gedeutet und zukünftige Werte prognostiziert wurden, können jetzt entsprechend der Abweichung Korrekturmaßnahmen geplant, beschlossen und umgesetzt werden. Da Maßnahmen in den meisten Fällen mit Kosten verbunden sind, ist darauf zu achten, dass ihr Erfolg größer ist, als der damit einhergehende Aufwand. Die Kenntnis über mögliche Stellgrößen und ihre Wirkung verhindert in diesem Fall „blinden" Aktionismus.

Die Stellgrößen im Projekt können sein [GPM17b]:

- **Ressourcen** – Erhöhung bzw. Veränderung der Ressourcen in Form zusätzlicher oder besser qualifizierter Mitarbeiter, führt zu Erhöhung der Kosten
- **Aufwand** – eigene Aufwendungen durch Weglassen von überflüssigem Aufwand reduzieren, führt zur Verbesserung der Terminsituation und reduziert evtl. die Kosten
- **Produktivität** – Maßnahmen wirken zeitverzögert, erfordern Mehraufwand, können parallel zu anderen Maßnahmen ergriffen werden
- **Leistungsumfang** – verschieben, neu priorisieren und / oder streichen geplanter Leistungsinhalte, muss genau geplant und mit dem Auftraggeber abgestimmt werden

- **Prozessqualität** – „Klimaverbesserung" durch Kommunikation und Projektmarketing zur Verbesserung der Projektumfeldbeziehungen und der Zusammenarbeit unter den Projektbeteiligten.

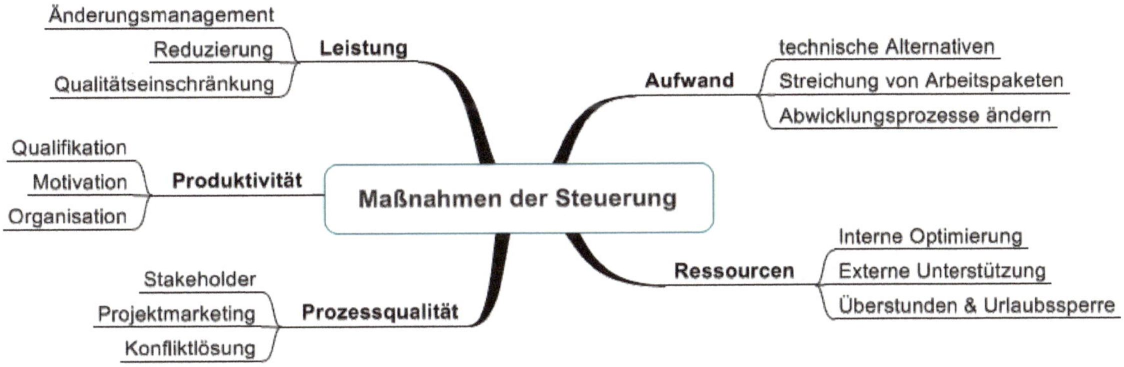

Abbildung 70 – Steuerungsmaßnahmen

5.2 Berichterstattung im Projekt – der Statusbericht

4.5.10 Planung und Steuerung / Kompetenzstufe 1

Ein Bericht über den Projektfortschritt gibt den Stakeholdern, spez. dem Auftraggeber einen Überblick über den Fortschritt und den aktuellen Stand des Projekts. Zusätzlich macht er auf projektrelevante Entwicklungen aufmerksam. Dieser Bericht wird häufig als Projektstatusbericht bezeichnet [GUBE17].

Je nachdem wie im Rahmen der Stakeholder-Kommunikation geplant bzw. vom Auftraggeber gefordert, sind im Wochen-, Monats- oder Quartals-Rhythmus seitens des Projekts entsprechende Berichte zu erstellen. Inhalt des Statusberichts sind beispielsweise:

- Aussagen zum Projektfortschritt
- die Terminsituation (ggf. auch als Ampel-Darstellung)
- die Kostenentwicklung (ggf. auch als Ampel-Darstellung)
- anstehende und notwendige Entscheidungen
- Übersicht zum Status der wichtigsten Projektrisiken
- Übersicht zu den Qualitätszielen
- Stand der durchgeführten Korrekturmaßnahmen
- Abhängigkeiten zu Themen / Ergebnissen außerhalb des Projektes
- Anträge

Nicht zu vergessen sind die sogenannten Kopfdaten wie Projektname und –nummer, Datum des Berichtes, evtl. Berichtsnummer und Autor. Werden Ampeln zur Darstellung des Status verwendet, so sollte die Bedeutung der Farben allen Beteiligten klar sein.

Termine	Kosten
Das Projekt läuft Gefahr, die Termine nicht einzuhalten.	Die geplanten Kosten werden deutlich überschritten.
Einzelne Termine können nicht eingehalten werden; Maßnahmen sind definiert, um den Endtermin dennoch zu erreichen.	Die geplanten Kosten werden derzeit überschritten; Maßnahmen sind definiert um sicherzustellen, dass das Projektbudget insgesamt ausreicht.
Die Erreichung der Termine ist mit den vorhandenen Ressourcen möglich.	Die Einhaltung der Kosten ist mit den vorhandenen Ressourcen möglich

Tabelle 47 – Ampel-Darstellung im Statusbericht für Termine und Kosten (Beispiel)

Für den Status des Gesamtprojekts muss ebenfalls klar definiert sein, welche Ampelfarbe welche Eskalation nach sich zieht.

Gesamtprojekt
Projektplan und / oder Projektziele nicht eingehalten, Ergebnisse sind nicht verwendbar, Abweichungen können im Team nicht geregelt werden. Eskalation in den Lenkungsausschuss / Steuerungsausschuss bzw. in die Linie.
Projektplan und / oder Projektziele werden nicht eingehalten, Projektergebnisse sind nur eingeschränkt verwendbar; Abweichungen können über zusätzliche Sondermaßnahmen im Team geregelt werden.
Kein Handlungsbedarf, Projektplan und / oder Projektziele eingehalten.

Tabelle 48 – Ampel-Darstellung im Statusbericht zum Gesamtprojekt (Beispiel)

Allerdings ersetzen Statusberichte keinesfalls das persönliche Gespräch. Regelmäßige bilaterale Statusbesprechungen mit dem Auftraggeber und mit dem Projektteam sind daher unerlässlich.

5.3 Konfiguration- und Änderungsmanagement

4.5.10 Planung und Steuerung / Kompetenzstufe 1

Die Bereiche des Konfigurationsmanagements (KM) und Projektmanagements sind in den letzten Jahren zunehmend miteinander verschmolzen. Oft wird Konfigurationsmanagement mit der Erstellung von Produkten oder IT-Dienstleistungen[23] in Verbindung gebracht, jedoch weniger mit dem Projektmanagement. Dabei ist es wichtig zu verstehen, dass Konfigurationsmanagement ein entscheidendes Werkzeug im Projektmanagement ist. Es stellt durch einen systematischen Prozess sicher, dass bei der fach-

[23] z.B: IT Infrastructure Library (ITIL), Service Transition Process: Service Asset and Configuration Management

lichen Dokumentenerstellung und -genehmigung in der technischen Planung Unvollständigkeiten und Fehler minimiert werden.

Im Verlauf eines Projekts werden auftretende Änderungen mit Hilfe des Konfigurationsmanagements einem formalen Genehmigungsprozess unterzogen. Dieser Prozess macht die Auswirkungen von Änderungen auf Zeit, Kosten und Leistung transparent. Änderungsmanagement ist dabei ein integraler Bestandteil des Konfigurationsmanagements und umfasst die Schritte **Identifikation, Beurteilung, Genehmigung, Dokumentation, Einführung** und **Kontrolle** einer Änderung [DIN20c, GPM17b].

Wenn Änderungen erhebliche Auswirkungen auf die vereinbarten Ziele, die Projektorganisation oder den Endtermin (z. B. Verschiebung > 3 Monate) und die geplanten Gesamtkosten (z. B. > 25%) haben, ist die Genehmigung zwingend von der Geschäftsleitung (GL) oder dem entsprechenden Auftraggeber (AG) einzuholen [BEA19a].

Da Änderungen negative Auswirkungen auf das Projekt haben können, ist es entscheidend, sie so früh wie möglich zu erkennen. Die Grundannahme sollte sein, dass nur das umgesetzt oder geändert wird, was zuvor genehmigt wurde. Hierbei hat sich ein ausgefüllter und durch Unterschrift freigegebener Änderungsantrag bewährt [PATZ17].

Eine wesentliche Voraussetzung dafür ist eine vorab definierte Bezugskonfiguration (Configuration Baseline). Vor der Genehmigung einer Änderung sollten der Zweck, Umfang und die Auswirkungen (z. B. auf Termin, Kosten, Leistung, Verträge, Risiko, usw.) analysiert werden.

Die Genehmigung von Änderungen kann auf verschiedenen Ebenen erfolgen.

Beispielsweise können Änderungen auf Arbeitspakete-Ebene zwischen dem Verantwortlichen für das Arbeitspaket (APV) und dem Projektleiter (PL) abgestimmt werden.

Bei Auswirkungen auf das Gesamtprojekt (z. B. Terminverschiebung um 4 Wochen, 10% höhere Projektkosten) muss der Projektleiter den Lenkungsausschuss (LA oder Steering Committee, STC) informieren und die Freigabe dort einholen.

Projekt			Änderungsantrag Nr.	
☐ Produktänderung	☐ Prozessänderung		☐ Dokumentationsänderung	
*Antragsteller		Datum:		
Änderungsbeschreibung (bisheriger Zustand, Änderungsvorschlag, Grund):				
Zieltermin:		geschätzte Kosten:		-

Antragsprüfung Projektleiter:		
Auswirkung auf Produkteigenschaften, Termin, Kosten	ja ☐ nein ☐	Datum/Unterschrift:
		Datum/Unterschrift:
Information an Kunden erforderlich	ja ☐ nein ☐	
Stellungnahmen eingefordert		Datum/Unterschrift:

Änderungsentscheidung

☐ keine Änderung

☐ Änderung durchführen

Umstellungstermin (Plan): Datum/Unterschrift:

Änderungskosten (Plan):	Herstellungskosten alt:	neu (Plan):
Umstellungstermin (Plan):		Datum/Unterschrift:

Änderungsdurchführung	
Produktdokumentation überarbeitet	Datum/Unterschrift:
Prozessdokumentation überarbeitet	Datum/Unterschrift:

Projektdokumentation aktualisiert		Datum/Unterschrift:
Kundenfreigabe vorhanden		Datum/Unterschrift:
Änderung wirksam ab:		Datum/Unterschrift:
Bestätigung der Wirksamkeit		
☐ ja, wirksam ☐ nein, Korrekturmaßnahmen erforderlich		Datum/Unterschrift:

Tabelle 49 – Änderungsantrag (Beispiel)

5.4 Literatur

[BEA19a] *Bea, F. X., Scheurer, S., & Hesselmann, S.* (3., vollst. überarb. und erw. Aufl. 2019). Projektmanagement. Konstanz: UVK Verlagsgesellschaft GmbH.

[DIN20a] *DIN Deutsches Institut für Normung e.V.* (4. Aufl. 2020). DIN-Normen im Projektmanagement. DIN 69901-5 Projektmanagement – Projektmanagementsysteme – Teil 5: Begriffe (Bd. DIN Taschenbuch 472). Berlin: Beuth Verlag GmbH

[DIN20b] *DIN Deutsches Institut für Normung e.V.* (4. Aufl. 2020). DIN-Normen im Projektmanagement. ISO 21500 Leitlinien Projektmanagement (Bd. DIN Taschenbuch 472). Berlin: Beuth Verlag GmbH

[DIN20c] *DIN Deutsches Institut für Normung e.V.* (4. Aufl. 2020). DIN-Normen im Projektmanagement. ISO 10006 – Qualitätsmanagementsysteme – Leitfaden für QM in Projekten. Berlin: Beuth Verlag GmbH.

[FIED20] *Fiedler, R.* (8., aktual. und überarb. Aufl. 2020). Controlling von Projekten: Mit konkreten Beispielen aus der Unternehmenspraxis. Wiesbaden: Springer Vieweg.

[GPM17a] *Deutsche Gesellschaft für Projektmanagement e.V., (Hrsg.).* (1., aktual. Aufl. 2017). Individual Competence Baseline für Projektmanagement, Version 4.0 / Deutsche Fassung (Bd. 1). Nürnberg: Deutsche Gesellschaft für Projektmanagement e.V. (GPM)

[GPM17b] *GPM, SPM, & Gessler, M. (Hrsg.).* (8. Aufl. 2017). Kompetenzbasiertes Projektmanagement (PM3): Handbuch für die Projektarbeit, Qualifizierung und Zertifizierung auf Basis der IPMA Competence Baseline Version 3.0. Nürnberg: GPM Deutsche Gesellschaft für Projektmanagement e.V.

[GUBE17] *Gubelmann, J., Scherler, H., & et al.* (4., kompl. überarb. Aufl. 2017). Projektmanagement – Zertifizierung nach IPMA (ICB4)-Ebenen D und C. Zürich: Compendio Bildungsmedien.

[LITK05] *Litke, H.-D. (Hrsg.).* (2005). Projektmanagement – Handbuch für die Praxis. Konzepte – Instrumente – Umsetzung. München: Hanser Fachbuchverlag.

[MOTZ17] *Motzel, E., & Möller, T.* (3., überarb. und aktual. Aufl. 2017). Projektmanagement Lexikon: Referenzwerk zu den aktuellen nationalen und internationalen PM-Standards. Weinheim: Wiley-VCH Verlag

[PATZ17] *Patzak, G., & Rattay, G.* (7., überarb. Aufl. 2017). Projektmanagement: Leitfaden zum Management von Projekten, Projektportfolios und projektorientierten Unternehmen. Wien: Linde Verlags GmbH

[PFET20] *Pfetzing, K., & Rohde, A.* (7., vollst. überarb. Aufl. 2020). Ganz-heitliches Projektmanagement. Wettenberg: Verlag Dr. Götz Schmidt.

[PMI21a] *Project Management Institute Inc.* (7th Edition 2021). A guide to the Project Management Body of Knowledge und die Norm für Projektmanagement. Pennsylvania: PMI Inc.

[WANN20] *Wanner, R.* (V1.1, 2020). Earned Value Management: Die wichtigsten Methoden und Werkzeuge für ein wirkungsvolles Projektcontrolling. Luxembourg: Amazon Media EU S.à.r.l.

6 Abschlussphase

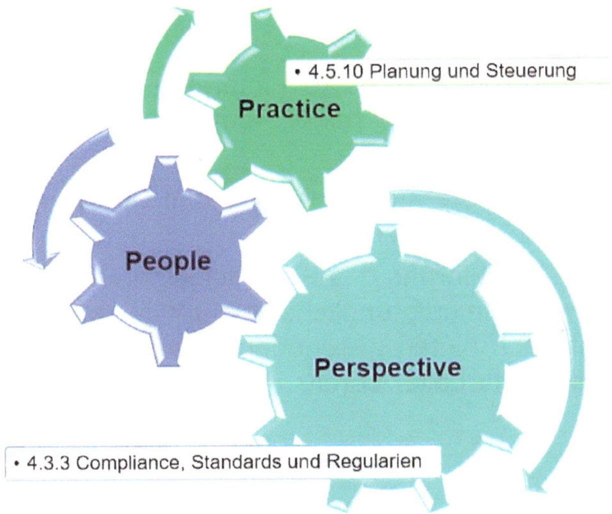

Abbildung 71 – ICB-Elemente in der Abschlussphase

Der Projektabschluss ist Bestandteil des ICB-Elements PLANUNG UND STEUERUNG, das bereits im Kapitel 5 Steuerungsphase beschrieben wurde. Weiterhin findet sich in diesem Kapitel ein Kompetenzelement aus COMPLIANCE, STANDARDS UND REGULARIEN (siehe Kap. 1.6 Standards im Projektmanagement), welches thematisch den Projektabschluss ergänzt.

6.1 Projektabschluss

4.5.1 Projektdesign | 4.5.10 Planung und Steuerung / Kompetenzstufe 1

Projekte sind zeitlich begrenzte Vorhaben. Daher ist es wichtig, ein Projekt für alle Stakeholder sichtbar zu beenden. Die Abschlussphase sollte bestimmten Formalien folgen und zum Ziel haben [KERZ22]:

- das Projekt gemäß den vertraglichen Vereinbarungen zu beenden
- die Projektleistung zu analysieren (Nachkalkulation, Wirtschaftlichkeitsanalyse)
- die Erfahrungen während des Projektes zu sammeln und zu analysieren (Lessons Learned)
- die Ressourcen rückzuführen (Menschen, Maschinen, Material)
- die Projektorganisation aufzulösen
- einen Abschlussbericht zu erstellen.

Leider zeigt die Erfahrung, dass der Projektabschluss eher stiefmütterlich behandelt wird. Projekte „fransen aus“, sie sind für einen Teil der Mitarbeiter beendet, für andere nicht. Kostenstellen werden nicht geschlossen, so dass die Buchung von Stunden und Ausgaben auf das Projekt weiter gehen kann [PATZ17].

Dieses „Verhalten“ kann häufig bei erfolglosen Projekten beobachtet werden. Keiner, weder Projektleiter noch Management, möchte in diesem Fall der Wahrheit ins Gesicht sehen, dass das Projekt gescheitert ist. Man lässt es lieber „auslaufen“. Das Versäumnis, ein Projekt systematisch abzuschließen, widerfährt aber durchaus auch Projekten, die als erfolgreich bezeichnet werden können. Gründe dafür können sein,

- dass die Projektmitarbeiter mit allerlei zusätzlichen Aufgaben das Projektende hinausschieben, da sie nicht wissen, wie bzw. wo es nach Projektende für sie weiter geht,
- dass an einem systematischen Projektabschluss kein Interesse besteht, da der Nutzen nicht gesehen und das Vorgehen nur als reiner Formalismus wahrgenommen wird,
- dass zu Beginn des Projektes keine klare Zieldefinition erfolgt ist und somit die Voraussetzungen für den Projektabschluss fehlen,
- dass seitens des Managements mit Lieferung des Projektergebnisses das Interesse am Projekt schwindet, es nicht mehr die ursprüngliche Priorität genießt und damit die Abschlusssitzung immer weiter nach hinten geschoben wird, bis sich das Projekt quasi von alleine auflöst, weil alle Mitarbeiter bereits in neuen Projekten beschäftigt sind [BEA19a].

Prozess

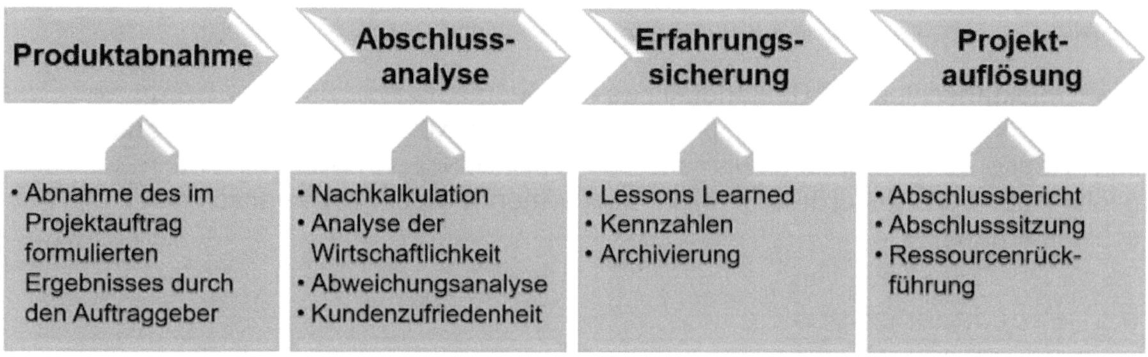

Abbildung 72 – Prozess Projektabschluss

Produktabnahme

Die Phase der Produktabnahme teilt sich in die Tätigkeiten der **Übergabe** des Produktes, dessen **Überprüfung**, der Klärung der Betreuung nach dem Projektende und der eigentlichen **Übernahme**. Unter Produkt wird in diesem Zusammenhang das im Projektauftrag formulierte Projektergebnis verstanden. Die Dokumentation erfolgt im **Produktabnahmebericht** [GPM17b].

Dieser Bericht stellt das juristische Ende des Projektes dar. Die sich daraus ergebenden Konsequenzen finden sich in Kapitel 4.5.4 Abnahme (Definition)

Abschlussanalyse

Während der Abschlussanalyse werden eine Nachkalkulation und eine Wirtschaftlichkeitsanalyse durchgeführt. Mittels einer Abweichungsanalyse werden die evtl. festgestellten Abweichungen bzgl. Kosten, Termine, Leistung und Qualität auf ihre Ursachen hin analysiert.

Mit der Nachkalkulation wird der betriebswirtschaftliche Erfolg des Projektes ermittelt, indem alle relevanten kaufmännischen Daten zusammengestellt und mit den Vorgaben aus der Planung abgeglichen werden. Diese Informationen sind zum einen Bestandteil des Projektabschlussberichtes, zum anderen Input für die Phase Erfahrungssicherung [DIN20a, PATZ17].

Die Wirtschaftlichkeitsanalyse in dieser Phase ist ein Soll-/Ist-Vergleich mit der Wirtschaftlichkeitsrechnung zu Beginn des Projektes. Hierbei werden alle Aufwendungen für geplante und ungeplante Leistungen erhoben und die Abweichungen zum ursprünglichen Plan dargestellt. Der Fokus kann auf der Rendite, dem erreichten Rationalisierungseffekt oder der Produktivitätssteigerung liegen. Allerdings gelingt der Vergleich nur, wenn zu Beginn des Projektes die Sollwerte festgelegt und dann die entsprechenden Ist-Daten fortwährend erhoben werden [GPM17b].

Unterstützung für die Nachkalkulation und Analyse der Wirtschaftlichkeit leisten dabei folgende Fragen [KERT03]:

- Was hat das Projekt tatsächlich gekostet?
- Wie viele Mitarbeiter waren tatsächlich beschäftigt?
- Wie lange hat es tatsächlich gedauert?
- Wann haben die Mitarbeiter tatsächlich angefangen und wann haben sie aufgehört oder das Projekt verlassen?
- Wie viel Arbeit hat das Team tatsächlich geleistet?
- Welchen Qualitätsgrad hat das Projekt tatsächlich erreicht?
- Wie verhalten sich Kosten und Termineinschätzung im Verhältnis zu den tatsächlichen Ergebnissen?

Alle aufgedeckten Abweichungen werden in der Abweichungsanalyse auf ihre Ursachen untersucht. Bewährt hat sich die Aufteilung der Ursachen in **t**echnische, **o**rganisatorische und **p**ersonelle (**TOP**), sowie in vermeidbare, kaum vermeidbare und unvermeidbare Ursachen [BEA19a].

	Ursachen		
	Technisch	**Organisatorisch**	**Personell**
vermeidbare Ursachen	Infrastruktur nicht rechtzeitig verfügbar	Kompetenzstreitigkeiten	mangelnde Qualifikation
kaum vermeidbare Ursachen	fehlende Testfälle	Konkurrenz durch andere Projekte	Fluktuation
unvermeidbare Ursachen	Brand in einem Gebäudeteil	Wechsel in der Firmenleitung	Unfall

Tabelle 50 – Ursachen für Abweichungen (Beispiel)

Alle Ergebnisse werden im **Analysebericht** zusammengefasst.

Erfahrungssicherung

In der Phase Erfahrungssicherung sollten Erfahrungen systematisch gesammelt, dokumentiert, aufbereitet und für kommende Projekte nutzbar gemacht werden. Dazu gehören auch die während der Analyse erhobenen Kennzahlen und die im Laufe des Projektes erstellten Dokumente, die es in geeigneter Form zu archivieren gilt. Diese gesammelten Erfahrungen, auch Lessons Learned bzw. Retrospektiven, sind die Grundlage für die Vermeidung von Fehlern in zukünftigen Projekten. Die Ergebnisse werden im **Erfahrungsbericht** dargestellt.

Folgende Fragen können für die Erhebung der Projekterfahrungen hilfreich sein [PATZ17]:

- Was hat jeder Teilnehmer für sich aus dem Projekt gelernt?
- Welche Ergebnisse sind für die Gesamtorganisation wichtig?
- Welche positiven Erfahrungen können bei anderen Projekten angewendet werden?
- Was soll bei zukünftigen Projekten anders gemacht werden?

Damit die Erfahrungssicherung erfolgreich und effektiv sein kann, muss eine sichere Basis im Sinne von Vertrauen existieren. Nur in einer solchen Atmosphäre werden die Projektbeteiligten über ihre Arbeit diskutieren können und über möglicherweise bessere Vorgehensweisen, diese zu erledigen. Diese Vertrauenskultur sollte der Projektleiter schon während des Projektes schaffen und leben. Voraussetzung dafür wäre eine konstruktive Fehler- und Lernkultur im Unternehmen, bei der Fehler zum Lernen gehören und nicht zum Karriereende oder zu Sanktionen führen.

Prozess des Lessons Learned

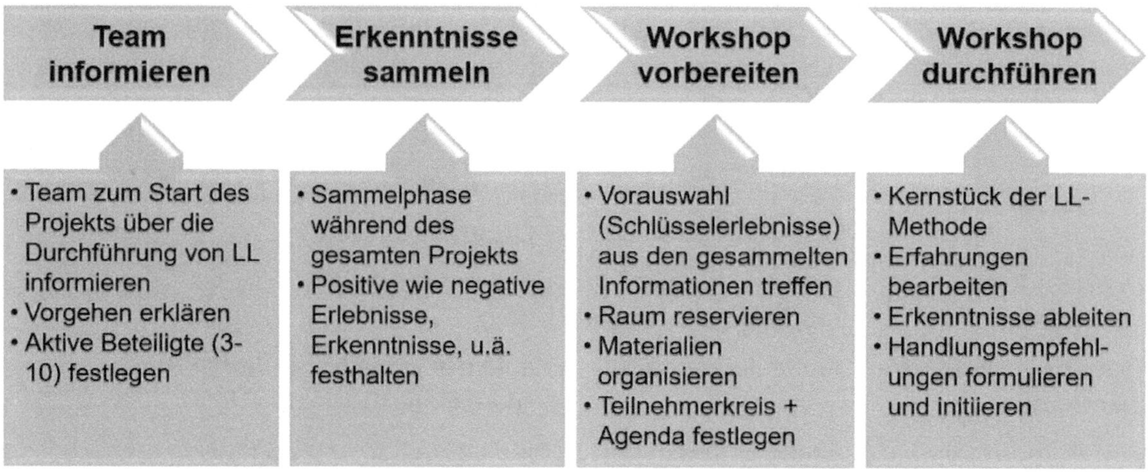

Abbildung 73 – Prozess Lessons Learned

Das Lernen aus der Projekterfahrung kommt, wie bereits erwähnt, ausschließlich zukünftigen Projekten zugute. Es ist daher aus Sicht des Unternehmens eine wichtige Ressource für die Weiterentwicklung des unternehmensweiten Projektmanagements und Input für organisationales Lernen [BEA19a].

Projektauflösung

Letzter Schritt der Abschlussphase und damit im gesamten Projektablauf ist die Projektauflösung. Aktivitäten der Projektauflösung sind [GPM17b]:

- Abschlussbericht erstellen und dem Auftraggeber sowie den Mitgliedern der eingerichteten Projektgremien (z.B. Lenkungsausschuss, Fach- und Arbeitskreise) zur Verfügung stellen,
- Abschlusssitzung(en) mit den eingerichteten Projektgremien und Vorstellung der Projektergebnisse inkl. Abschlussanalyse,
- Projektpersonal zu neuen Aufgaben transferieren,
- Projektressourcen auflösen bzw. verwerten,
- ggf. das Projekt aus dem Projektportfolio herausnehmen lassen.

Der **Projektabschlussbericht** integriert den Produktabnahmebericht, den Analysebericht und den Erfahrungsbericht sowie die Ergebnisse der letzten Phase des Projektabschlusses.

6.2 Literatur

[BEA19a] *Bea, F. X., Scheurer, S., & Hesselmann, S.* (3., vollst. überarb. u. erw. Aufl. 2019). Projektmanagement. Konstanz: UVK Verlagsgesellschaft GmbH.

[CARB18] *Carboni, J. B., & Duncan, W.* (2. Aufl. 2018). Sustainable Project Management: The GPM Reference Guide. Novi (MI): GPM Global

[DIN20a] *DIN Deutsches Institut für Normung e.V.* (4. Aufl. 2020). DIN-Normen im Projektmanagement. DIN 69901-5 Projektmanagement – Projektmanagementsysteme – Teil 5: Begriffe (Bd. DIN Taschenbuch 472). Berlin: Beuth Verlag GmbH

[GPM17b] *GPM, SPM, & Gessler, M. (Hrsg.).* (8. Auf. 2017). Kompetenzbasiertes Projektmanagement (PM3): Handbuch für die Projektarbeit, Qualifizierung und Zertifizierung auf Basis der IPMA Competence Baseline Version 3.0. Nürnberg: GPM Deutsche Gesellschaft für Projektmanagement e.V.

[KERT03] *Kerth, N. L.* (2003). Post mortem. Projekte erfolgreich auswerten. Frechen: mitp

[KERZ22] *Kerzner, H.* (13. Aufl. 2022). Project Management: A systems Approach to Planning, Scheduling, and Controlling. Hoboken, New Jersey: Wiley

[PATZ17] *Patzak, G., & Rattay, G.* (7., überarb. Aufl. 2017). Projektmanagement: Leitfaden zum Management von Projekten, Projektportfolios und projektorientierten Unternehmen. Wien: Linde Verlags GmbH

[PFET20] *Pfetzing, K., & Rohde, A.* (7., vollst. überarb. Aufl. 2020). Ganzheitliches Projektmanagement. Wettenberg: Verlag Dr. Götz Schmidt.

[PMI21a] *Project Management Institute Inc.* (7th Edition 2021). A guide to the Project Management Body of Knowledge und die Norm für Projektmanagement. Pennsylvania: PMI Inc.

7 Phasenübergreifende Kompetenzen

Abbildung 74 – ICB-Elemente in den phasenübergreifenden Kompetenzen

Die Phasenübergreifenden Kompetenzen gehören mehrheitlich in den Kompetenzbereich PEOPLE. Dieser beschreibt die persönlichen und sozialen Kompetenzen, die im Projekt benötigt werden, um den Projekterfolg realisieren zu können. Die persönlichen Kompetenzen beginnen mit den Fähigkeiten zur Selbstreflexion und enden mit der Ergebnisorientierung. Ergänzt wird dieses Kapitel um das Kompetenzelement CHANGE UND TRANSFORMATION, da im Veränderungsmanagement nach Meinung des Autors sehr viel phasenübergreifende Kompetenzen zum Tragen kommen.

7.1 Selbstreflexion und Selbstmanagement

Selbstreflexion und Selbstmanagement (4.4.1)

„Die Kompetenz SELBSTREFLEXION ist die Fähigkeit, die eigenen Emotionen, Verhaltensweisen, Präferenzen bzw. Vorlieben und Werte sowie deren Einfluss zu erkennen, zu reflektieren und zu verstehen. SELBSTMANAGEMENT ist die Fähigkeit, sich persönliche Ziele zu setzen, den Fortschritt zu überprüfen und anzupassen und die tägliche Arbeit systematisch zu erledigen.“ [GPM17a, Seite 66]

7.1.1 Reflexion der eigenen Teamrolle

3.3.4 Macht und Interesse / Kompetenzstufe 2 (Level C)

Die beiden Psychologen JOSEPH LUFT und HARRY INGHAM entwickelten 1955 ein einfaches psychologisches Modell, das die Veränderung der Selbst- und Fremdwahrnehmung im Verlaufe eines Selbstreflexionsprozesses darstellt. Das JoHari-Fenster stellt Informationen – Gefühle, Erfahrungen, Ansichten, Wissen, Einstellungen, Fähigkeiten, Absichten, Motivation usw. über eine Person – aus vier Perspektiven dar.

Öffentliche Person	Verhalten, welches uns selbst und anderen bekannt ist
Blinder Fleck	Fehlende Selbstwahrnehmung. Dieser Bereich beherbergt den Anteil des Verhaltens, den man selbst wenig kennt, der aber für andere deutlich wahrnehmbar ist.
Mein Geheimnis	Bereich unseres Verhaltens, den wir vor andern verbergen.
Bereich des Unbewussten	Weder uns selbst noch anderen unmittelbar zugänglich. Verborgene Talente und Begabungen können hier schlummern

Tabelle 51 – Vier Felder des JoHari-Fensters

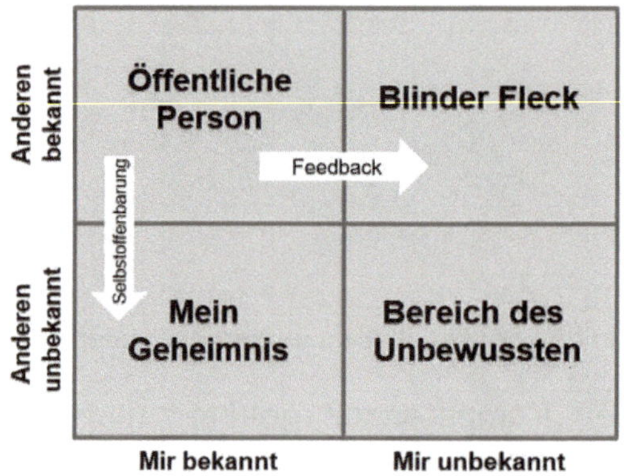

Abbildung 75 – JoHari Fenster (Vier-Felder-Schema)

Luft und Ingham beschreiben als ein Ziel den gemeinsamen Handlungsspielraum transparenter und weiter zu gestalten. Im JoHari-Fenster wird dabei der Bereich „Öffentliche Person“ (anderen bekannt / mir bekannt) immer größer, die Bereiche „Mein Geheimnis“ (anderen unbekannt / mir bekannt) und „Blinder Fleck“ (andern bekannt / mir unbekannt) dafür immer kleiner. Dazu gibt es zwei Möglichkeiten:

- Selbstkundgabe/-offenbarung – Durch Mitteilen und Teilen persönlicher Geheimnisse mit anderen verringert sich der Aufwand, der für die Geheimhaltung betrieben werden musste, und es vergrößern sich die Freiheit und der Handlungsspielraum in der Öffentlichkeit.
- Feedback – Durch Mitteilen von Beobachtungen über blinde Flecken direkt an den Betroffenen gewinnt dieser Erkenntnisse über sich selbst und kann so seinen Handlungsspielraum bewusster wahrnehmen und ausfüllen.

Beide Wege ergänzen einander und helfen auch, Unbewusstes bewusst und dadurch handhabbar zu machen [GPM17b, TIMI17].

7.1.2 Zeit- und Selbstmanagement

4.4.1 Selbstreflexion und Selbstmanagement / Kompetenzstufe 2

Eine wichtige und weitverbreitete Technik aus dem Zeitmanagement ist die Eisenhower-Matrix (auch Eisenhower-Methode, Eisenhower-Prinzip). Sie wird dem früheren US-Präsident Dwight D. Eisenhower zugeschrieben, allerdings gibt es keine Hinweise darauf, dass er diese Methode angewendet und / oder gelehrt hat [SEIW14].

Die Grundidee der Eisenhower-Matrix ist eine gezielte Kategorisierung von Aufgaben. Die Einteilung erfolgt anhand von zwei Parametern:

- **Wichtigkeit**: Die Aufgabe gilt dann als wichtig, wenn diese der Zielerreichung dient. Eine Aufgabe, die der Zielerreichung nicht dienlich ist, gilt als unwichtig.
- **Dringlichkeit**: Eine Aufgabe ist dringlich, wenn diese an einem bestimmten Termin in der nahen Zukunft ihren Sinn verliert. Wenn es (in der näheren Zukunft) egal ist, wann diese Aufgabe erledigt wird, ist sie nicht dringlich.

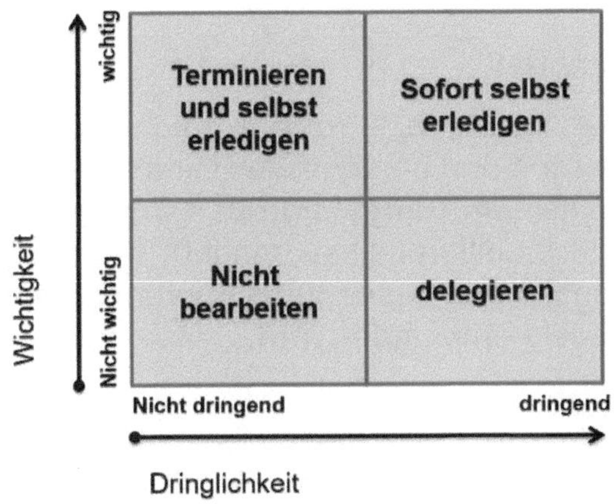

Abbildung 76 – Eisenhower-Matrix

Laut Eisenhower-Matrix soll man mit den Aufgaben im jeweiligen Quadranten wie folgt umgehen [SEIW14, GUBE17]:

- **Wichtig / dringend**: Diese Aufgaben sind von höchstem Wert, was die Erreichung von Zielen angeht. Sie sind daher sofort selbst zu erledigen. Nur wenn Du Dich selbst um diese Aufgaben kümmerst, kannst Du sich sicher sein, dass die Aufgaben auch wirklich erledigt werden.
- **Wichtig / nicht dringend**: Da auch diese Aufgaben für die Zielerreichung wichtig sind, kümmerst Du Dich selbst darum. Die Erledigung ist allerdings nicht an einen bestimmten Zeitrahmen in der näheren Zukunft gebunden. Es genügt daher, dass Du Dir einen genauen Zeitpunkt für die Erledigung dieser Aufgaben setzt.
- **Dringend / nicht wichtig**: Diese Aufgaben sollen zeitnah erledigt werden, es ist aber normalerweise nicht erforderlich, dass Du Dich selbst um die Aufgabe kümmerst. Diese Aufgaben solltest Du delegieren.
- **Nicht dringend / nicht wichtig**: Aufgaben, die Dich Deinen Zielen nicht näherbringen und bei denen es obendrein egal ist, wann sie erledigt werden, haben den geringsten Wert. Ablage „P“ (Papierkorb).

Kritische Anmerkung

Wie definiert man für sich selbst eigentlich „wichtig“ und „dringend“? Bei dieser Einteilung hilft die Eisenhower-Matrix nicht. Und warum soll ich mir Gedanken zu Aufgaben machen, die für mich weder wichtig noch dringend sind? Sie werden nicht bearbeitet …

7.1.3 Umgang mit Stress

4.4.1 Selbstreflexion und Selbstmanagement / Kompetenzstufe 1

Definition Stress

Die Definition von Stress kann in verschiedenen wissenschaftlichen Kontexten variieren. Im Allgemeinen wird Stress als eine komplexe Reaktion, die auf verschiedene Herausforderungen, Belastungen oder Anforderungen reagiert und als überwältigend oder bedrohlich empfunden werden kann. Diese natürliche physiologische Reaktion wurde evolutionär entwickelt, um den Organismus auf „Kampf oder Flucht" vorzubereiten.

Transaktionales Stressmodell

Das subjektive Empfinden von Stress kann je nach individuellen Wahrnehmungen, Stressbewältigungsfähigkeiten und persönlichen Umständen variieren, wie der Psychologe RICHARD LAZARUS in seinem **transaktionalen Stressmodell** erklärt. Demnach ist es nicht ausschließlich die Situation selbst, sondern vielmehr die Bewertung und Entscheidung der betroffenen Person basierend auf ihren verfügbaren persönlichen Ressourcen, ob diese als stressig empfunden wird.

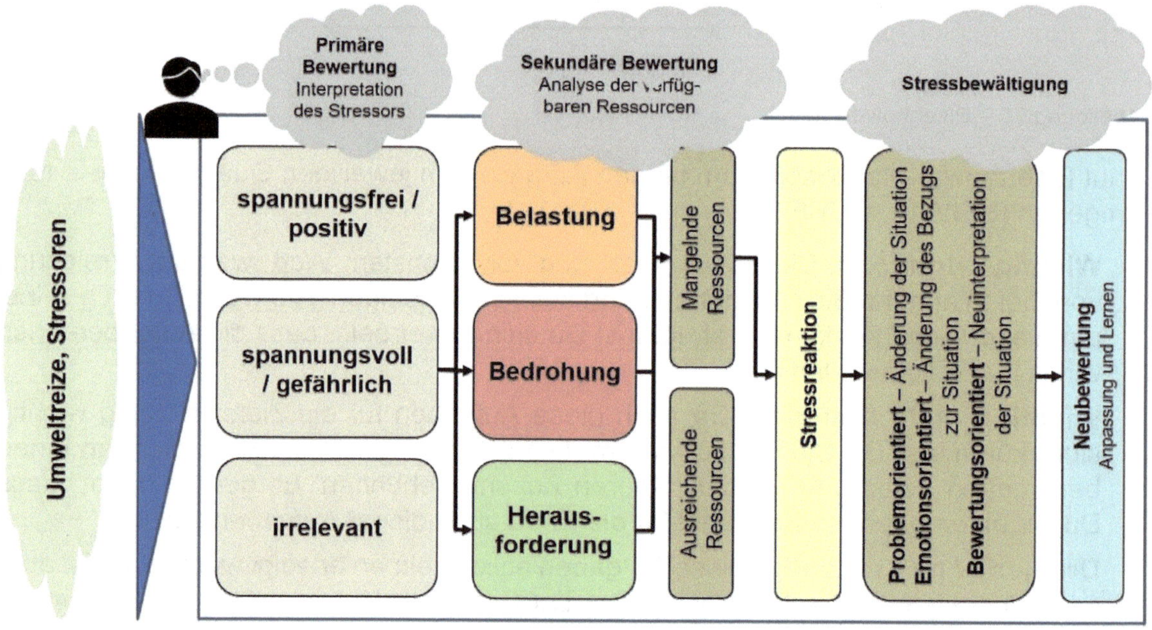

Abbildung 77 – Transaktionales Stressmodell nach R. Lazarus (Eigene Darstellung)

Stressampel nach Kaluza

Der Psychologe GERT KALUZA hat, aufbauend auf dem Transaktionalen Stressmodel von Lazarus, ein Modell konzipiert, welches die unterschiedlichen Ebenen von Stress aufzeigt. Die sogenannte **Stressampel** besteht aus den drei Ebenen – Stressoren (rot), Stressverstärker (gelb) und Stressreaktion (grün) [KALU12].

	Ebene	
	Stressoren	... sind *Reize*, die eine Stressreaktion auslösen. Stressoren können z.B. Zeitdruck, Lärm, Konflikte oder hohe Anforderungen sein. **Leitsatz**: Ich gerate in Stress, wenn ...
	Stress-verstärker	... sind die eigenen Gedanken und Bewertungen, die die Wirkung der Stressoren verstärken oder abschwächen können. *Stressverstärker* können z.B. Perfektionismus, negative Erwartungen oder geringes Selbstvertrauen sein. **Leitsatz**: Ich setze mich selbst unter Stress, indem...
	Stressreaktion	... sind Reaktionen auf die Stressoren und Stressverstärker. *Stressreaktionen* können z.B. Herzrasen, Angst, Ärger oder Flucht sein. **Leitsatz**: Wenn ich im Stress bin, dann...

Tabelle 52 – Stressampel nach G. Kaluza

Laut KALUZA unterteilen sich die Stressreaktionen in mehrere Ebenen:

- **physische Ebene** – Veränderungen biochemischer Prozess im Körper (z.B. Herzrasen, Muskelspannung, Kopfschmerzen, Schwitzen)
- **Verhaltensebene** –Veränderungen im Verhalten (z.B. sozialer Rückzug, Aggression, Gereiztheit, Fuß wippen, Stottern)
- **kognitiv-emotionale Ebene** – Veränderung der Gedanken und Gefühle, (z.B. Angstzustände, Hilflosigkeit, Ärger, Denkblockade, Konzentrationsmängel)

„It's not stress that kills us; it's our reaction to it."

Hans Selye (1907 – 1982), ein ungarisch-kanadischer Mediziner, „Vater der Stressforschung"

Stressbewältigung

Analog zu den Ebenen der Stressampel lassen sich drei Wege des individuellen Stressmanagements unterscheiden [KALU12]:

<u>Instrumentelles Stressmanagement</u>

Setzt an den Stressoren an, mit dem Ziel diese zu minimieren oder ganz auszuschalten, z.B. durch Zeitmanagement (→ Eisenhower-Matrix), Selbstbehauptung (Grenzen setzen), Projektplanung (→ Projektmanagement), systematische Problemlösung (→ Vielseitigkeit).

<u>Kognitives Stressmanagement</u>

Setzt an den Stressverstärker an, mit dem Ziel persönliche Motive, Einstellungen und Bewertungen zu verändern, z.B. durch Änderung der Einstellung (Reflektion der eigenen Glaubenssätze), Blick auf das Positive, Orientierung an eigenen Stärken (→ SWOT-Analyse).

Regeneratives Stressmanagement

Setzt an den Stressreaktionen an, mit dem Ziel, diese zu regulieren und zu kontrollieren, z.B. durch Achtsamkeitstraining, Netzwerkpflege, Bewegung, Entspannung (Atemübungen, Yoga, Meditation), „DR-Strategie" (Innehalten – Distanzieren – Regenerieren).

Selbstausbeutung / Burn Out

Die biologische Stressforschung definiert das ziemlich stereotype Reaktionsmuster auf anhaltende Stressoren als *Allgemeines Adaptationssyndrom* (General Adaptation Syndrome, GAS). Dieses von dem Mediziner HANS SELYE entwickelte Modell beinhaltet drei Phasen:

- ***Alarmreaktion***, die zur schnellen Bereitstellung von Energiequellen dient. Der Körper gerät dabei in einen Zustand erhöhter Aktivität und Leistungsbereitschaft.
- ***Widerstands- oder Resistenzphase***, die dazu dient, das Gleichgewicht wiederherzustellen. Der Organismus versucht, durch die Beseitigung der Stressoren oder durch Anpassung an dauerhafte Stressbedingungen, das hohe Aktivitätsniveau zu senken.
- ***Erschöpfungsstadium***, das weitere Anpassungen verhindert, indem es den Widerstand aufgibt.

Die Widerstandsphase kann nur für eine begrenzte Zeit aufrechterhalten werden. Wenn der Organismus ständig Phasen hoher Aktivierung ausgesetzt ist, ohne dass Erholung möglich ist – wie zum Beispiel bei dauerhafter beruflicher oder privater Belastung –, können schwerwiegende Langzeitfolgen auftreten. Deshalb sind für eine Gesunderhaltung des Organismus nicht die Höhe der Aktivierung, sondern die Dauer und Intensität der Erholungsphase (gesunde Selbstregulation) entscheidend.

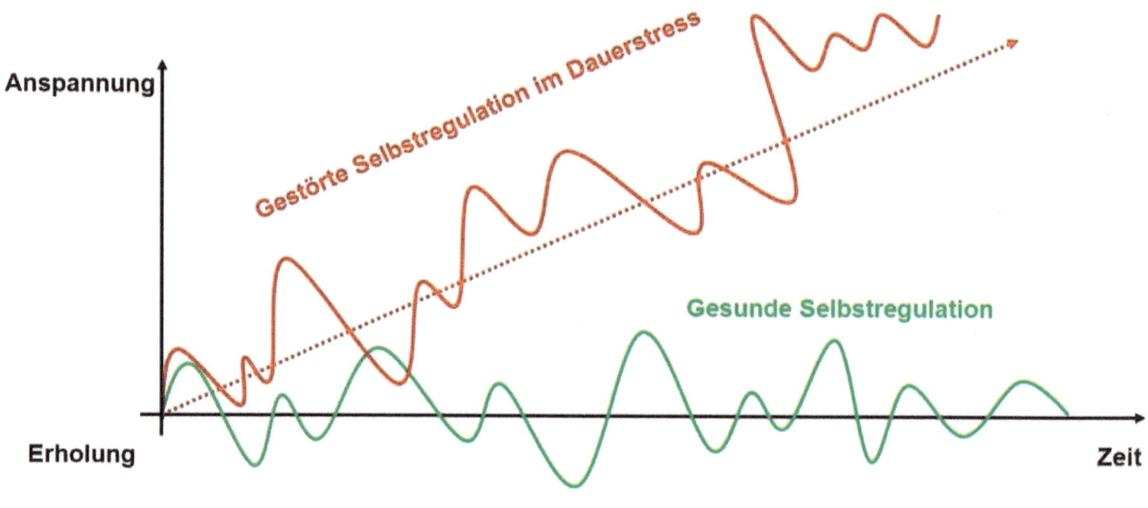

Abbildung 78 – Wie entsteht Stress? (eigene Darstellung)

Langzeitfolgen (gestörte Selbstregulation) können unter anderem zu einem **Burnout** führen, welcher als Reaktion auf anhaltenden Stress und Überlastung auftritt. Der Begriff „Burnout“ wurde 1974 von dem Psychotherapeuten HERBERT J. FREUDENBERGER geprägt und beschreibt spezifische persönliche Krisen.

Gesundheitliche Konsequenzen wie beispielsweise Bluthochdruck, Herzrasen, Erschöpfung, Entfremdung von der beruflichen Tätigkeit und verminderte Leistungsfähigkeit können als Indikatoren dafür gelten.

7.2 Persönliche Integrität und Verlässlichkeit

Persönliche Integrität und Verlässlichkeit (4.4.2)

„Um Nutzen aus Projekten zu erzielen, müssen zahlreiche persönliche Verpflichtungen zur Erledigung der Arbeit eingegangen werden. ... PERSÖNLICHE INTEGRITÄT bedeutet, dass der Einzelne gemäß seiner eigenen moralischen und ethischen Werter und Prinzipien handelt. Zuverlässigkeit [sic!] bedeutet, den Erwartungen und / oder dem vereinbarten Verhalten entsprechend zu handeln.“ [GPM17a, Seite 70]

7.2.1 Persönlicher Umgang mit Fehlern (Fehlerkultur)

4.4.2 Persönliche Integrität und Verlässlichkeit / Kompetenzstufe 1

Fehler sind alle Abweichung von einem erwarteten Zustand oder Verhalten und sie passieren jedem. Sie sind Bestandteil des menschlichen Handelns und lassen sich auch bei größter Sorgfalt nicht vermeiden [GUBE17].

Die Frage ist dabei: Wie wird im Projektteam mit Fehlern umgegangen? Bestrafen, vertuschen, auf andere abwälzen oder überprüfen und daraus lernen? Ein konstruktiver Umgang mit Fehlern wirkt auf die Leistungsfähigkeit des Projektteams (siehe Verlässlichkeit, Vertrauen, Vertrauensvorschuss). Ein paar Regeln helfen dem Projektleiter, eine solche Fehlerkultur zu etablieren:

1. Fehler werden angesprochen, nicht vertuscht.
2. Suche nach Fehlerursachen, nicht nach Schuldigen.
3. Gemeinsam Fehler analysieren, Maßnahmen suchen und ergreifen, um den Schaden zu minimieren.
4. Aus Fehlern lernen, ganz im Sinne der kontinuierlichen Verbesserung.
5. Bei Diskussionen auf der Sachebene bleiben, Vorwürfe und Emotionen sind hier nicht hilfreich.
6. Als Projektleiter sich an diese Regeln halten.

Der letzte Punkt ist nicht immer einfach, daher sollte der Projektleiter über seine eigene Fehlertoleranz reflektieren.

*„Fehler sind ein Bestandteil des Lebens; man kann sie nicht vermeiden.
Man kann nur hoffen, dass sie einem nicht zu teuer kommen
und dass man denselben Fehler nicht zweimal macht.“*

Lee Iacocca (1924 – 2019), ehem. US-amerikanischer Automobilmanager

7.2.2 Verlässlichkeit, Vertrauen, Vertrauensvorschuss

4.4.2 Persönliche Integrität und Verlässlichkeit / Kompetenzstufe 1

Verlässlichkeit

Verlässlichkeit ist, allgemein gesprochen, ein Maß dafür, wie zuverlässig und sicher, d.h. gefahrlos, eine Betrachtungseinheit (Komponente, System) die an sie gestellten Anforderungen unter definierten Bedingungen erfüllt. Damit ist Verlässlichkeit ein Oberbegriff, der unterschiedliche Aspekte abdeckt, vor allem sind dies die Zuverlässigkeit (Reliability), die Verfügbarkeit (Availability) und die Sicherheit (Safety).

Ein Teammitglied wird als verlässlich angesehen, wenn man sich darauf verlassen kann, dass gemachte Zusagen betreffend Handlungsergebnissen sowie Verhaltensweisen eingehalten werden. Dies gilt in zunehmendem Maße allerdings auch für die Erfüllung nicht konkret vereinbarter, d. h. unausgesprochener, den Werthaltungen / der Kultur entsprechend einfach erwarteter Verhaltensweisen [GPM17b].

Für den Projektleiter bedeutet dies, dass er die Fachkompetenz besitzt, die notwendige Erfahrung hat und über die dazugehörige Methoden- und Handlungskompetenz verfügt, um Projekte zu leiten. Ferner muss er die für die Durchführung der Projekte notwendigen Befugnisse haben und über Entscheidungskompetenz (Entscheidungen treffen und Auswirkungen abschätzen) verfügen.

Vertrauen

Vertrauen ist laut Gabler-Wirtschaftslexikon *„die Erwartung, nicht durch das Handeln anderer benachteiligt zu werden; als solches stellt es die unverzichtbare Grundlage jeder Kooperation dar."* [LINH18] Der amerikanische Wirtschaftsautor P. LENCIONI führt hier weiter aus und bezeichnet Vertrauen als die Grundlage eines funktionierenden, zusammenhaltenden Teams. Das bedeutet für die einzelnen Teammitglieder, die Gewissheit zu haben, dass die Absichten der Teamkollegen gut sind und kein Grund zu Vorsicht und Zurückhaltung besteht. Ein solches Vertrauen erfordert Offenheit gegenüber den Teamkollegen bzgl. Problemen, Fehler und Bitten um Unterstützung und im Gegenzug die Sicherheit, dass diese Offenheit nicht gegen die eigene Person verwendet wird [LENC14].

Für den Projektleiter ist es somit wichtig, ein Vertrauensverhältnis zu den und zwischen den Projektteammitgliedern aufzubauen, um damit Unsicherheit zu mindern sowie die Kommunikation und das Konfliktlösungsverhalten zu verbessern. Vertrauen entsteht aus der Überzeugung, dass das Gegenüber sowohl fachlich als auch menschlich kompetent und verlässlich ist [GPM17b].

„Vertrauen ist die Grundlage eines jeden erfolgreichen Teams."

Alexander Huber (geb. 1968), deutscher Profibergsteiger und Extremkletterer

Vertrauensvorschuss

Vertrauen baut sich nach und nach auf, es entwickelt sich auf der Basis von gelebter Verlässlichkeit. Verlässlichkeit ohne Vorbedingungen lässt beim Anderen den Vertrauenspegel als Einstellung zum Partner ansteigen, zugleich aber wird dies als Verpflichtung erlebt, sich selbst als verlässlich zu erweisen, sich vertrauensvoll zu verhalten. Einer, i.d.R. der Projektleiter, muss im Team damit anfangen und den Anderen einen Vertrauensvorschuss geben, d.h. sich öffnen im Vertrauen darauf, dass die Offenheit nicht gegen ihn selbst verwendet wird [GPM17b].

7.2.3 Ethik und persönliche Werte

4.4.2 Persönliche Integrität und Verlässlichkeit / Kompetenzstufe 1 (Level C) | 4.3.5 Kultur und Werte / Kompetenzstufe 1

Unter **Ethik** (griech. Ethos = Sitte, Gewohnheit, Brauch) wird die Lehre vom richtigen Denken und Handeln des Menschen, sowie tatsächlich gültige Normen und Werte (= Moral) einer Gesellschaft und der individuellen Lebensführung verstanden. Ethik beschäftigt sich mit der Klärung der Fragen, was gutes oder böses Handeln ausmacht bzw. wie der Mensch handeln soll und wie nicht. Ethisches Verhalten ist damit die Grundlage aller gesellschaftlichen Systeme [WELT].

Moral beschreibt, was Menschen gemäß dem gesellschaftlichen Konsens für richtig halten oder was sie, gemäß ihren sittlichen Grundsätzen vom richtigen Verhalten bzw. Handeln, tun. Sie ist kultur- und gesellschaftsabhängig und kann keinen Anspruch auf Allgemeingültigkeit erheben. Allerdings würde es ohne Moral keine Ethik geben, sie wäre dann ohne praktische Bedeutung.

Ergänzend steht die **Gesinnung** als sittliche Grundhaltung des Individuums. Sie gibt dem Handeln und Denken Richtung und Ziel und kann im Gegensatz zur Moral nicht kulturell vererbt werden. Gesinnung entwickelt sich in der Kindheit. Ebenfalls in diesem Lebensabschnitt bildet sich das Gewissen aus anerzogenen und selbstgewählten Kriterien, sowie aus gesammeltem Wissen. Bevor der Mensch nun eine Entscheidung trifft – wobei der Anlass dazu eine Empfindung von außen ist – wird durch die Gesinnung eine Vorauswahl an möglichen Optionen getroffen. Die Gesinnung eines Menschen ist also anhand seines Sprechens, seiner Gestik und seines Handelns erkennbar. Gesinnung verleiht der Handlung eines Menschen einen Sinn, unabhängig vom Erfolg der Handlung [GPM17b].

Das Grundprinzip der Ethik lässt sich auf einen Satz, die sogenannte Goldenen Regel, zurückführen:

> *„Was Du nicht willst, das man Dir tu‘, das füg auch keinem anderen zu.“*
>
> Sog. Goldene Regel, zurückzuführen u.a. auf Lukas 6, 31 und Matthäus 7, 12

Diese Regel findet sich in ähnlicher Form in nahezu jeder Weltreligion[24] wieder und ist ein Hinweis darauf, dass Ethik allgemeine, also kulturübergreifende, Maßstäbe setzt. Die erste Sammlung ethischer Grundregeln, die seit dem Mittelalter in der (abendländischen) Gesellschaft die vorherrschende Moralvorstellung prägte, waren die 10 Gebote.

7.2.3.1 Deskriptive und normative Ethik

Ethik lässt sich in zwei Unterdisziplinen einteilen: die deskriptive und die normative Ethik.

Die **deskriptive Ethik**, auch Moralwissenschaft, ist jener Zweig der Ethik, der die psychologischen, biologischen, sozialen und historischen Grundlagen moralischer Phäno-

[24] eine Übersicht findet sich bei Wikipedia, de.wikipedia.org/wiki/Goldene_Regel und Forum Geistige Nahrung, www.geistigenahrung.org/ftopic85.html, beide abgerufen am 30.10.2018

mene untersucht. Sie beschreibt die vorgefundenen Antworten und begründet Verhalten, Sitten und Werte von Kulturen und Gruppen.

Die **normative Ethik** hingegen ist zukunftsgewandt. Sie vergleicht den Ist-Zustand mit dem anzustrebenden zukünftigen Zustand. Normative Ethik reagiert auf ein tatsächliches oder vermutetes Defizit und versucht es zu beseitigen. Sie prüft und bewertet die geltende Sitte und Moral und gibt Handlungsanweisungen (→ Handlungsethik). Ein Ansatz der normativen Ethik ist auf den deutsche Philosophen IMMANUEL KANT zurückzuführen. Er prägte den Begriff des kategorischen Imperativs:

„Handle nur nach derjenigen Maxime, durch die du zugleich wollen kannst, dass sie ein allgemeines Gesetz werde."

Immanuel Kant (1724-1804), deutscher Philosoph

Seine Annahme bestand darin, dass allein die hinter der Handlung stehenden Gedanken nur moralisch „gut" sein müssen, um die Grundlage für gutes Handeln zu sein. Dieser Hintergedanke im moralischen Zusammenhang entspricht der oben erläuterten Gesinnung (→ Gesinnungsethik).

HANS JONAS formte mit dem ökologischen Imperativ den jüngeren Ansatz der normativen Ethik:

„Handle so, dass die Wirkungen deiner Handlungen verträglich sind mit der Permanenz echten menschlichen Lebens auf Erden."

Hans Jonas (1903 – 1993), deutsch-amerikanischer Philosoph

Hier steht die Verantwortung für das Handeln hinsichtlich der Folgen im Vordergrund. Hans Jonas beschäftigte sich dabei speziell mit Themen, die langfristige und nicht ohne weiteres vorhersehbare Auswirkungen für Mensch, Gesellschaft und Natur haben (→ Folgenethik).

Der deutsche Soziologe MAXIMILIAN WEBER vertrat die Auffassung, dass eine Handlungsmotivation als verantwortlich zu charakterisieren ist, wenn in die Legitimation der Handlung, neben der Überzeugung von der moralischen Korrektheit des angestrebten Ziels auch die Kalkulation und ethische Bewertung der Folgen des Handelns mit eingeht (→ Verantwortungsethik).

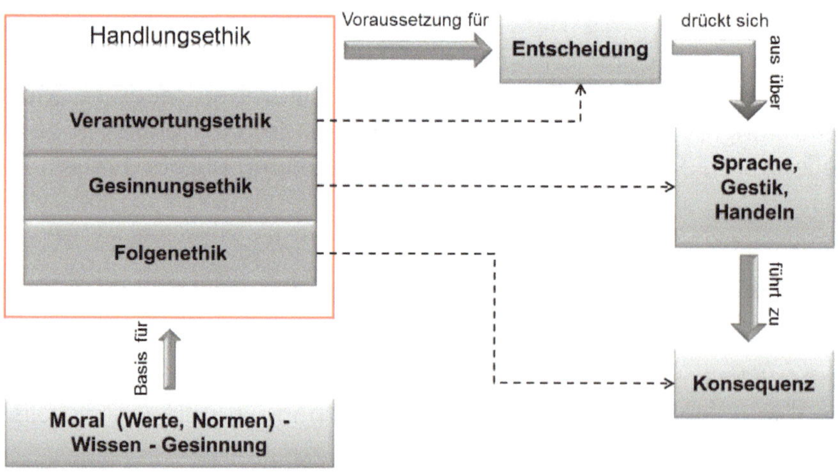

Abbildung 79 – Zusammenfassung Handlungsethik

7.2.3.2 Ethik und Projektmanagement

Wie im vorangegangenen Kapitel dargestellt, versucht Ethik dem Menschen Regeln als Hilfsmittel bei Entscheidungen an die Hand zu geben. Dies betrifft zunächst den Einzelnen und seine persönlichen ethischen Maßstäbe, ist aber auch Gradmesser für Berufsstände, Wirtschaftsverbände und Unternehmen.

Professionelle Verantwortung bei Projektleitern hat in den letzten Jahren immer mehr an Bedeutung gewonnen. Grundlegende Werte wie Integrität, Loyalität und Solidarität, ein standesbezogener „Code of Ethics" oder auch ein unternehmensinterner Verhaltenskodex (Code of Conduct) bzw. Gesetze (z.B. Vorteilsnahme, Bestechlichkeit, Bestechung – §§299ff StGB und §§331ff StGB) und Normen (z.B. ISO 26000: – Leitfaden zur gesellschaftlichen Verantwortung, SA8000 – Standard für sozial verantwortliche Unternehmensführung) können dabei Basis für ethisches Verhalten sein [PATZ17].

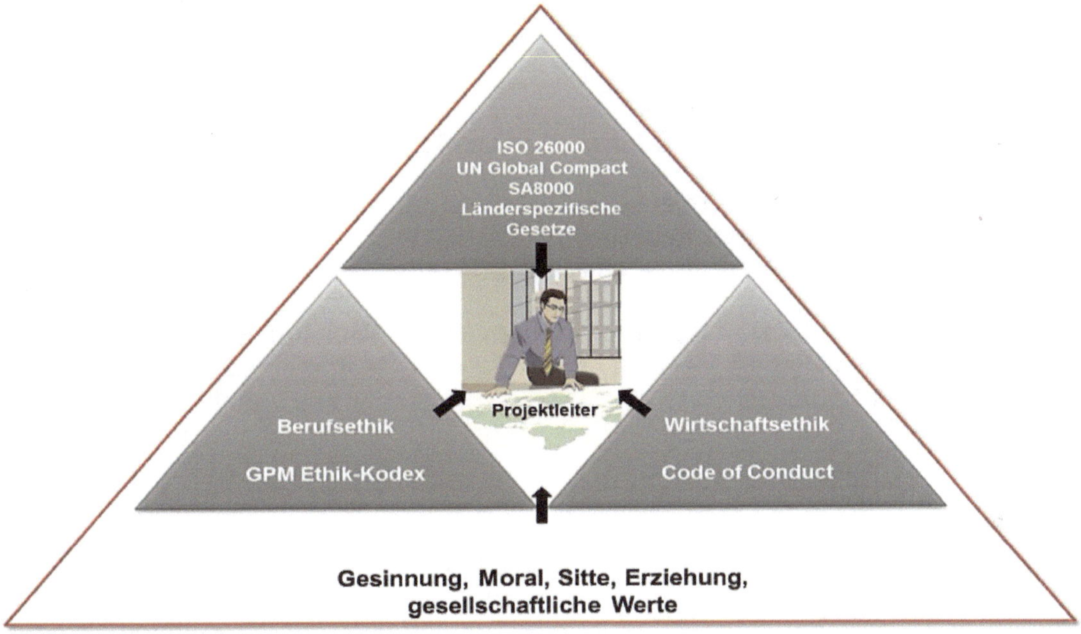

Abbildung 80 – Ethische Leitplanken für Projektleiter

Unternehmensinterne Verhaltenskodizes sind in der Wirtschaft mittlerweile zu einem Standard erhoben worden. Global agierende Unternehmen können kaum darauf verzichten.

Für den Berufsstand des Projektmanagers hat die GPM einen Ethik-Kodex entwickelt, der von Projektmanagern, und im erweiterten Sinn von allen im Projektmanagement tätigen Personen fordert, ihre Handlungen und Entscheidungen an den Grundwerten **Verantwortung**, **Kompetenz** und **Integrität** auszurichten.

Einen solchen Berufskodex findet man auch beim Project Management Institute. PMI hat für alle, die in einem Projekt arbeiten, Ethikrichtlinien und Maßstäbe für professionelles Verhalten (PMI`s Code of Ethics and Professional Conduct) aufgestellt und als verbindlich erklärt. Dieser Kodex enthält lt. PMI die „vier wichtigsten Wertvorstellungen des Projektmanagements" – *Verantwortlichkeit, Respekt, Fairness* und *Ehrlichkeit* [KERZ 22].

GPM	(Auszug)	PMI	(Auszug)
Verantwortung	Jeder Projektmanager räumt dem Gemeinwohl, sowie der Gesundheit und Sicherheit jedes einzelnen Menschen hohe Priorität ein.	**Verantwortlichkeit**	Bei von uns zu treffenden Entscheidungen und unseren Handlungen haben wir das Beste für die Gesellschaft, die öffentliche Sicherheit und die Umwelt im Sinn. Wir akzeptieren nur Aufgaben, für die wir qualifiziert und entsprechend unserer Herkunft, Erfahrung und Fertigkeiten geeignet sind. Wir schützen urheberrechtlich geschützte oder vertrauliche Informationen, die uns anvertraut worden sind.
Kompetenz	Der Projektmanager betreibt nur Projekte, deren Komplexität und Folgen er im Wesentlichen überschaut. Um seine eigenen Fähigkeiten zu verbessern und um auf dem neuesten Wissensstand zu bleiben, bildet sich der Projektmanager ständig weiter.		
Integrität	Der Projektmanager beachtet die Gesetze und die allgemein anerkannten gesellschaftlichen Werte, wo immer er auf der Welt tätig wird. Er hält die Vertraulichkeit von Informationen ein und schützt die Urheberrechte.	**Respekt**	Wir informieren uns über die Normen und Gebräuche anderer und vermeiden es, uns an Verhaltensweisen zu beteiligen, die andere als respektlos betrachten könnten.
		Fairness	Fairness ist unsere Pflicht, bei Entscheidungsfindungen und Handlungen unvoreingenommen und objektiv vorzugehen. Unser Verhalten darf nicht von Eigennutz, Vorurteilen oder Bevorzugungen beeinflusst sein.
		Ehrlichkeit	Ehrlichkeit ist unsere Pflicht, die Wahrheit zu verstehen und wahrheitsgetreu im Rahmen unserer Kommunikation und Verhaltensweisen zu handeln.

Tabelle 53 – Vergleich Ethik-Kodex der GPM und des PMI

Die Berücksichtigung ethisch-moralischer Grundsätze in der Projektführung macht diese nicht leichter, sondern komplexer und damit schwieriger. Als Projektmanager hat man nicht nur für die messbaren Projektergebnisse gerade zu stehen, sondern muss sich auch für mögliche Folgen seines Handelns rechtfertigen bzw. diese verantworten. ALBERT SCHWEITZER bringt es auf den Punkt:

> *„Ethik ist eine bis ins Unendliche erweiterte Verantwortung."*
> Albert Schweitzer (1875-1965), Arzt und Philosoph

7.3 Persönliche Kommunikation

Persönliche Kommunikation (4.4.3)

„Die Kompetenz PERSÖNLICHE KOMMUNIKATION umfasst den Austausch der geeigneten Informationen, die präzise und lückenlos allen relevanten Parteien übermittelt werden." [GPM17a, Seite 73]

7.3.1 Kommunikationsmodelle und –arten

4.4.3 Persönliche Kommunikation / Kompetenzstufe 2

Sender-Empfänger-Modell

Eines der ältesten Kommunikationsmodelle ist das Sender-Empfänger-Modell VON CLAUDE E. SHANNON und WARREN WEAVER. Dieses Modell war Grundlage für die Entwicklung des elektronischen Informationsaustauschs und ist daher für die Erklärung menschlicher Kommunikation eher ungeeignet, da es die vielfältigen menschlichen Möglichkeiten zur Verständigung vernachlässigt [GPM17b].

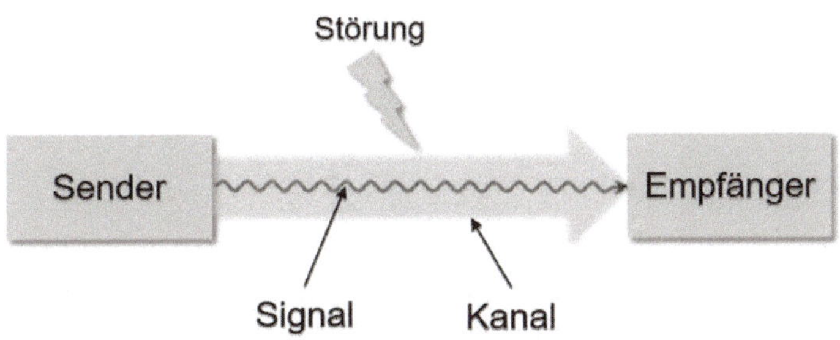

Abbildung 81 – Sender-Empfänger-Modell (vereinfachte Darstellung)

Bedingung für den Kommunikationsprozess ist die Einrichtung eines geeigneten Kommunikationskanals (z.B. Blickkontakt, Wahl einer Telefonnummer). Dieses Modell stellt in seiner Einfachheit eine weit verbreitete Sicht auf Kommunikation dar und ist damit ein wichtiger Ausgangspunkt dafür, dass ein vereinfachtes Kommunikationsverständnis die Quelle für viele typische Kommunikationsprobleme sein kann [GPM17b].

Eisbergmodell

Wenn wir mit anderen sprechen und Informationen austauschen, liegt unser Fokus auf dem jeweiligen Inhalt, weniger auf der Art und Weise, wie wir die Mitteilung machen. Hören wir hingegen zu, richten wir unsere Aufmerksamkeit nur teilweise auf den Inhalt, wir bewerten auch, wie die Informationen „rüberkommen". Wir fühlen uns ernstgenommen, beleidigt, verletzt oder ähnliches. Dieser unbewusste Teil der Kommunikation führt, auch wenn wir uns auf der Sachebene verstehen, auf der Beziehungsebene zu Kommunikationsstörungen.

Diese Erkenntnis wird durch Kommunikationsforscher wie beispielsweise PAUL WATZLAWICK bestätigt – die bewusste Kommunikation ist nur die Spitze des Eisbergs. Gerade mal 10 bis 20% der Kommunikation findet auf der Sachebene statt. Dieser Anteil liegt, um die Metapher des Eisbergs zu verwenden, „über Wasser", während die restlichen 80 – 90 % auf der Beziehungsebene unter der Wasseroberfläche verborgen liegen. Was sich aber unter Wasser abspielt, hat einen großen Einfluss auf das, was sich über Wasser ereignet. Die Beziehungsebene trägt und prägt die Sachebene [EGLE21].

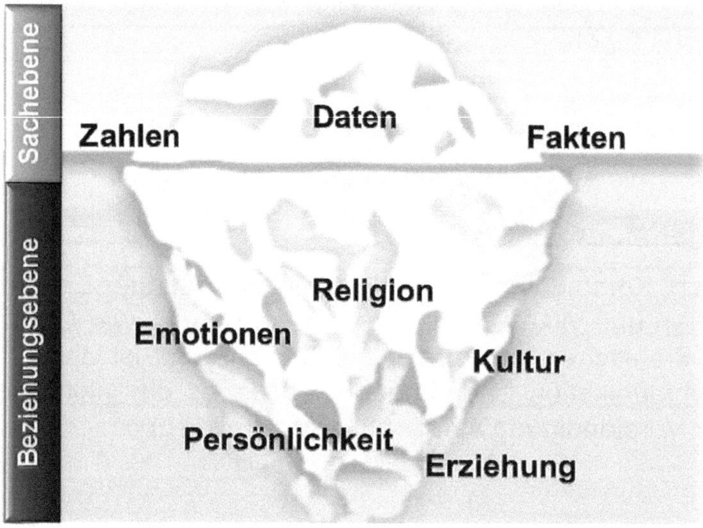

Abbildung 82 – Sach- und Beziehungsebene (Eisberg-Modell)

Nachrichtenquadrat

Das Nachrichtenquadrat von FRIEDEMANN SCHULZ VON THUN (auch Kommunikationsquadrat oder Vier-Ohren-Modell) greift das Kommunikationsmodell von Watzlawick („Eisberg-Modell") auf und erweitert dies auf vier Kommunikationsebenen – Sachebene, Beziehungsebene, Selbstkundgabe und Appellebene.

Dahinter steht die Erkenntnis, dass in jeder Nachricht, die wir von uns geben, immer vier Botschaften gleichzeitig gesendet werden:

- eine Sachinformation (worüber spreche ich)
- eine Selbstkundgabe (was gebe ich von mir zu erkennen)
- einen Beziehungshinweis (was halte ich von dir und wie stehe ich zu dir)
- einen Appell (was möchte ich bei dir erreichen)

Hinzu kommt, dass unser Gegenüber entsprechend auch mit vier Ohren zuhört. Die Qualität der Unterhaltung ist davon abhängig, wie harmonisch die vier Botschaften auf die vier Ohren treffen [THUN03].

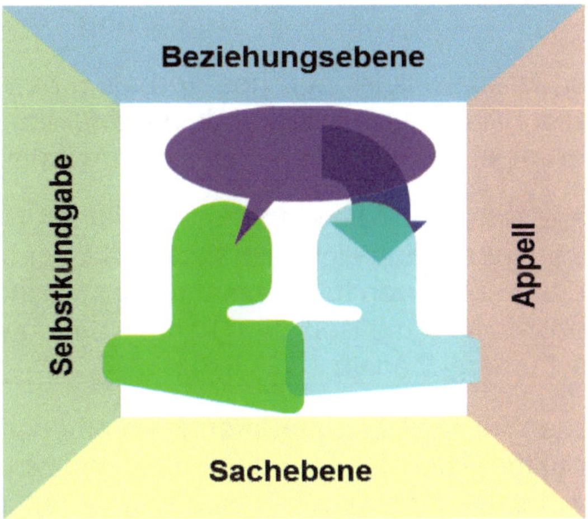

Abbildung 83 – Nachrichtenquadrat (eigene Darstellung)

Einen Überblick dieser Wechselbeziehungen gibt die folgende Tabelle.

	Sender	Empfänger
Sachebene	... vermittelt: den Sachverhalt klar und verständlich.	... hört auf: die Zahlen, Daten und Fakten, hat entsprechend viele Möglichkeiten einzuhaken.
Selbstkund-gabe	... offenbart: Was geht in mir vor, wofür ich stehe, wie fasse ich meine Rolle auf. **Ich-Botschaften**	... nimmt auf: Was sagt mir das über den Anderen? Was ist der für einer? Welche Stimmung hat er?
Beziehungs-ebene	... gibt zu erkennen: Was halte ich von ihm? Wie stehe ich zum anderen. **Du-Botschaften**	... entscheidet: Wie fühle ich mich durch die Art, in der der Andere mit mir spricht, behandelt? Was hält der Andere von mir und wie steht er zu mir?
Appellebene	... will etwas bewirken, erreichen, den Anderen zu etwas bewegen.	... fragt sich: Was soll ich jetzt machen, denken oder fühlen?

Tabelle 54 – Vier Ebenen des Nachrichtenquadrats

Auf welchem Ohr der Empfänger hört, können wir jedoch nicht beeinflussen; noch weniger seine innere Reaktion darauf. Diese ist von der inneren Landkarte des Empfängers wie auch von der Gesprächssituation und der Umgebung abhängig [THUN11].

Axiome der Kommunikation

PAUL WATZLAWICK entwickelte auf Basis von Erkenntnissen über Störungen der zwischenmenschlichen Kommunikation fünf Axiome[25] für menschliche Kommunikation, die es ermöglichen. diese Störungen zu erkennen bzw. zu vermeiden [BEND14, SIMO 06].

---

[25] Ein Axiom ist ein Grundsatz, für den es keinen Beweis bedarf.

Axiom	Erklärung
1. Man kann nicht *nicht* kommunizieren	Für Watzlawick ist jegliches Verhalten bzw. Handeln Kommunikation. Aber auch Nichthandeln hat für ihn Mitteilungscharakter. Darum ist es unmöglich, *nicht* zu kommunizieren.
2. Jede Kommunikation hat einen Inhalts- und einen Beziehungsaspekt	Jede Mitteilung, die ein Sender an einen Empfänger richtet, hat einen Inhalt. Zugleich enthält die Mitteilung jedoch noch eine weitere, über den Inhalt hinausgehende Information. Diese bezieht sich auf die Beziehung zum Kommunikationspartner (→ Eisberg-Modell)
3. Die Interpunktion der Ereignisfolge definiert die Beziehung	Jeder Teilnehmer einer Interaktion gibt der Beziehung eine Struktur. Auf jeden Reiz folgt eine Reaktion (Verhaltenskette), d.h. beide Kommunikationspartner sehen im Verhalten des Anderen die Ursache ihres Verhaltens. Jeder Reiz ist zugleich auch Kommunikation, da eine Kommunikation kreisförmig verläuft. Es gibt keinen Anfangspunkt.
4. Menschliche Kommunikation bedient sich analoger und digitaler Modalitäten	Die zwischenmenschliche Kommunikation erfolgt in genau bezeichenbarer (digitaler) oder ähnlicher (analoger) Form. Bei Zeichen (Buchstaben, Wörter, Zahlen), deren gegenständliche bzw. begriffliche Bedeutung für beide Gesprächspartner eindeutig ist, spricht man von digitaler Information. Lässt sich hingegen die Information nur indirekt bzw. ungefähr deuten (Blick, Mimik, Gebärde, Tonfall), so ist die Rede von analoger Kommunikation.
5. Kommunikation ist symmetrisch oder komplementär	Gehen beide Gesprächspartner von einem gleichrangigen Verhältnis zueinander aus, so verläuft die Kommunikation symmetrisch. Im Falle der komplementären Kommunikation stehen die beiden Gesprächspartner in einem Ergänzungsverhältnis (Vorgesetzter → Mitarbeiter).

Tabelle 55 – Fünf Axiome nach Watzlawick

7.3.2 Kommunikationskanäle

4.4.3 Persönliche Kommunikation / Kompetenzstufe 2

Der Projektleiter hat die Wahl zwischen zwei Typen von Kommunikationskanälen bzw. zwei Trägern der Information und Kommunikation – Medien und Menschen.

Über **Medien** können Informationen akustisch, schriftlich oder bildlich (visuell) bereitgestellt werden. Diese Grundformen können durch die Einrichtung technischer Kommunikationskanäle erweitert werden (Telekommunikation, Kommunikationsnetze, Kommunikationstechnik). Stakeholder haben dann die Möglichkeit, diese selbständig abzuholen (z.B. Intranet, Internet mit Login auf der Firmenwebsite) oder automatisiert zu erhalten (z.B. elektronischer Newsletter). Schriftliche Kommunikation erfolgt beispielsweise über Statusberichte, Artikel (z.B. Firmenzeitung, lokale Presse), Projektflyer und Dokumente. Neuere Plattformen wie Facebook (z.B. mit geschlossenen oder geheimen Gruppen) und X (Twitter) (z.B. über protected tweet) lassen interessante Möglichkeiten für die Projektkommunikation entstehen.

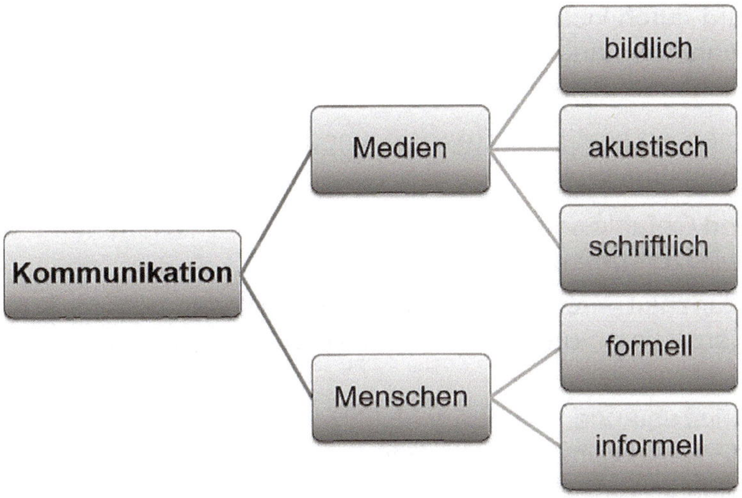

Abbildung 84 – Kommunikationskanäle

Die mündliche Kommunikation, also über bzw. mit **Menschen**, unterscheidet man in formelle und informelle Kommunikation. Die wichtigsten **formellen Kommunikationsarten** sind Meetings (z.B. wöchentlicher Jour Fixe) und Workshops (z.B. Projektstart-Workshop). Hilfreich und nützlich sind dabei eine strukturierte Tagesordnung inklusive Zeitplan und die konsequente Nachbereitung in Form von Verlaufs- oder Ergebnisprotokollen.

Informelle Kommunikation findet zwischen Personen in Form von ungeplanten Gesprächen, z.B. in der Kaffee-Ecke, statt. Über sie werden soziale Beziehungen aufgebaut bzw. gepflegt. Doch Vorsicht, informelle Gespräche sind immer wieder der Ausgangspunkt von Gerüchten. Verantwortlich ist dafür der „Stille-Post-Effekt". Dabei wird jede Nachricht bei der Weitergabe durch die eigene, subjektive Wahrnehmung kontinuierlich verändert. Um dies so weit wie möglich zu unterbinden, ist es wichtig, dass festgelegt wird, wer aus dem Projektteam nach außen kommuniziert und welche Informationen offiziell verteilt werden dürfen. Insiderwissen unautorisiert nach außen zu tragen, gefährdet die Vertrauensbasis innerhalb des Teams, bindet Ressourcen (vornehmlich die des Projektleiters), um die daraus entstandenen Brandherde zu löschen, und gefährdet möglicherweise in letzter Konsequenz den Projekterfolg.

Letztendlich ist es unerheblich, abgesehen von den möglicherweise negativen Effekten der informellen Kommunikation, über welchen Kanal kommuniziert wird. Entscheidend sind **Inhalt**, **Struktur** und **Format,** oder – anders ausgedrückt – was wird wie kurz und knapp, aber auch überzeugend und richtig übermittelt, um die Stakeholder **frühzeitig**, **regelmäßig**, **ehrlich** und **proaktiv** über den Fortschritt des Projektes auf dem Laufenden zu halten.

7.3.3 Störung der Wahrnehmung

4.4.3 Persönliche Kommunikation / Kompetenzstufe 2 (Level C)

Die an dieser Stelle beschriebenen Wahrnehmungsstörungen sind keine Störung im medizinischen Sinn. Es geht also nicht um Störungen in der Verarbeitung von Sinneseindrücken im Zentralnervensystem, sondern das Wahrnehmen innerhalb der Kommunikation mit anderen.

Kommunikation wird durch vieles beeinflusst – Ort, Zeit, Situation. Wir filtern Informationen, da unsere Wahrnehmung nach Sinnhaftigkeit und Widerspruchsfreiheit strebt und zudem von unserer gesammelten Erfahrung abhängt [SCHI14].

Was wir wahrnehmen, ist somit das Resultat eines komplexen Verarbeitungsprozesses und ist immer selektiv und subjektiv.

- Erfahrungen und Gefühle sorgen für eine Selektion – man nimmt nur wahr, was man wahrnehmen will (**Assimilation**)
- Struktur und Ganzheit – fehlt uns eine Information, nehmen wir subjektive Ergänzungen vor, interpretieren und hinterfragen die Interpretation aber nicht (**Akkommodation**)
- Negative Gefühlszustände, die durch nicht vereinbare oder sich gegenseitig sogar ausschließende Wahrnehmungen (Kognitionen) ausgelöst wird. Dies können widersprüchliche Gefühle, Vorstellungen, Wünsche, Ziele, Einstellungen, Meinungen, Absichten oder Gedanken sein (**kognitive Dissonanz**)

Diese Individualität in der Wahrnehmung wirkt sich ebenso auf unser Verhalten aus. Erleben wir eine Situation positiv und freundlich, agieren wir anders, als wenn wir sie negativ und bedrohlich erleben. Unser Verhalten wird nicht nur durch unsere Wahrnehmung beeinflusst, sondern beeinflusst die Wahrnehmung anderer (siehe auch Tabelle 55 – Fünf Axiome nach Watzlawick, speziell Axiom Nr. 3). Unser Gegenüber wird unsere Worte und Taten wahrnehmen und, ohne zu hinterfragen, aus seiner Erfahrung her heraus interpretieren [SCHI14].

Schulz von Thun greift in seinem Kommunikationsmodell diesen Sachverhalt auf und zeigt, dass jede Aussage auf vier verschiedenen Ebenen gemeint und verstanden werden kann (siehe Abbildung 83 – Nachrichtenquadrat).

7.3.4 Offene Kommunikation ermöglichen

4.4.3 Persönliche Kommunikation / Kompetenzstufe 1

7.3.4.1 Fragetechnik, Frageformen

Bei der Fragetechnik geht es um zwei wesentliche Gesichtspunkte, erstens fragend einen Dialog zu gestalten und zweitens die richtigen Fragen zu stellen. Um Unklarheiten zu vermeiden und Zusammenhänge zu verstehen, gilt es viel zu fragen, denn wer fragt, erhält Informationen. Fragen bedeuten auch Interesse am Gesprächspartner. Wer fragt, gewinnt im Gespräch Zeit zum Überlegen, und wer fragt, kann ein Gespräch in eine gewünschte Richtung lenken. Ganz nach dem Motto „Wer fragt, der führt." [BLIC05, SIMO06].

„Wenn du eine weise Antwort verlangst, musst du vernünftig fragen."

Johann Wolfgang von Goethe (1749 – 1832),
deutscher Dichter, u.a. „Götz von Berlichingen", „Faust"

Dafür gibt es verschieden Frageformen. Grundsätzlich wird zwischen offenen und geschlossenen Fragen unterschieden. **Offene Fragen** kann der Gesprächspartner im Gegensatz zu geschlossenen Fragen nicht mit „ja" / „nein" oder nur aus vorgegebenen Antwortmöglichkeiten beantworten. Selbst die kürzeste Antwort wird üblicherweise aus einem vollständigen Satz bestehen.

Offene Fragen werden auch als „W-Fragen“ bezeichnet, da sie immer mit einem Fragewort – wer, wie, was, wo, wann, ... – beginnen. Diese Frageform fördert den Informationsfluss, wirkt eher kooperativ. **Geschlossenen Fragen** fordern bzw. fördern Entscheidungen, sie sind eher direktiv.

Ein paar Beispiele für diese beiden Frageformen:

Offene Fragen	Provokationsfrage	„Wollen oder können Sie mir keine klare Antwort geben?“
	Rückfrage bzw. Gegenfrage	„Wie meinen Sie das?“
	Motivationsfrage	„Wie kamen Sie auf diese ausgezeichnete Idee?“
	Initialfrage	„Welches ist der wichtigste Punkt für Sie in unserem heutigen Gespräch?“
Geschlossene Fragen	Kontrollfrage	„Wir sind uns also über das Vorgehen zur Lösung des Problems einig?“
	Erlaubnisfrage	„Darf ich das Flipchart benutzen?“
	Alternativfrage	„Starten wir das Projekt in Q1 oder Q2?“
	Suggestivfrage	„Sie stimmen mir doch zu, oder?“

Tabelle 56 – Frageformen (Beispiele)

7.3.4.2 Aktives Zuhören

Arten des Zuhörens

Zur gelungenen Kommunikation gehören die Fähigkeit und Bereitschaft des Zuhörens. Zuhören können wir auf verschiedene Arten:

aktiv	innere Zusammenhänge der Äußerungen erfassen, keine eigenen Ergänzungen machen, auf den Gesprächspartner eingehen
aufnehmend	Aufmerksamkeit zeigen, kommentierender Blickkontakt, Zuhörfloskeln wie: aha, so, ja, mhm, ...
umschreibend	das Gehörte mit eigenen Worte wiedergeben, Rückmeldung, wie das Gesagte verstanden wurde, das Gehörte darf erläutert und erweitert werden
pseudo	Auftakt zum eigenen Sprechen, Floskeln wie Ja, da haben sie recht, aber ...; Ich verstehe, aber ...

Tabelle 57 – Arten des Zuhörens

Aktives Zuhören

Aktiv, aufnehmend und umschreibend finden sich in entsprechender Form im Aktiven Zuhören wieder. Das **Aktive Zuhören** (ursprünglich von CARL ROGERS in der klientenzentrierten Gesprächstherapie entwickelt) ist die anspruchsvollste Form des Zuhörens und stellt eine wichtige Fähigkeit zur Verbesserung der zwischenmenschlichen Kommunikation dar [THUN11, KNIL10].

Laut Rogers sind es drei grundlegende Merkmale, die zu einer gelingenden Kommunikation führen: **Empathie** (einfühlendes Verstehen), **Kongruenz** (Echtheit) und emotionale positive **Wertschätzung** [RÖHN16].

Aktives Zuhören heißt, sich in den Gesprächspartner einfühlen, beim Gespräch mitdenken und dem Gesprächspartner Aufmerksamkeit und Interesse entgegenbringen, oder anders ausgedrückt: *„Zuhören ist eine Tätigkeit, manchmal sogar eine anstrengende Arbeit.“* [BLIC05, Seite 24]

„Wirklich zuhören können nur ganz wenige Menschen.“
Michael Ende (1929 –1995), deutscher Schriftsteller
u.a. „Momo“, „Die unendliche Geschichte“

Grundregeln für das aktive Zuhören sind [THUN03, BLIC05, KREY05]:

Beziehung	Zuhören und -sehen	Schweigen und Blickkontakt signalisieren dem Gesprächspartner, dass er/sie weiter sprechen soll
	Quittieren	mittels eines Handlungsechos, z.B. aufmunternde Geste, Nicken, „aha“, „hmm“
Inhalt	Nachfragen	Interesse bekunden, Verständnisfragen stellen
	Wiederholen (Reframing)	Verbalisieren, das Gehörte in eigene Worte fassen
Gefühle	Ansprechen des Unausgesprochenen	Verbalisieren, was „zwischen den Zeilen steht“, also Aspekte zur Sprache bringen, die evtl. noch gar nicht ausdrücklich erwähnt wurden bzw. noch nicht deutlich genug erscheinen. Formuliert als Ich-Botschaften. → findet hauptsächlich bei der Konfliktmoderation und im Coaching Anwendung

Tabelle 58 – Grundregeln Aktives Zuhören

7.3.4.3 Feedback

Feedback stellt einen fundamentalen Bestandteil der Kommunikation dar. Dabei ist auf Seiten des Feedback-Nehmers die Fähigkeit und Bereitschaft zum Zuhören erforderlich. Feedback zu erhalten bedeutet, dass das eigene Verhalten und Handeln aus der Sicht eines anderen dargestellt werden. Es trägt dazu bei, dass wir eine bessere Vorstellung von uns selbst gewinnen können, und unterstützt die persönliche Weiterentwicklung (siehe auch Kapitel *„Reflexion der eigenen Teamrolle – JoHari-Fenster“*).

Feedbackregeln

Voraussetzung für eine positive und förderliche Wirkung des Feedbacks sind folgende Grundregeln:

- Feedback muss erwünscht sein
- der Feedback-Geber verwendet Ich-Botschaften
- Feedback soll ehrlich sein
- Feedback ist sachlich
- Feedback thematisiert Änderbares
- Feedback erfolgt zeitnah

Als „Vorgehensmodell" für strukturiertes Feedback eignet sich das Akronym **W I E V**

- meine **W**ahrnehmung
- meine **I**nterpretation
- Welche **E**motion(en) wurde(n) bei mir ausgelöst?
- mein Wunsch zur **V**erhaltensänderung an Dich

WIEV lässt sich auch mit Hilfe des Nachrichtenquadrats darstellen. Die folgende Tabelle zeigt die Zusammenhänge [THUN11].

		Beispiel
	Empathie schaffen	„Bei Dir höre ich ..." „Habe ich Dich da richtig verstanden ..."
W	Sachkommentar (persönliche Einschätzung)	„Hier stecken folgende Themen drin ..." „Hier handelt es sich um ..."
I	Beziehung (Du-Botschaft)	„Du wirkst auf mich ... „ „Ich erlebe Dich ..."
E	Selbstkundgabe (Ich-Botschaft)	„Mir geht es ..." „Ich kenne es ... „
V	Appell	„Mein Wunsch an Dich ..."

Tabelle 59 – Feedback und das Nachrichtenquadrat

Zwei weitere Feedback-Varianten sind bspw.

- der **Feedback-Burger** (auch Feedback-Sandwich), der die sachliche, konstruktive Kritik in zwei „Brötchenhälften" verpackt. Die untere Brötchenhälfte ist der positive Einstieg (Lob, Bestärkung), der Belag ist die konstruktive Kritik (Was habe ich wahrgenommen? Wie hat es auf mich gewirkt? Was würde ich mir wünschen?) und die obere Brötchenhälfte schließt das Feedback mit einem positiven Ausblick ab.
- die drei „W" – **W**ahrnehmung, **W**irkung, **W**unsch. Begonnen wird mit der eigenen Wahrnehmung (Achtung: keine Interpretation!), gefolgt von der Wirkung auf den Feedback-Geber und dessen Wunsch der Veränderung.

Unterscheidung Feedback und Antwort

Feedback ist die *allgemeine* Rückmeldung, die über eine Handlung oder eine Leistung gegeben wird, ohne dass eine spezifische Frage gestellt wurde. Es dient dazu, Informationen, Meinungen oder Bewertungen zu vermitteln, um Verbesserungen zu fördern oder Anerkennung auszudrücken.

Eine **Antwort** auf eine gestellte Frage ist eine direkte Reaktion. Sie zielt darauf ab, *spezifische Informationen* oder *Klarstellungen* bereitzustellen, die der Fragende sucht. Die Antwort ist eng an den Kontext der Frage gebunden und hat das Ziel, eine bestimmte Information zu vermitteln oder eine Unsicherheit zu beseitigen.

7.3.5 Virtuelle Teams

4.4.3 Persönliche Kommunikation / Kompetenzstufe 1

Virtuelle Teams interagieren standortübergreifend, oft auch länder- und zeitzonenübergreifend miteinander, um gemeinsame oder voneinander abhängige Aufgaben zu bearbeiten. Sie kommunizieren nur selten persönlich und bedienen sich daher bei Kommunikation und Zusammenarbeit sehr stark verschiedener Collaboration-Tools wie z. B. Instant Messenger, Video- und Audio-Conferencing-Dienste, etc. Die Teammitglieder sind sich i.d.R. eher fremd [BOHI11, MOTZ17]

Ein Collaboration-Tool bzw. eine Collaboration-Software bietet verschiedene Funktionen zur Verwaltung von Projekten. Ein solches Tool kann beispielsweise folgende Inhalte und Features unterstützen:

- Ideenfindung bzw. das gemeinsame kreative Arbeiten
- Dokumente und weitere Daten mit anderen Nutzern teilen
- Echtzeitkommunikation
- Arbeitsprozess planen und überblicken

Sie schaffen damit die Voraussetzung, dass virtuelle Teams ihre Arbeit an verschieden Orten zu unterschiedlichen Zeiten durchführen und so zeitgleich auf Beiträge reagieren können (**synchrone** Kommunikation)**.**

Beispiele[26]

- Ideen sammeln (z.B. Webspiration, MindMeister, Mind42)
- Projektmanagement (z.B. Planio, Basecamp, Projectplace, Trello)
- Collaborative-Writing-Tools (z.B. Google Docs, Miro, Collaboard)
- Filesharing (z.B. Dropbox, box, File Dropper, Next Cloud)
- Instant Messenger für die schnelle Kommunikation (z.B. Yammer, MS Teams)
- Audio- und Video-Conferencing (z.B. MS Teams, Zoom, GoTo Meeting, WebEx)
- Wiki-Tools (z.B. MediaWiki, Google Sites)

Im Gegensatz dazu steht die **asynchrone** (zeitversetzte) Kommunikation, d.h. zwi-

[26] Anmerkung: Hierbei handelt es sich **nicht** um Produktempfehlungen! Jeder Einsatz eines solchen Tools bedarf einer genauen Bedarfsanalyse und Überprüfung der rechtlichen Situation

schen den einzelnen Beiträgen gibt es einen zeitlichen Versatz (z.B. Brief, E-Mail, Diskussionsforum).

Für eine positive und erfolgreiche virtuelle Zusammenarbeit ist es – neben der Wahl der Collaboration-Tools – notwendig, Verhaltensregeln für die gemeinsame Projektarbeit im Team aufzustellen und auch auf die Einhaltung derselben während des Projekts zu achten.

Zu diesen Regeln zählen auch die **Netiquette** (ein sog. Kofferwort[27] aus dem englischen **net** (das „Netz“) und dem französischen **etiquette** („Verhaltensregeln“)). Darunter wird das (gute) Benehmen in der virtuellen Kommunikation zusammengefasst mit dem Ziel, allen Teammitgliedern eine angenehme Art der Kommunikation zu ermöglichen. Eines der bekanntesten Dokumente zu diesem Thema ist „RFC 1855“ – ein Papier, das im Jahr 1995 eine Intel-Mitarbeiterin namens SALLY HAMBRIDGE verfasste. Das Dokument umfasst 20 Seiten voller Richtlinien für Mails, Chats, Einzel- und Gruppenkommunikation.[28] Darin enthalten ist etwa die sogenannte Robustheitsregel: „Sei konservativ mit dem, was du versendest, und liberal mit dem, was du empfängst.“ Allerdings wurde das Papier nicht aktualisiert, so dass die eine oder andere Regel heute eher zum Schmunzeln anregt [BÖS18].

Die Regeln betreffen u.a.

- Zwischenmenschliches (z.B. Formulierung und Inhalt sollten dem Zielpublikum gegenüber angemessen sein)
- Technik (z.B. Einhaltung der Standards zur Übermittlung von Nachrichten)
- Lesbarkeit (z.B. das Schreiben in GROSSBUCHSTABEN oder andauernde Fettschrift wird in der Regel als aggressives Schreien interpretiert)
- Sicherheit (z.B. Weglassen, was nicht für Dritte bestimmt ist)
- Rechtliches (z.B. Einhaltung geltenden Rechts bei der Nutzung von Texten und Bildern)

7.4 Beziehung und Engagement

Beziehung und Engagement (4.4.4)

„Persönliche Beziehungen bilden die Grundlage für eine produktive Zusammenarbeit, persönlichen Einsatz und das Engagement anderer. ... In den Aufbau dauerhafter und stabiler Beziehungen mit Einzelpersonen müssen Zeit und Aufmerksamkeit investiert werden.“ [GPM17a, Seite 77]

7.4.1 Motivation und Motivierung

4.4.4 Beziehung und Engagement / Kompetenzstufe 1 | „Sprenger 5 B“ und „Herzberg 2-Faktoren-Theorie“ / Kompetenzstufe 2 (Level C)

Motivation steht für die innere Antriebskraft und Bereitschaft, in einer bestimmten Weise zu handeln bzw. das Verhalten geschieht um seiner selbst willen. Damit der Projektmitarbeiter seine Aufgaben erfolgreich umsetzt, sind keine „Techniken“ notwendig. Er ist **intrinsisch** motiviert, weil die Aufgabe als spannend, anspruchsvoll und sinnvoll

[27] Ein Kofferwort (auch Schachtelwort), ist ein Kunstwort, das aus mindestens zwei morphologisch überlappenden Wörtern entstanden ist, die zu einem inhaltlich neuen Begriff verschmolzen sind.
[28] RFC 1855 im Wortlaut: https://www.heise.de/netze/rfc/rfcs/rfc1855.shtml

wahrgenommen wird, d.h. er handelt aus eigenem Antrieb. Das Bearbeiten der Aufgabe wird vom Mitarbeiter als wertvoll und bereichernd angesehen (tätigkeitszentrierte Motivationsstruktur). In diesem Zusammenhang wird häufig auch der Begriff „Selbstmotivation“ verwendet [RHEI18].

Anders sieht es bei **Motivierung** aus. Motivierung steht für die Fragen „Wie bringe ich meine Mitarbeiter dazu, das zu tun, was sie nicht möchten?“ und „Wie bringe ich meine Mitarbeiter dazu, das zu wollen, was ich will?“ Motivierung manipuliert.

RHEINHARD SPRENGER hat dazu die **5 B** der Motivierungstechniken zusammengestellt [SPRE21].

		Strategie	Ausprägung
Motivierungs-techniken	Bedrohen	Zwang	„Du machst das jetzt, sonst ...“
	Bestrafen		„... sonst schadest du dir nur selbst.“
	Bestechen	Ködern	„Ein Bonus wäre möglich, wenn ...“
	Belobigen	Verführung	„Du bist die Stütze des Projektes.“
	Belohnen	Vision	„Du bist einer von uns, wenn ...“

Tabelle 60 – Motivierungstechniken

Motivierung ist **extrinsisch**, d.h. der Mitarbeiter handelt nur, um negative Folgen (bedrohen, bestrafen) zu vermeiden oder positive Folgen zu erzielen (bestechen, belohnen, belobigen). Der Beweggrund des Verhaltens liegt, anders als bei der intrinsischen Motivation, außerhalb der eigentlichen Handlung. Das Umsetzen der Aufgabe wird damit Mittel zum Zweck (zweckzentrierte Motivationsstruktur).

„Jede äußere Motivierung zerstört die innere Motivation.“
Reinhard Sprenger (geb. 1953), Autor und Managementtrainer

7.4.2 Maslow’sche Bedürfnishierarchie

4.4.4 Beziehung und Engagement

Um die Motivation seiner Projektmitarbeiter zu verstehen, ist es sinnvoll, die Bedürfnisse der Mitarbeiter zu kennen. Mit den Motiven von Menschen hat sich in den1950er und 1960er Jahren u.a. der amerikanische Psychologe ABRAHAM MASLOW beschäftigt.

MASLOW stellte in seinen Beobachtungen fest, dass Bedürfnisse unterschiedliche Prioritäten haben und damit eine Art Reihenfolge für diese entsteht. So dürften beispielsweise bei einer Person, der Nahrung, Sicherheit, Liebe und Wertschätzung fehlt, die Motivation das Bedürfnis „Hunger“ zu befriedigen wesentlich stärker ausgeprägt sein als für die anderen Bedürfnisse [MASL43].

Diese damals von Maslow veröffentlichte „Bedürfnishierarchie“ wurde später von WERNER CORRELL, einem deutschen Psychologen, in ein Pyramidenmodell hineininterpretiert, das sich bis heute hartnäckig hält.

Ein weiterer, weit verbreiteter Irrtum ist die Annahme, dass eine Bedürfnisebene erst zu 100% erfüllt sein muss, bevor das Bedürfnis der nächsten Ebene motivierend wirken kann. MASLOW selbst schreibt dazu „*We have spoken in such terms as the following: 'If one need is satisfied, then another emerges.' This statement might give the* ***false impression*** *that a need must be satisfied 100 per cent before the next need emerges.*" [MASL43, S. 388]

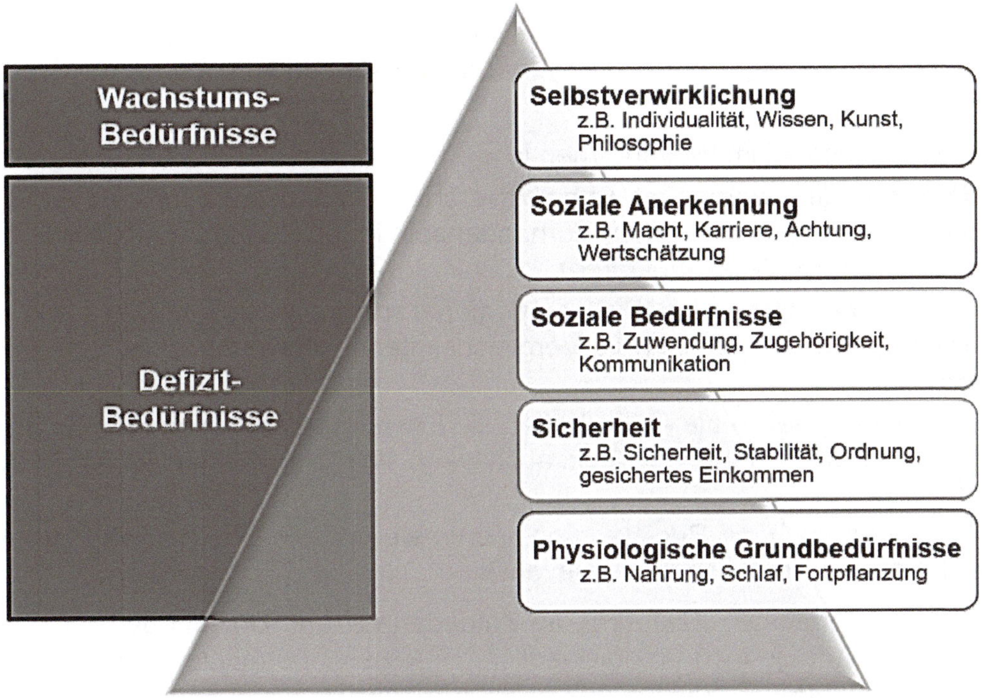

Abbildung 85 – Maslow'sche Bedürfnishierarchie

Das Modell verdeutlicht, dass Menschen unterschiedliche Bedürfnisse haben und daher auch unterschiedliche Interessen verfolgen. MASLOW unterscheidet **Defizit-** und **Wachstumsbedürfnisse**. Defizitbedürfnisse müssen befriedigt sein, damit der Mensch zufrieden ist. Sind diese erfüllt, so führt ein Mehr an Erfüllung zu keiner weiteren Motivation. Wachstumsbedürfnisse hingegen können nie wirklich vollständig befriedigt werden, es gibt hier keine persönliche Grenze, an der die Selbstverwirklichung stoppt.

7.4.3 Herzberg – Zwei-Faktoren-Theorie

4.4.4 Beziehung und Engagement / Kompetenzstufe 1 (Level C)

Ein ähnliches Interesse verfolgte Frederick HERZBERG mit seiner Zwei-Faktoren-Theorie. Er stellte aber im Gegensatz zu MASLOW nicht die Grundbedürfnisse des Menschen in den Vordergrund, sondern die Zufriedenheit bzw. Unzufriedenheit am Arbeitsplatz. Hierbei unterscheidet er ***Motivatoren*** und ***Hygienefaktoren***.

Motivatoren stehen hier für Auslöser von Zufriedenheit, ***Hygienefaktoren*** für die Verhinderung von Unzufriedenheit. Jedoch ist fehlende Unzufriedenheit nicht automatisch gleichzusetzen mit Zufriedenheit und umgekehrt. Generell sind Erfolgserlebnisse, Anerkennung, interessante Aufgaben, Übernahme von Verantwortung und Karrierechancen bzw. Entwicklungsmöglichkeiten eher Motivatoren (beziehen sich auf den Arbeitsinhalt). Gute Arbeitsbedingungen, kollegiales Verhältnis, faire Vorgesetzte, funktionierende Organisation und als fair empfundene Bezahlung verhindern eher Unzufriedenheit, sind also Hygienefaktoren (beziehen sich auf die Arbeitsumgebung).

Betrachtet man die oben angeführte Beschreibung für Motivatoren und Hygienefaktoren, so lassen sich Hygienefaktoren der extrinsischen und Motivatoren eher der intrinsischen Motivation zuordnen.

Eine Entsprechung dieser Theorie findet sich im Modell von NORIAKI KANO. Sein Modell betrachtet die Beziehung zwischen ***Produktmerkmalen*** und der ***Kundenzufriedenheit*** [SCHM15].

Er unterscheidet dabei im Wesentlichen in:

- **Basismerkmale** – werden oft als selbstverständlich angesehen. Deren Fehlen führt zu Unzufriedenheit, während ihr Vorhandensein jedoch keine besondere Zufriedenheit hervorruft (→ *Hygienefaktoren*)
- **Leistungsmerkmale** – sind direkt proportional zur Kundenzufriedenheit. Sie werden explizit erwartet und oftmals als Vergleichskriterium für unterschiedliche Produkte verwendet.
- **Begeisterungsmerkmale** – übertreffen die Erwartungen der Kunden. Sie erzeugen einen hohen Grad an Zufriedenheit, auch wenn sie nicht erwartet wurden (→ Motivatoren)

Daneben gibt es noch die Rückweisungsmerkmale und die Unerheblichen Merkmale, die aber für diesen Vergleich nicht relevant sind.

Beide Modelle betrachten Faktoren, die Zufriedenheit und Unzufriedenheit beeinflussen. Der Kontext ist jedoch unterschiedlich. HERZBERG betrachtet Arbeitsumfeld und -inhalt, KANO hingegen Produkte und Dienstleistungen.

7.4.4 Selbstbestimmungstheorie nach Deci/Ryan

4.4.4 Beziehung und Engagement / Kompetenzstufe 1

EDWARD L. DECI und RICHARD M. RYAN haben zusammen die Selbstbestimmungstheorie (Self-Determination Theory, SDT) entwickelt, die besagt, dass Menschen ein angeborenes Bedürfnis nach **Autonomie**, **Kompetenz** und **sozialer Eingebundenheit** haben. Gemäß DECI und RYAN wird die menschliche Motivation im Wesentlichen durch diese drei Grundbedürfnisse (basic human needs) geleitet. Wenn diese erfüllt werden, ist eine Person intrinsisch motiviert und glücklich [GPM17b].

Bedürfnis	Ausprägung
Autonomie	... heißt, selbstbestimmt und unabhängig entscheiden und handeln zu können. Fremdsteuerung, z. B. aufgrund einer politischen Lage oder auch durch persönliche Umstände, kann die Freiheit eines Menschen einschränken.
Kompetenz	... bezieht sich darauf, dass wir uns in dem, was wir tun, kompetent und effektiv fühlen. So möchte der Mensch beispielsweise auch herausfordernde Situationen souverän managen. Eine Person, die kompetent bzw. selbstwirksam handelt, ist überzeugt, dass er bzw. sie Aufgaben gut erledigen kann und glaubt an sich und die eigenen Fähigkeiten.

Soziale Eingebundenheit	... ist das Ausmaß, in dem Individuen mit sozialen Gruppen verbunden sind. Dieses Konzept wurde in der Sozialpsychologie und Soziologie untersucht und bezieht sich auf die Art und Weise, in der Menschen durch soziale Beziehungen mit anderen verbunden sind; also z. B. wie nahe wir uns unserer Familie, Freunden und unseren Kollegen und Kolleginnen fühlen.

Tabelle 61 – Grundbedürfnisse nach Deci/Ryan

Anknüpfend an die Bedürfnishierarchie nach MASLOW lässt sich Zuordnung dieser Grundbedürfnisse wie folgt deuten [GPM17b]:

	Maslow	Deci/Ryan
Wachstumsbedürfnisse	Selbstverwirklichung	Autonomie (Gefühl von Freiwilligkeit bzw. Selbstbestimmung)
		Kompetenz (Gefühl, etwas bewirken zu können)
Defizitbedürfnisse	Soziale Anerkennung	Soziale Eingebundenheit (Gefühl, eine bedeutungsvolle Beziehung zu anderen zu haben)
	Soziale Bedürfnisse	
	Sicherheitsbedürfnisse	
	Physiologische Bedürfnisse	

Tabelle 62 – Vergleich Bedürfnishierarchie und Grundbedürfnisse

Die beiden untersten Ebenen der Defizitbedürfnisse bei MASLOW finden im Modell von DECI/RYAN keine Entsprechung. Körperliches Wohlbefinden und Sicherheit können durchaus als notwendige Voraussetzung dafür interpretiert werden, dass die drei Grundbedürfnisse überhaupt handlungsleitend werden können.

> Anmerkung
> Ähnliches beschreibt zum Beispiel auch DANIEL PINK. Er kommt bei seinen Studien zum Thema „was Menschen motiviert“ im Ergebnis auf die drei Bedürfnisse [PINK 11]
> - **Selbstbestimmung** (Autonomy) i.S.v. was mach ich wann, wie und wo
> - **Sinnerfüllung** (Purpose) i.S.v. warum mach ich etwas (siehe auch → Kapitel 3.3.2.2 Zielfunktionen)
> - **Perfektionierung** (Mastery] i.S.v. ständige Verbesserung der eigenen Fähigkeiten

Im Zusammenhang mit der Selbstbestimmungstheorie beschreiben DECI/RYAN auf Basis der Autonomie eine Skala von geringer Selbstbestimmung (externe Motivierung) bis hohe Selbstbestimmung (intrinsische Motivation). Ihr **Motivationskontinuum** beschreibt mit sechs Stufen die „Qualität“ einer motivierten Handlung [STAN23].

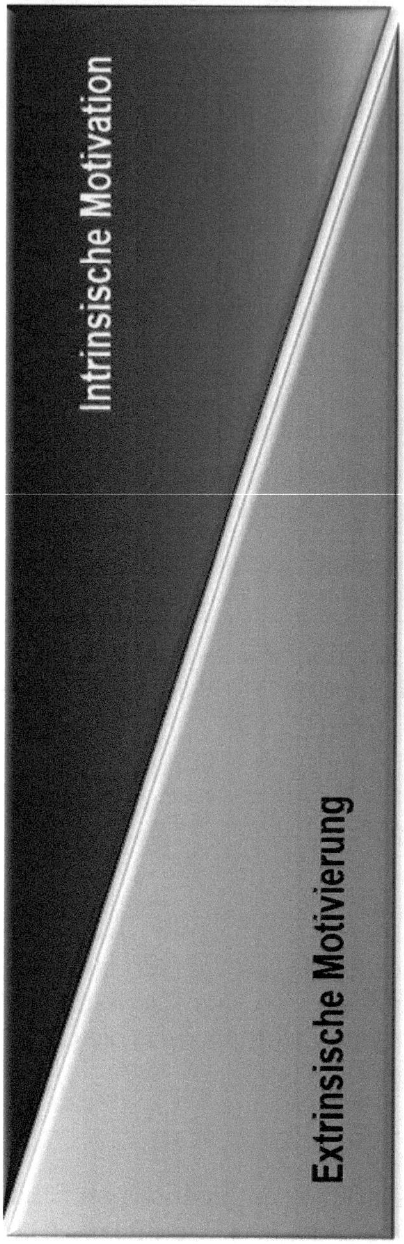

Nicht Regulation	Externale Regulation	Introjizierte Regulation	Identifizierte Regulation	Integrierte Regulation	Intrinsische Regulation
Amotivation	Extrinsische Motivierung, kontrolliert	Extrinsische Motivierung, eher kontrolliert	Extrinsische Motivierung, eher autonom	Extrinsische Motivierung, autonom	Intrinsische Motivation, autonom
Person handelt, …					
… nicht, da die Handlung für sie keinen Wert besitzt, nicht zum gewünschten Ergebnis führt oder die eigene Kompetenz dafür fehlt.	… um Belohnungen zu erhalten oder Bestrafungen zu entgehen. Die Handlungen werden von äußeren Faktoren, wie Geld, Bestätigung durch andere oder Angst vor Strafen, angetrieben.	… weil sie sich selbst unter Druck setzt oder aus Schuldgefühlen oder Scham handelt. Die Handlungen werden von inneren, aber dennoch kontrollierenden Faktoren angetrieben.	… weil sie die Bedeutung oder den Wert einer bestimmten Handlung erkennt und sich bewusst dafür entscheidet. Die Motivation beruht auf persönlich wichtigen Zielen und Werten.	… weil die Handlung zum Selbst gehört und mit den eigenen Werten und Bedürfnissen übereinstimmt. Die Handlungsursache liegt in der Person selber.	… aus innerer Freude, Interesse oder Neugierde an der Aktivität selbst, ohne äußere Belohnungen oder Anreize. Die Handlungen werden als befriedigend und sinnvoll empfunden.

Abbildung 86 – Motivationskontinuum nach Deci/Ryan

7.5 Führung

Führung (4.4.5)

„FÜHRUNG (Leadership) bedeutet, eine Richtung vorzugeben und Einzelpersonen und Gruppen anzuleiten. Die Kompetenz umfasst die Fähigkeit, passende Führungsstile in unterschiedlichen Situationen einzusetzen“ [GPM17a, Seite 81]

7.5.1 Führungsstile

4.4.5 Führung / Kompetenzstufe 1

Die Führungslehre stellt eine Vielzahl von Modellen zur Verfügung, um Führungsstile zu kategorisieren. Diese Modelle basieren auf verschiedenen Dimensionen, darunter Aufgaben- und Mitarbeiterorientierung sowie Partizipationsorientierung [WUND11].

Typologie nach	Dimensionen	Führungsstile
Lewin	nicht explizit bekannt	autoritär demokratisch laissez-faire
Tannenbaum/ Schmidt	Entscheidungspartizipation	autoritär patriarchisch informierend beratend kooperativ partizipativ demokratisch
Blake/Mouton	Aufgabenorientierung Mitarbeiterorientierung	Impoverished Management Task Management Middle of the Road Management Team-Management Country Club Management
Blanchard	unterstützendes Verhalten dirigierendes Verhalten Reifegrad des Mitarbeiters	Directing (dirigieren) Coaching (trainieren) Supporting (unterstützen) Delegating (delegieren)

Tabelle 63 – ausgewählte Führungsstiltypologien

„Management bedeutet, die Dinge richtig zu tun.
Führung bedeutet, die richtigen Dinge tun.“
Peter Drucker (1909 – 2005), Pionier der modernen Managementlehre

7.5.1.1 Typologie nach K. Lewin

4.4.5 Führung / Kompetenzstufe 1

Der Sozialpsychologe KURT LEWIN (1890 – 1947) wird als Vater der klassischen Führungsstile bezeichnet. Er untersuchte im Rahmen der IOWA-Studie[29] die Auswirkung seiner Führungsstile auf das individuelle und das Gruppenverhalten von Kindern und Jugendlichen. Sein Fokus lag dabei auf Produktivität, Zufriedenheit, Gruppenzusammenhalt und Effizienz.

Führungsstil	Ausprägung
autoritär	Alle Informationen bündeln sich bei der Führungskraft Regeln und Anweisungen bestimmen die Abläufe Bedürfnisse der Mitarbeiter spielen keine Rolle Aufgaben werden ohne Diskussion delegiert Kein Raum für Eigeninitiative
demokratisch bzw. kooperativ	Offene Kommunikation Zulassen von Ideen und Kritik Mitsprachemöglichkeit und Entscheidungsteilhabe der Mitarbeiter Eine Kultur des gegenseitigen Respekts
laissez-faire	Geringe Anteilnahme an den Arbeitsabläufen Aussagen und Instruktionen oft diffus Unpersönlicher Umgang mit den Mitarbeitern Die Mitarbeiter sind sich selbst überlassen

Tabelle 64 – Führungsstile nach Lewin

Im Ergebnis der Studie zeigte sich, dass die Gruppe ohne Führung („laissez-faire") im Vergleich zu den autoritär bzw. kooperativ geführten Gruppen in Bezug auf Aufgabeninteresse, Teamgeist und Zufriedenheit deutlich schlechter abschnitt.

Anmerkung des Autors

Laissez-faire wird in der Literatur überwiegend als „Nicht-Führung" bezeichnet.

„… laissez-faire hat keinen Bezug mehr zum Führungsbegriff." [WUND11, Seite 210]

„Laissez-faire-Führungskräfte haben ihren Mitarbeitern nicht sehr viel zu bieten („Nicht-Führung"). Sie meiden Entscheidungen, zögern zu handeln und sind oft nicht da, wenn sie gebraucht werden." [JONA14, Seite 497]

Auch steht dieser „Führungsstil" im Widerspruch zur ICB 4.0, in der Führung als „… eine Richtung vorzugeben und Einzelpersonen und Gruppen anzuleiten" definiert wird.

7.5.1.2 Führungskontinuum nach Tannenbaum/Schmidt

4.4.5 Führung / Kompetenzstufe 1

Der bekannteste eindimensionale Ansatz ist das 1958 von Robert Tannenbaum und Warren H. Schmidt entwickelte Führungsmodell. Dieses Führungskontinuum unterscheidet je nach Grad der Mitarbeiterbeteiligung an Entscheidungen sieben verschiedene Führungsstile [TANN58].

[29] 1939 – 1940 führten Kurt Lewin und seine Mitarbeiter an der IOWA University Elementary School Experimente zum autoritären und demokratischen Führungsverhalten durch

Entscheidung durch ↓	autoritär	patriarchalisch	informierend	beratend	kooperativ	partizipativ	demokratisch
Vorgesetzter	X	X	X	X	X		
MA/ Gruppe					X	X	X
Führen über	Anordnung, Zwang	Versuch, die MA von der getroffenen Entscheidung zu überzeugen	Fördern von Fragen, um Akzeptanz für die bereits getroffene Entscheidung zu erreichen	Information über die beabsichtigte Entscheidung. MA können ihre Meinung äußern bevor die Entscheidung getroffen wird	MA entwickeln Vorschläge, Vorgesetzter entscheidet sich für die von ihm/ihr favorisierten Alternative	MA entscheidet gem. der festgelegten Ziele und des Entscheidungs-spielraums	MA entscheidet, Vorgesetzter fungiert als Koordinator nach innen und außen

Abbildung 87 – Führungskontinuum

TANNENBAUM und SCHMIDT arbeiteten drei Einflussfaktoren heraus, die bei der Wahl des Führungsstils von Bedeutung sind. Abhängig von der gegebenen Konstellation ist dann situativ ein jeweils anderer Führungsstil anzuwenden [TANN58]:

Einflussfaktoren		
Vorgesetzte	Mitarbeiter	Situation
• Ihr Wertesystem • Ihr Vertrauen in ihre Mitarbeiter • Ihr Wunsch bzw. Wille zu führen • Ihr Umgang mit unsicheren Situationen (Ambiguitätstoleranz)	• Bedarf an Unabhängigkeit • Bereitschaft, Verantwortung für die Entscheidungsfindungsfindung zu übernehmen • Ambiguitätstoleranz • Engagement für das Problem • Qualifikation und Erfahrung	• Werte der Organisation • Zusammenarbeit im Team • Art des Problems • Zeitdruck

Tabelle 65 – Einflussfaktoren auf die Wahl des Führungsstils

Das Modell reduziert den Führungsstil auf das Entscheidungsverhalten des Führenden. Damit wird zwar der in Vorgesetzen-Mitarbeiter-Beziehungen bedeutsame Faktor Macht thematisiert, Aspekte der Beziehungsgestaltung bleiben jedoch unberücksichtigt. Gerade die soziale Qualität in dieser Beziehung hat aber zentralen Einfluss auf die Entscheidungsfindung [WUND11].

7.5.1.3 Managerial Grid Modell (Blake/Mouton)

4.4.5 Führung / Kompetenzstufe 2 (Level C)

Grundlage des 1964 von ROBERT R. BLAKE und JANE S. MOUTON entwickelten Managerial Grid Modell bildet ein zweidimensionales Raster mit den Achsen „Aufgabenorientierung" (concern for production) und „Mitarbeiterorientierung" (concern for people). Die beiden Achsen werden in jeweils neun Stufen unterteilt. Dadurch entstehen 81 theoretisch mögliche Kombinationen. BLAKE und MOUTON haben die fünf wesentlichen Kombinationen beschrieben, die es Projektleitern ermöglichen, ihr Führungsverhalten zu erkennen [WUND11, PATZ17].

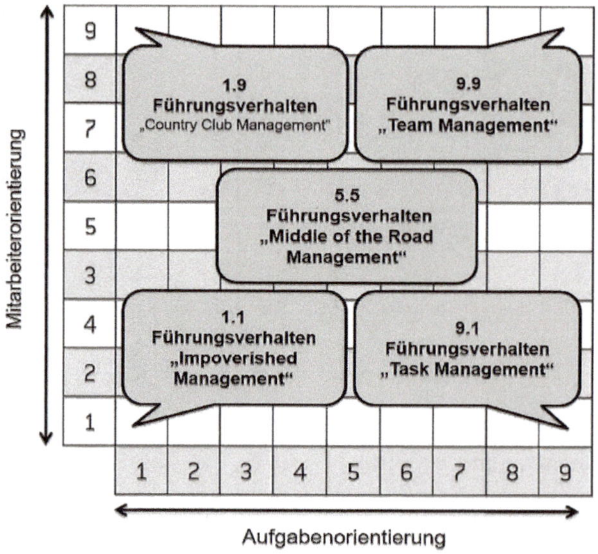

Abbildung 88 – Managerial Grid (Verhaltensgitter)

Führungsverhalten	Beschreibung
Impoverished Management (1.1)	Der Projektleiter kümmert sich weder um die Arbeitsleistung der Mitarbeiter noch um deren Zufriedenheit, was zu minimaler Anstrengung bezüglich der zu erledigenden Aufgaben führt →„Neutralität des Nichtstuns"
Country Club Management (1.9)	Der fehlende Leistungsdruck und die Betonung der Mitarbeiterinteressen führen zu einem gemächlichen Arbeitstempo und angenehmen Betriebsklima. Die Produktivität wird allerdings vernachlässigt → bequem und angenehm
Middle of the Road Management (5.5)	Kompromissorientiertes Führungsverhalten des Projektleiters, das für ein Gleichgewicht zwischen der Notwendigkeit, die Arbeit zu tun, und einer angenehmen Arbeitsatmosphäre sorgt → Anpassung und Kompromiss
Task Management (9.1)	Bei diesem Verhalten werden die Belange der Mitarbeiter übergangen. Das Ergebnis wird in den Vordergrund gestellt. Der Einfluss persönlicher Faktoren wird auf ein Minimum beschränkt (autoritärer Führungsstil) → produzieren oder untergehen
Team-Management (9.9)	Bestmögliche Kombination, bei der höchste Arbeitsleistung im Sinne des Projektzieles von engagierten Mitarbeitern erbracht wird → gegenseitige Unterstützung, hohes Maß an (Eigen-)Verantwortung

Tabelle 66 – Führungsverhalten im Managerial-Grid

7.5.1.4 Situational Leadership II (K. Blanchard)

4.4.5 Führung / Kompetenzstufe 1

PAUL HERSEY und KENNETH H. BLANCHARD entwickelten Situational Leadership im Jahre 1968. Sie charakterisierten den Führungsstil nach Art und Umfang der Unterstützung, die ein Projektleiter seinen Mitarbeitern gibt. Sie unterscheiden, ähnlich wie Blake und Mouton in ihrem Verhaltensgitter, in dirigierendes und unterstützendes Führungsverhalten. Basis des Führungsverhaltens ist der individuelle Reifegrad des Mitarbeiters (1 – 4). Im Ursprungsmodell bezeichneten sie die Führungsstile mit *telling*, *selling*, *participating* und *delegating*. Im Laufe der Zeit stellte sich aber heraus, dass wichtige Aspekte des ursprünglichen Modells nicht in die Praxis umsetzbar waren. Aufgrund dieser vielfachen Rückmeldungen der Anwender und basierend auf den Erfahrungen und Forschungsarbeiten seiner Kollegen entwickelt KEN BLANCHARD **Situational Leadership II**.

Die dem Modell zugrunde liegenden Annahmen sind:

- Führung bedeutet Partnerschaft („It's something you're doing with people not to people")
- Beteiligung und Kommunikation sind Menschen sehr wichtig
- Jeder kann und möchte sich weiterentwickeln

Aus dieser Sichtweise heraus wurden die vier situativen Führungsstile – **directing, coaching, supporting, delegating** – (weiter)entwickelt und beschrieben.

(1) **directing** (dirigieren) – stark dirigierendes, wenig unterstützendes Verhalten. Der Projektleiter definiert die Rollen und Aufgaben und überwacht seinen Mitarbeiter. Entscheidungen werden vom PL getroffen, Kommunikation ist eher einseitig. Beschreibende Attribute für diesen Führungsstil sind z.B.

- ➢ definieren, unterweisen / erklären, prüfen / überwachen, Feedback geben

(2) **coaching**[30] (trainieren) – stark dirigierendes, stark unterstützendes Verhalten. Der Projektleiter definiert nach wie vor die Rollen und Aufgaben, hört sich aber Ideen und Vorschläge an. Entscheidungen verbleiben beim PL, Kommunikation ist wechselseitig. Beschreibende Attribute für diesen Führungsstil sind z.B.

- ➢ erforschen / fragen, erklären / klarstellen, ermutigen, loben

(3) **supporting**[31] (unterstützen) – wenig dirigierendes, stark unterstützendes Verhalten. Der Projektleiter steht zur Verfügung, hört zu und ermutigt seinen Mitarbeiter dazu, Vorschläge zu unterbreiten, eigene Entscheidungen zu treffen und eigenverantwortlich Probleme zu lösen. Beschreibende Attribute für diesen Führungsstil sind z.B.

- ➢ fragen / zuhören, bestätigen, wertschätzen, zum Feedback anregen

(4) **delegating** (delegieren) – wenig dirigierendes, wenig unterstützendes Verhalten. Der Projektleiter ermutigt seinen Mitarbeiter selbständig zu handeln. Er stellt benötigte Ressourcen bereit. Die überwiegende Anzahl an Entscheidungen wird vom Mitarbeiter getroffen. Beschreibende Attribute für diesen Führungsstil sind z.B.

- ➢ zulassen / vertrauen, bestätigen, anerkennen, bekräftigen

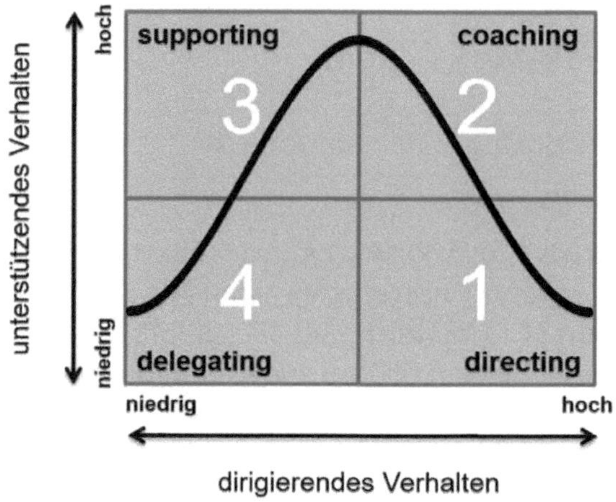

Abbildung 89 – Situational Leadership II

Ebenso wie der Führungsstil sind auch die Reifegrade der Mitarbeiter situations- bzw. aufgabenbezogen. Das Modell nennt vier Reifegradstufen:

(1) **Begeisterter Anfänger** (Enthusiastic Beginner)
Geringe Kompetenz – hohes Engagement: Es mangelt an ausreichenden Fähigkeiten, die für die Aufgabe erforderlich sind, der Mitarbeiter hat aber die Motivation, die Aufgabe trotzdem anzupacken. Beschreibende Attribute für dieses Level sind

- ➢ zuversichtlich, unerfahren, wissbegierig, begeistert

[30] Coaching ist hier im amerikanischen Sinn zu verstehen und entspricht der europäischen Ausprägung des Trainierens
[31] Supporting entspricht hier dem europäischen Verständnis des Coachings

(2) **Desillusionierte Lernende** (Disillusioned Learner)
Etwas Kompetenz – geringes Engagement: Hat relevante Fähigkeiten für die Aufgabe, kann die Aufgabe aber nicht ohne Hilfe erledigen. Beschreibende Attribute dieses Levels sind

- überwältigt, verwirrt, frustriert, demotiviert

(3) **Fähige, jedoch noch vorsichtig Leistende** (Capable but cautious Contributor)
Hohe Kompetenz – variables Engagement: Erfahren und fähig, möglicherweise fehlt das Vertrauen, Arbeiten selbstständig zu übernehmen oder fehlende Motivation, Aufgaben gründlich zu erledigen. Beschreibende Attribute dieses Levels sind

- selbst-kritisch, vorsichtig, beitragend, fähig

(4) **Eigenverantwortliche Spitzenkönner** (Self-reliant Achiever)
Hohe Kompetenz – hohes Engagement: Erfahrener Experte und überzeugt, „einen guten Job" zu machen. Höhere Fachexpertise als der Projektleiter. Beschreibende Attribute dieses Levels sind

- angespornt / spornt andere an, autonom, selbstsicher, kompetent

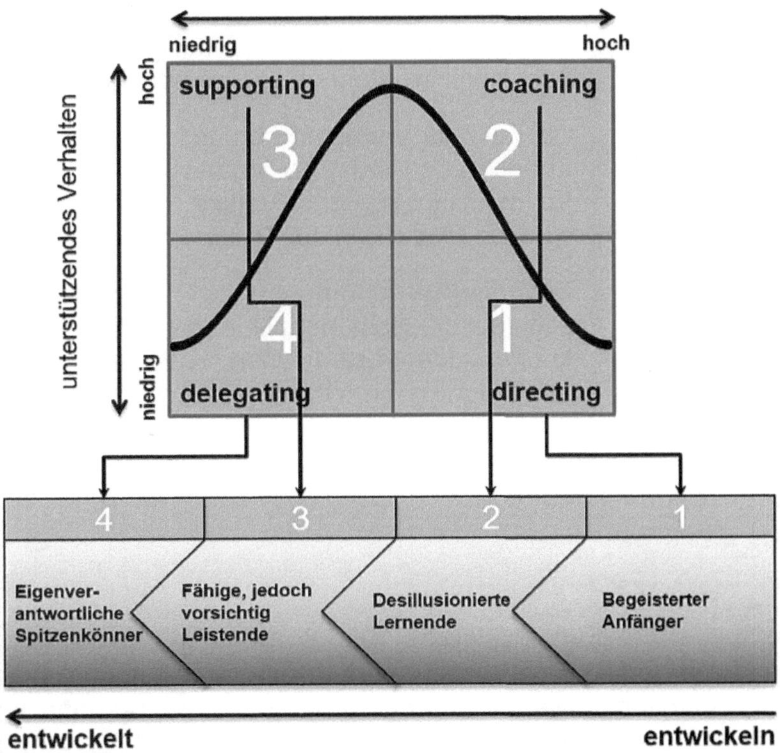

Abbildung 90 – Führungsstil passend zum Mitarbeiterreifegrad

Der Projektleiter benötigt ein hohes Maß an Flexibilität in der Anwendung der vier Führungsstile (Stilflexibilität) und ein gutes Gespür (Diagnosefähigkeit) welchen Führungsstil er passend für den Reifegrad des Mitarbeiters in der jeweiligen Aufgabe einsetzt. Dies führt mittelfristig zu einer Weiterentwicklung des Mitarbeiters – einer der Grundannahmen des SL II Modells [BLAN10, KERZ22].

7.5.2 Laterale Führung

4.4.5 Führung / Kompetenzstufe 1

Die laterale Führung[32], auch bekannt als horizontale Führung oder seitliche Führung, ist eine moderne Form der Führungspraxis, die sich von der traditionellen hierarchischen vertikalen Führung unterscheidet.

Bei der lateralen Führung liegt der Schwerpunkt nicht auf einer autoritären Machtstruktur, sondern auf Zusammenarbeit und Kooperation zwischen den Teammitgliedern auf gleicher Hierarchieebene. Diese Art der Leitung wird in immer mehr Unternehmen als effektiver Ansatz zur Bewältigung komplexer Herausforderungen angesehen [GPM17a].

Merkmal	Beschreibung
Kooperation statt Kontrolle	Statt Autorität auszuüben oder Befehle zu erteilen, fördert die laterale Führung eine kooperative Arbeitsumgebung. Die Teammitglieder arbeiten zusammen und teilen ihr Wissen mit anderen.
flache Hierarchie	In einem lateral geführten Team gibt es weniger ausgeprägte Hierarchien. Jedes Mitglied wird gehört und hat Einflussmöglichkeiten bei Entscheidungen.
Selbstorganisation	Als Teil des lateralen Führungsansatzes werden Teams ermutigt, sich selbst zu organisieren und Verantwortung für ihre Aufgaben und Projekte zu übernehmen. Dadurch wird die Motivation der Teammitglieder gesteigert.
offene Kommunikation	Eine offene und transparente Kommunikation ist ein entscheidender Bestandteil lateraler Führung. Teammitglieder können Ideen austauschen, Feedback geben und Probleme gemeinsam lösen

Tabelle 67 – Merkmale lateraler Führung

7.5.3 Führungsrollen

4.4.5 Führung / Kompetenzstufe 2 (Level C)

Das Circumplexmodell der Führung wurde 1988 von ROBERT E. QUINN auf Basis einer Studie zur Effektivität von Organisationen abgeleitet. Die herausgearbeiteten Dimensionen Flexibilität / Stabilität sowie interner / externer Fokus repräsentieren dabei die Art, wie Organisationen ihre internen Abläufe ausrichten, während sie sich gleichzeitig externen Herausforderungen wie Wettbewerb, Anpassung und Wachstum stellen. Die Dimensionen Flexibilität / Stabilität beschreiben organisationale Bestrebungen, dem Bedarf nach Wandel nachzukommen und gleichzeitig Kontinuität zu bewahren. QUINN bezeichnet dieses zweidimensionale Modell aufgrund der gegensätzlichen Werte als **Competing Values Framework** [QUIN88, QUIN11].

---

[32] auch „Führen ohne Macht", „Führen ohne Vorgesetztenfunktion", „Führen ohne Hierarchie"

Entscheidend aus Sicht der Führungstheorie ist, dass QUINN sein ursprünglich auf organisationaler Ebene angesiedeltes Modell auf die Führungsebene erweitert, indem er acht Führungsrollen integrierte, die in den zwei Dimensionen – Flexibilität / Stabilität und externer / interner Fokus – angeordnet sind [QUIN88].

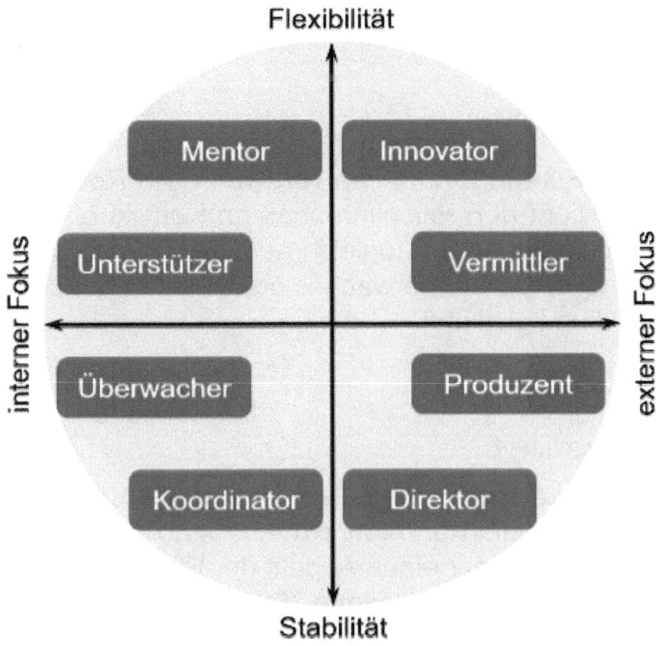

Abbildung 91 – Führungsrollen im Competing Values Framework

Die acht Führungsrollen werden im Sinne einer interaktionszentrierten Sichtweise als Erfüllung von Rollenverhalten dargestellt, welches das parallele Erreichen der eigentlich widersprüchlichen Ziele Stabilität / Flexibilität sowie externer / interner Fokus ermöglichen soll.

Führungsrolle	Dimension	Beschreibung
Innovator	Flexibilität – extern	kreativ, begrüßt, erleichtert und skizziert Veränderungen
Vermittler		politisch klug, übt Einfluss nach außen aus, akquiriert Ressourcen
Produzent	extern – Stabilität	Aufgabenorientiert, arbeitsfokussiert, ringt um Ergebnisse
Direktor		plant, definiert die Aufgabenteilung setzt Ziele und formuliert klare Erwartungen
Koordinator	Stabilität – intern	pflegt Strukturen, erstellt Zeitpläne, koordiniert, löst Probleme, achtet auf Einhaltung von Regeln Standards
Überwacher		sammelt und verteilt Informationen, prüft Leistung, sorgt für Kontinuität und Stabilität

Unterstützer	intern – Flexibilität	ermuntert zu Teamwork, strebt Konsens an, handelt Kompromisse aus, moderiert Konflikte
Mentor		hört aktiv zu, ist fair, unterstützt legitime Wünsche, unterstützt persönliche Entwicklung der Teammitglieder

Tabelle 68 – Führungsrollen nach Quinn

Nach QUINN liegt gutes Führungsverhalten vor, wenn alle Rollen in hohem Maße ausgefüllt werden. Das schließt den rollenimmanenten Konflikt ein, dass ein Projektleiter bisweilen entgegengerichtete Rollen zugleich ausfüllen muss. Das Ziel ist es also modellgemäß nicht, Innovator oder Überwacher oder Mentor zu sein, sondern all diese Rollen parallel auszufüllen [QUIN88].

7.5.4 Führungskonzepte

4.4.5 Führung / Kompetenzstufe 1

Führungs- bzw. Managementkonzepte sollen dem Projektleiter effiziente Verhaltensweisen und Richtlinien vermitteln und fördern eine stabile, verlässliche Zusammenarbeit. Sie berücksichtigen meist nur einen Aspekt der Führung (z.B. Delegation), jedoch zeigen sie die Auswirkung auf die gesamte (Projekt-)Organisation. Die wesentlichen Bestandteile dieser Konzepte sind **Aufgabenzuordnung**, **Handlungssteuerung** und Grad an **Partizipation** der Mitarbeiter. In der Praxis haben die „Management by"-Techniken in großer Zahl und Varianz Verbreitung gefunden. Sie alle beruhen jedoch auf den drei wesentlichen Kern-Techniken:[THOM16]

Management by Objectives (MbO) – Führen durch Zielvereinbarung

Hier werden die Ziele zwischen Projektleiter und Projektmitarbeitern gemeinsam identifiziert und es wird festgelegt, wer für welche Ziele die Verantwortung übernimmt. Der Projektleiter beschränkt sich weitgehend auf Zielvorgaben und deren Überprüfung. Nicht der Weg, sondern das Erreichen der Ziele wird kontrolliert.

- **Ziel:** Die optimale Durchführung der übertragenen Aufgaben.
- **Voraussetzung:** Die Zielvorgaben müssen klar und realistisch formuliert werden, damit der Erfolg überprüfbar ist (→ SMART). Entsprechender Handlungsspielraum für die Projektmitarbeiter.

Management by Delegation (MbD) – Führen durch Aufgabendelegation

MbD bezeichnet die Übertragung von Aufgabenverantwortung an die Projektmitglieder. Innerhalb definierter Grenzen wird die Erledigung einer Aufgabe an die Projektmitglieder übertragen. Die Umsetzung obliegt dem Projektmitarbeiter.

- **Ziel**: Initiative- und Mitverantwortungsförderung, Aufgabenorientierung.
- **Voraussetzung**: Delegation der AKVs (Aufgaben, Kompetenzen, Verantwortung).

Management by Exception (MbE) – Führen durch Abweichungskontrolle

Bei diesem Prinzip der Führung nach dem Ausnahmeprinzip liegen Routineentscheidungen generell in den Händen der Projektmitarbeiter. Der Projektleiter greift nur bei außerordentlichen Entscheidungen oder bei Abweichungen vom Projektplan ein.

- **Ziel**: Dieses Modell strebt die vollständige Abgabe von Verantwortung an die Projektmitarbeiter an. Dies führt zur Entlastung des Projektleiters und Stärkung des Verantwortungsbewusstseins der Projektmitarbeiter.
- **Voraussetzung**: Es ist klar festzulegen, wer welche Kompetenzen und welche Verantwortung trägt. Außerdem muss genau definiert werden, was mit „außergewöhnlicher Abweichung" gemeint ist. Ein häufiges Problem bei dieser Managementtechnik ist die Fixierung auf negative Abweichungen vom Projektplan.

7.5.5 Führungsverantwortung und Pflichten des Projektleiters

4.3.3 Compliance, Standards und Regularien / Kompetenzstufe 1 (Level C)

Führungsverantwortung für den Projektleiter bedeutet, die richtige Person für die Delegation von Arbeitspaketen und Aufgaben ausgewählt, sie richtig angeleitet, informiert und unterstützt zu haben. Je nach seiner Rollenbeschreibung kann die Führungsverantwortung darüber hinaus die Verantwortung für die richtige Projektorganisation, die Erreichung des Projektziels und das frühzeitige Erkennen von Abweichungen bzw. die Reaktion darauf umfassen [KREM16].

Daraus lassen sich drei Pflichten für den Projektleiter ableiten – Sorgfaltspflicht, Fürsorgepflicht und Aufsichtspflicht [SICK10].

Sorgfaltspflicht bedeutet für den Projektleiter das Projektumfeld systematisch, gründlich und umsichtig im Hinblick auf mögliche Risiken für die Mitarbeiter zu analysieren. So wäre beispielsweise im Rahmen von Schutzvorschriften (siehe Abschnitt Rechtliche Rahmenbedingungen – Sicherheit und Gesundheit) die Durchführung einer Gefährdungsbeurteilung eine Maßnahme im Rahmen der Sorgfaltspflicht.

Die **Fürsorgepflicht** verlangt, dass der Projektleiter

a) Gefahren für Leib und Leben von seinen Projektmitarbeitern fernhält (z.B. Einhaltung von Schutzvorschriften),
b) dafür sorgt, dass diese die Arbeitsmittel haben, die sie für die Ausführung ihrer Tätigkeiten benötigen (z.B. Arbeitsplatz mit entsprechender Ausstattung), und
c) eine der Gesundheit förderlichen Arbeitsumgebung bereitstellt (z.B. ergonomische Arbeitsplätze)

Aufsichtspflicht – Der Projektleiter ist in der Verantwortung, die getroffenen Maßnahmen auf ihre Wirksamkeit hin zu überprüfen, dass die bereitgestellten Arbeitsmittel entsprechend genutzt und die gesetzlichen Rahmenbedingungen, Standards bzw. Vorgaben eingehalten werden.

7.6 Teamarbeit

Teamarbeit (4.4.6)

„Bei der Kompetenz TEAMARBEIT geht es darum, Menschen zusammenzubringen, um ein gemeinsames Ziel zu erreichen. ... Projektteams sind meist interdisziplinär. ... Bei der Teamarbeit geht es darum, ein produktives Team aufzubauen, in dem es geformt, unterstützt und geführt wird. Kommunikation und die Beziehungen im Team zählen zu den wichtigsten Aspekten der Teamarbeit." [GPM17a, Seite 85]

7.6.1 Teambegriff

4.4.6 Teamarbeit / Kompetenzstufe 1

Ein Team ist eine Arbeitsgruppe von Individuen, die zusammen ein bestimmtes Produkt herstellen oder einen bestimmten Service anbieten und die sich für die Qualität dieser Leistung gegenseitig Rechenschaft ablegen. Mitglieder eines Teams haben geteilte Ziele, für deren Erreichung sie gemeinsam verantwortlich sind. Sie sind wechselseitig von der Leistung der anderen Teammitglieder abhängig und beeinflussen ihre Ergebnisse durch Interaktion [DICK13].

Daraus lässt sich schlussfolgern, dass erfolgreiches Projektmanagement nicht nur von der Methodenkenntnis und den Führungsvoraussetzungen des Projektleiters abhängig ist, sondern in hohem Maße davon, wie die Projektmitarbeiter als Team agieren, wie sie sich als Projektteam verstehen und zur Erreichung des Projektziels Verantwortung für eine oder mehrere Aufgaben übernehmen [DIN20b].

Ein Projektteam lässt sich somit charakterisieren als

- eine bestimmte Anzahl an Personen
- die als Gruppe
- über die Projektlaufzeit
- miteinander die gemeinsamen Projektziele verfolgen
- miteinander kommunizieren und interagieren
- gruppenspezifische Rollen, Normen und Werte bilden
- und darüber ein „Wir-Gefühl“ entwickeln

Mit dem „Wir-Gefühl“ entwickelt sich ein ausgeprägter Gemeinschaftsgeist und ein starkes Zusammengehörigkeitsgefühl (Gruppenkohäsion) [BERG21].

Teamregeln

Dass diese Form der Zusammenarbeit nicht immer reibungslos abläuft, dürfte klar sein, schließlich arbeiten Menschen miteinander. Mit ein paar Teamregeln, hier beispielhaft aufgeführt, lässt sich diese Zusammenarbeit verbessern:

- ✓ Klare, gemeinsame Zielsetzung
- ✓ Eindeutige Rollen- und Aufgabenverteilung
- ✓ Wertschätzender, konstruktiver Umgang mit Konflikten
- ✓ Offene Kommunikation und Feedback
- ✓ Informationen stehen allen im Team zur Verfügung (→ Transparenz)
- ✓ Verantwortung für seine Aufgabe übernehmen (→ Verlässlichkeit)
- ✓ Loyalität gegenüber dem Team und dem Projekt
- ✓ Toleranz, Respekt, Ehrlichkeit
- ✓ Erfolge gemeinsam feiern

„Letzten Endes kann man alle wirtschaftlichen Vorgänge auf drei Worte reduzieren: Menschen, Produkte und Profite. Die Menschen stehen an erster Stelle. Wenn man kein gutes Team hat, kann man mit den anderen beiden nicht viel anfangen.“

Lee Iacocca (1924 – 2019), ehem. US-amerikanischer Automobilmanager

Teamrollen nach Belbin

RAYMOND MEREDITH BELBIN untersuchte bereits in den 1970er Jahren unter Einsatz von Unternehmensplanspielen die Leistung von unterschiedlich zusammengesetzten Teams. Nach Auswertung einer Vielzahl solcher Experimente ergaben sich für BELBIN neun Rollen. Sein Rollenbegriff umfasst die Art des Sozialverhaltens und den Beitrag zur Aufgabenbewältigung, wobei jedes Teammitglied mehrere Rollen wahrnehmen kann [BELB10, BANK17].

Bei diesen Rollen lassen sich drei Hauptorientierungen unterscheiden

- **3 handlungsorientierte Rollen** :
  Macher (Shaper), Umsetzer (Implementer), Perfektionist (Completer Finisher)
- **3 kommunikationsorientierte Rollen** :
  Koordinator (Co-ordinator), Teamarbeiter (Teamworker), Wegbereiter (Ressource Investigator)
- **3 wissensorientierte Rollen** :
  Neuerer (Plant), Beobachter (Monitor Evaluator), Spezialist (Specialist)

Jede Teamrolle beinhaltet positive Eigenschaften (Teamrollenbeitrag) und „erlaubte" Schwächen und trägt auf ihre Weise zu einer produktiven Gruppenarbeit bei [BELB18].

	Teamrolle	**Teamrollenbeitrag**	**Zulässige Schwächen**
handlungsorientiert	Macher (Shaper)	Dynamisch, arbeitet gut unter Druck, hat den Antrieb und Mut, Probleme zu überwinden.	Neigt zu Provokationen, nimmt zu wenig Rücksicht auf die Gefühle anderer.
	Umsetzer (Implementer)	Diszipliniert, verlässlich, konservativ, effizient, setzt Ideen in Aktionen um.	Etwas unflexibel, reagiert verzögert auf neue Möglichkeiten.
	Perfektionist (Completer Finisher)	Sorgfältig, gewissenhaft, ängstlich, findet Fehler und Versäumnisse, hält Fristen ein.	Neigt zu übertriebener Besorgnis, delegiert nicht gern.
Kommunikationsorientiert	Koordinator (Co-ordinator)	Selbstsicher, guter Leiter, stellt Ziele dar, fördert die Entscheidungsfindung, gute Delegationsfähigkeiten.	Kann als manipulierend verstanden werden, Tendenz zur Delegation persönlicher Aufgaben.
	Teamarbeiter (Teamworker)	Kooperativ, sanft, einfühlsam, diplomatisch, hört zu, baut Spannungen ab.	Unentschieden in kritischen Situationen.
	Wegbereiter (Ressource Investigator)	Extrovertiert, enthusiastisch, kommunikativ, findet neue Optionen, entwickelt Kontakte.	Über-optimistisch, verliert leicht das Interesse, nachdem sich der erste Enthusiasmus gelegt hat.

Wissensorientiert	Neuerer (Plant)	Kreativ, fantasievoll, unorthodoxes Denken, gute Problemlösungsfähigkeiten.	Ignoriert Nebensächlichkeiten, tendiert zur Konzentration auf das Persönliche.
	Beobachter (Monitor Evaluator)	Nüchtern, strategisch, kritisch, berücksichtigt alle Optionen, gutes Urteilsvermögen.	Geringer Antrieb, mangelnde Fähigkeit zur Inspiration des Teams.
	Spezialist (Specialist)	Zielstrebig, engagiert, hat Fähigkeiten und Fertigkeiten, die nur selten verfügbar sind.	Leistet seinen Beitrag nur in einem engen Rahmen.

Tabelle 69 – Teamrollen nach Belbin

Anmerkung

Die Teamrollen nach BELBIN eignen sich in der Praxis hervorragend als Übersicht und zur Orientierung für die Planung von Arbeitspaketen und Aufgaben. Dabei sollte beachtet werden: Wissenschaftliche Untersuchungen belegen, dass nur selten eine einzelne Person alle Aufgaben einer Rolle übernimmt. Vielmehr handelt es sich um Aufgabenspektren, die im Team auf mehrere Personen verteilt werden. Unterschiedliche Talente, Fähigkeiten und Eigenschaften sollten projektbezogen möglichst optimal kombiniert werden [BORN15, BECK16].

7.6.2 Teamentwicklung

4.4.6 Teamarbeit / Kompetenzstufe 1

Formal wird das Projektteam durch die Benennung der Mitglieder gebildet. Um jedoch die bei Jedem vorhandene Leistung freizusetzen, müssen sich die interpersonellen Beziehungen der Teammitglieder entwickeln. Nach BRUCE TUCKMAN durchlaufen Teams dabei vier typische Entwicklungsphasen bis zur optimalen Zusammenarbeit und somit zur bestmöglichen Leistung – **forming, storming, norming, performing**. In der fünften Phase – **adjourning** – findet die Auflösung des Teams statt [DICK13].

Eine Beschreibung der einzelnen Teamphasen enthält die folgende Tabelle.

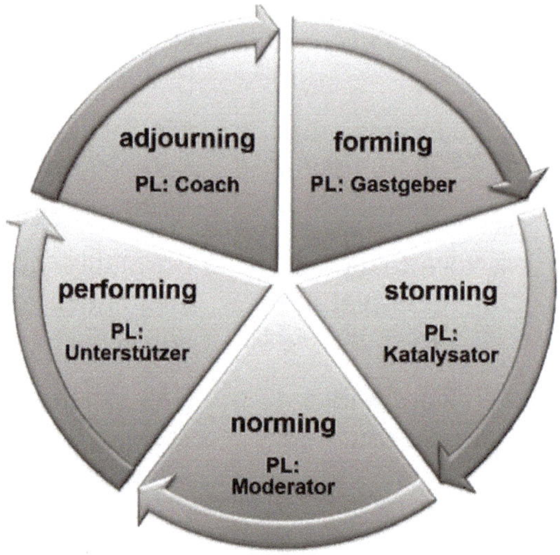

Abbildung 92 – Teamphasen („Teamuhr")

Phase	Inhaltsebene	Rolle des Projektleiters	Beziehungsebene im Team
Forming	Kennenlernen der Aufgabe und der Teammitglieder	Gastgeber, richtungsweisend, erklärend	*Kontakt* → Suche nach Orientierung; Setzen von Grenzen

Storming	Schwierigkeiten mit der Aufgabe. Selbstbehauptung, Finden der eigenen Position im Team.	Katalysator	*Konflikt* → Konflikte und Polarisation, Meinungen werden offen vertreten, Vertrauen baut sich auf, Herausbilden der Führung
Norming	Austausch von Informationen, Festlegen von Regeln	Moderator	*Kontrakt* → Entwickeln einer Teamidentität; Verhalten untereinander wird justiert; Vereinbarungen werden getroffen
Performing	Gruppe ist strukturiert und gefestigt	Unterstützer	*Kooperation* → Agieren als Einheit; klares Verständnis was gefordert ist; gegenseitige Unterstützung, Konflikte sind gelöst
Adjourning	Auflösung des Teams	Coach	Gefühl des Verlustes; Ungewissheit über die Zukunft

Tabelle 70 – Teamphasen und Rolle des Projektleiters

Die beschriebenen Findungs- und Klärungsprozesse lassen sich durch gezielte fördernde Maßnahmen beschleunigen, damit ein Team schnell in die produktive Performing-Phase kommt.

In der Praxis sind die Phasen der Teamuhr nicht immer klar voneinander zu trennen. Es werden allerdings alle Phasen von einem Team durchlaufen, sie können sich jedoch überlappen oder von unterschiedlicher Dauer sein. Ein Ausfall einzelner Phasen führt später zu Leistungseinbußen. Der Projektleiter sollte diese Phasen aktiv in seiner Rolle gestalten und die Teamfindung, speziell während der Forming-Phase, nicht dem Zufall überlassen [BERG21].

7.6.3 Erfolgsfaktoren in der Teamarbeit

4.4.6 Teamarbeit / Kompetenzstufe 1

Neben den schon in vorangegangenen Kapiteln erwähnten Erfolgsfaktoren – gemeinsame Vision/Ziele (→ Kapitel 3.3.2.2 Zielfunktionen), Vertrauen (→ Kapitel 7.2.2 Verlässlichkeit, Vertrauen, ...), Feedback (→ 7.3.4 Offene Kommunikation ermöglichen) und klare Rollenverteilung (→ Kapitel 3.5.2 Kongruenzprinzip ...) gibt es noch ein paar weitere Faktoren, die Teamarbeit zum Erfolg verhelfen. Das sind beispielsweise:

- eine definierte Teamstruktur und klare Prozesse
- Motivation und Anerkennung schaffen ein positives Arbeitsumfeld
- eine positive Fehlerkultur und der konstruktive Umgang mit Konflikten
- Vielfalt und Inklusion sorgt für verschiedene Perspektiven und kreative Lösungsansätze

7.6.4 Spezielle Teameffekte

4.4.6 Teamarbeit / Kompetenzstufe 1

Ein starkes „Wir-Gefühl" hat nicht nur positive Effekte. Problematisch wird es, wenn diese hohe Kohäsion eine Eigendynamik entwickelt. Dabei lassen sich vier Phänomene beobachten – Groupthink, Groupshift bzw. Risk shifting, Social Loafing und das Abilene-Paradox [DÖRN11, BERG21].

	Voraussetzung	Symptome
Groupthink	➢ starkes Zusammengehörigkeitsgefühl, ➢ Isolation des Teams durch ein Überlegenheitsgefühl gegenüber Außenstehenden (z.B. gebündeltes Expertenwissen), ➢ Stress und Zeitdruck (z.B. in einer kritischen Situation), ➢ charismatischer, richtungsweisender Leiter	➢ Stereotypisierung (Schwarz-Weiß-Denken) ➢ Selbstzensur (dem Teamkonsens wird nicht widersprochen) ➢ Filtern von Informationen durch sog. „Meinungswächter" im Team ➢ Alternativen werden, speziell wenn sie von außen an das Team herangetragen werden, nicht oder nur oberflächlich geprüft
Groupshift bzw. Risk shifting	➢ siehe Groupthink	➢ Verantwortung wird auf die Teammitglieder verteilt (nicht der, der die Entscheidung trifft ist für die Folgen verantwortlich, sondern das Team als Ganzes) ➢ Risiken werden in Kauf genommen und individuelle Sanktionen bei Fehlentscheidungen nicht befürchtet
Social Loafing	➢ je größer die Gruppe, desto weniger wird die individuelle Leistung wahrgenommen ➢ Aufgabe nicht anspruchsvoll	➢ Annahme, dass die eigene Leistung mehr zum Gruppenoutput beiträgt als die Leistung der anderen ➢ sinkende Motivation und damit sinkender persönlicher Einsatz im Team
Abilene-Paradox[33]	➢ Versagen der Teamkommunikation ➢ Jedes Teammitglied glaubt irrtümlicherweise, seine eigene Einstellung würde denen der anderen Personen widersprechen	➢ Verwandt mit Groupthink ➢ Gruppenmitglieder stellen sich oft nur ungerne gegen die Meinung der Gruppe ➢ Es werden deshalb keine Einwände vorgebracht

Tabelle 71 – Teameffekte – Groupthink, Groupshift, Social Loafing, Abilene Paradox

Beispiele bzw. Ergebnisse für diese Phänomene sind

[33] 1974 von Jerry B. Harvey, Professor für Betriebswirtschaft an der George Washington University als Begriff eingeführt

- Explosion des Space Shuttles Challenger 1986
  → Arbeiten unter Druck, Ignorieren wichtiger Informationen und Hinweise (Dichtungsringe an den Feststoffraketen werden bei < 12°C porös, am Starttag zeigte das Thermometer 3°C) [BERG21]
- Reaktorkatastrophe von Tschernobyl 1986
  → Arbeiten unter Druck, hochprofessionelles, offiziell ausgezeichnetes Team, Ignorieren von Warnhinweisen und Sicherheitsbestimmungen [DÖRN11]
- Brand der Ölplattform Deepwater Horizon 2010
  → Arbeiten unter (Kosten-)Druck, Ignorieren geltender Standards, Ignorieren von Expertenmeinungen außerhalb des Unternehmens[34]

7.6.5 Teamlernen

4.4.6 Teamarbeit / Kompetenzstufe 1

Die Arbeit in Teams bildet fraglos die Grundlage für die Umsetzung eines Projekts. Durch die Vernetzung unterschiedlichen Wissens und unterschiedlicher Qualifikationen sollen Teams leichter, schneller und kreativer Lösungen erarbeiten als der Einzelne. Oder wie es bereits ARISTOTELES ausdrückte: *„Das Ganze ist mehr als die Summe seiner Teile“*. Durch die Möglichkeit, im Team von- und miteinander zu lernen, können Fehler schneller erkannt und Synergien einfacher realisiert werden [OELS09],

Eine gängige Möglichkeit des Teamlernens und des Wissensmanagements ist ein Lessons-Learned-Workshop bzw. eine Retrospektive (siehe auch → 6.1 Projektabschluss – Erfahrungssicherung und 8.1.3.5 Sprint Retrospektive). Beide sehen vor, positive wie negative Erfahrungen zu sammeln, diese zu einem bestimmten Zeitpunkt aufzuarbeiten und mit den daraus gewonnenen Erkenntnissen Verbesserungen für die weitere (Zusammen-)Arbeit umzusetzen [BANN14].

7.7 Konflikte und Krisen

Konflikte und Krisen (4.4.7)

„Zur Kompetenz KONFLIKTE UND KRISEN gehört das Abmildern oder Lösen von Konflikten und Krisen durch hohe Aufmerksamkeit für das Umfeld und die Fähigkeit, Abhilfe für Meinungsverschiedenheiten zu erkennen und anzubieten. Konflikte und Krisen können Ereignisse und Situationen einschließen, charakterliche Konflikte, Stresslevels und andere potenzielle Gefahren.“ [GPM17a, Seite 89]

7.7.1 Definition

4.4.7 Konflikte und Krisen / Kompetenzstufe 1

Konflikt

Ein Konflikt besteht, wenn sich mindestens eine Person durch das Handeln einer anderen Person oder Institution in ihren Bedürfnissen verletzt fühlt oder die Verletzung ihrer Bedürfnisse befürchtet [GPM17b, SCHI14].

---

[34] vgl. Deepwater Horizon Unfallhergang bei de.wikipedia.org/wiki/Deepwater_Horizon#Unfallhergang, abgerufen am 30.10.2023

Krise

Das Wort Krise stammt aus dem Griechischen und bedeutet wörtlich übersetzt „schwierige Lage". Krisen können unterschiedliche Dimensionen haben. Sie können eine einzelne Person betreffen oder eine Gruppe, wie zum Beispiel ein Projektteam. Eine Krise im klassischen Sinn bezeichnet eine über einen gewissen (längeren) Zeitraum anhaltende massive Störung des gesellschaftlichen, politischen oder wirtschaftlichen Systems [BPB20].

Bezogen auf ein Projekt stellen Krisen eine besondere Form des Konflikts dar und sind nichts anderes als eine extreme Projektsituation, bei der sich Beteiligte und / oder Betroffene in einem Gefühl der Ausweglosigkeit befinden, weil Krisen

- eine gravierende Abweichung vom Plan bewirken, und
- als existenzbedrohend für das Projekt sowie die Projektorganisation angesehen werden.

Krisen haben immer zwei Aspekte:

- einen **sachlichen Aspekt** (der Projekterfolg ist objektiv gefährdet oder bereits realistisch nicht mehr zu erreichen), und
- einen **menschlich-persönlichen Aspekt** (Druck, Stress, Angst, Unsicherheit, empfundene Ausweglosigkeit bei den handelnden Personen) [MOTZ17]

Allerdings stecken in Krisen auch Chancen auf Verbesserungen.

„Krise ist ein produktiver Zustand.
Man muss ihm nur den Beigeschmack der Katastrophe nehmen."
Max Frisch (1911 – 1991), Schweizer Schriftsteller und Architekt

7.7.2 Konfliktursachen

4.4.7 Konflikte und Krisen / Kompetenzstufe 1

Konflikte in Projekten sind „gelebter Alltag", sie sind Teil menschlicher Zusammenarbeit. Meist entstehen sie dadurch, dass unterschiedliche Erwartungen aufeinandertreffen. In den meisten Fällen befürchten die Konfliktbeteiligten, Nachteile in Kauf nehmen zu müssen. Diese befürchteten Nachteile können in verschiedenen Bereichen ursächlich für Konflikte sein. In der folgenden Abbildung 93 sind die möglichen Ursachen und ihre Wechselwirkungen aufgezeigt [GUGE10].

Als Projektleiter ist es nicht einfach, Konflikte zu erkennen, da sie meist nicht offen ausgetragen werden. Mit einer Ausnahme – wir sind ein Teil des Konfliktes. Wir stellen üblicherweise die Auswirkungen (sinkende Arbeitsleistung, Informationen werden nicht weitergegeben) bzw. die Symptome (Rückzug auf formale Kommunikation, Überziehen von Pausenzeiten, Cliquenbildung) fest. Wenn die emotionale Ebene (Beziehungsebene) stimmt, lassen sich die meisten Konflikte auf der Sachebene (Ziele, Wege, Ressourcen) lösen. Schwierig wird es, wenn persönliche Rollen- oder Beziehungskonflikte die anderen Konfliktursachen überdecken bzw. negativ beeinflussen und dadurch möglicherweise zu einer Gefahr für den Projekterfolg werden [GPM17b].

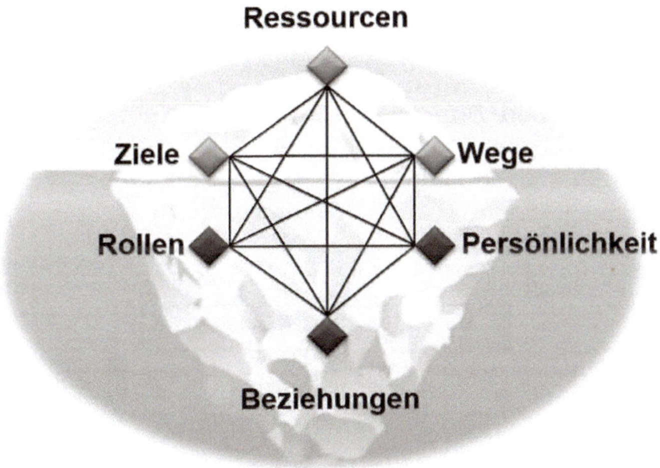

Abbildung 93 – Konfliktursachen

„Dass man mit der Umwelt und besonders seinen Mitmenschen im Konflikt leben kann, dürfte wohl niemand bezweifeln."

Paul Watzlawick (1921 – 2007),
u.a. Kommunikationswissenschaftler, Psychotherapeut und Autor

Konflikte müssen nicht zwingend einen destruktiven Charakter haben, sie können auch durchaus positiv wirken. Sie sind Indikator für notwendige Veränderungen, können Chancen aufdecken, bereinigen unangenehme Situationen und ermöglichen gemeinsame Lösungen.

7.7.3 Konflikteskalation

4.4.7 Konflikte und Krisen / Kompetenzstufe (Level C)

Erfolgt bei destruktiven Konflikten keine Lösung, verursachen sie sinkende Produktivität, hohe Kosten und möglicherweise krankheitsbedingte Ausfälle von Mitarbeitern. Konflikte durchlaufen eine Art Evolution. Je weiter diese fortschreitet, desto unmöglicher wird ihre Lösung. In Anlehnung an das 9-Stufen-Modell des Konfliktforschers FRIEDRICH GLASL lässt sich diese Konflikteskalation anschaulich beschreiben [GLAS17].

Wie der Abbildung zu entnehmen ist, lässt sich das Modell in drei Ebenen gliedern. In der ersten Ebene können beide Konfliktparteien noch gewinnen (Win-Win-Situation), in der zweiten gewinnt nur noch eine Partei (Win-Lose-Situation) und in der dritten verlieren letztendlich beide (Lose-Lose-Situation). Die einzelnen Stufen stellen sich folgendermaßen dar [GLAS17, KREY05]:

Win-Win

1. Spannung / Verhärtung

Konflikte beginnen mit Meinungsverschiedenheiten und sich verhärtenden Standpunkten. Bei beiden Parteien besteht die Auffassung, dass die Situation durch Gespräche entspannt werden kann.

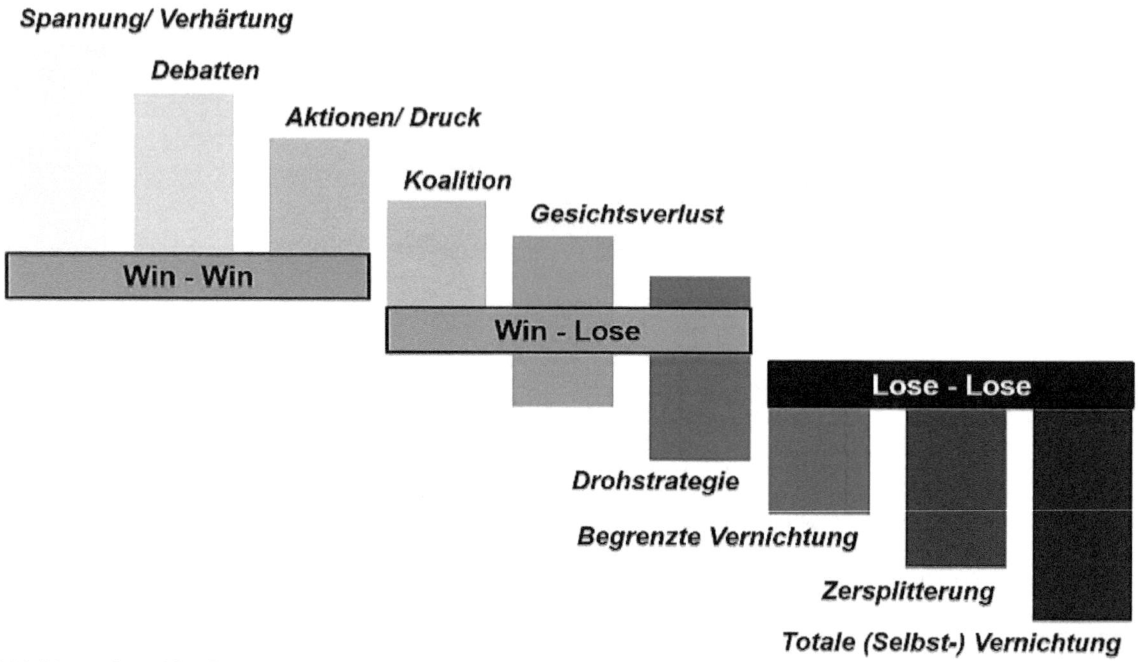

Abbildung 94 – Konflikteskalation nach Glasl

2. Debatten

Beide Parteien überlegen sich Strategien, um den jeweils Anderen mit Argumenten zu überzeugen. Es findet allerdings eine Polarisation auf der emotionalen Ebene statt. Streit ist möglich. Dennoch besteht bei beiden Parteien die Auffassung, das Problem mittels Kommunikation lösen zu können.

3. Aktionen

Die Konfliktparteien erhöhen den Druck aufeinander, um ihre Meinung bzw. ihre Anforderung durchzusetzen. Gespräche werden abgebrochen, die Überzeugung, dass Reden nicht mehr ausreicht, gewinnt allmählich die Oberhand. Die bis zu diesem Zeitpunkt eventuell noch vorhandene Empathie mit der Gegenseite löst sich auf. Die Gefahr von Fehlinterpretationen wächst. Der Konflikt verschärft sich, eine dritte, neutrale Person zur Konfliktlösung kann hier bereits sinnvoll sein.

Win-Lose

4. Koalition

Aufbau von Feindbildern, die im Wesentlichen aus Klischees bestehen. Es werden Sympathisanten gesucht und als mögliche Koalitionspartner hofiert. Die Sachebene wird aus den Augen verloren, Ziel ist es jetzt, den Konflikt zu gewinnen.

5. Gesichtsverlust

Auf dieser Stufe kommt es zu direkten und in den meisten Fällen öffentlich ausgeführten Angriffen auf die andere Konfliktpartei. Der Vertrauensverlust auf beiden Seiten ist vollständig. Es kommt zum Gesichtsverlust im Sinne des Verlustes der moralischen Glaubwürdigkeit.

6. Drohstrategie

Die Eskalation wird durch beiderseitige Drohungen und das Setzen von Ultimaten weiter beschleunigt. Die Macht der Beteiligten manifestiert sich in der Höhe der angedrohten Sanktionen und dem darin enthaltenen Schädigungspotenzial für den jeweiligen Gegner. Die Mittel (Drohung und Ultimatum) stellen den Versuch dar, die Eskalation zu kontrollieren.

Lose-Lose

7. Begrenzte Vernichtung

Der Gegner wird nicht mehr als Mensch wahrgenommen. So lange der Gegner getroffen wird, werden bei begrenzten Vernichtungsschlägen auch eigene Verluste als Gewinn angesehen.

8. Zersplitterung

Jedes Mittel, das der Zerstörung und Auflösung des Gegners dient, erscheint den Konfliktparteien als legitim.

9. Totale (Selbst-)Vernichtung

Die Chance eines „Last Exit“ wurde vertan, es gibt keinen Weg zurück. Es geht nur noch darum, bei der Vernichtung des Gegners den eigenen Schaden so gering wie möglich zu halten.

Bei einem eskalierten Konflikt haben die Konfliktparteien keinerlei Möglichkeit mehr, die negativen Vorzeichen ihrer Werturteile und Emotionen zu kontrollieren und zu beeinflussen. Daraus folgt, dass zur Prävention von Konflikten und bei der Deeskalation von Konflikten die Beziehungsebene positiv zu gestalten ist. Insbesondere durch kooperatives Verhalten werden wechselseitig positive Werturteile und Emotionen gefördert.

7.7.4 Handlungsstrategien im Konfliktfall

4.4.7 Konflikte und Krisen / Kompetenzstufe 2 (Level C)

Für Konfliktsituationen kann das TKI, das Thomas-Kilmann Conflict Mode Instrument herangezogen werden. In solchen Situationen wird das Verhalten einer Person anhand zweier grundlegender Dimensionen beschrieben – Durchsetzungsfähigkeit (meine Interessen) und Zusammenarbeit (die Interessen der Anderen). Diesen grundsätzlichen Verhaltensweisen können fünf Konfliktbewältigungsmodalitäten zugeordnet werden: [KILM75, GPM17b]

1) **Vermeiden bzw. verdrängen** einer Auseinandersetzung,
2) **Nachgeben** gegenüber dem Gegner,
3) **Durchsetzen** der eigenen Ziele,
4) Erarbeiten einer gemeinsamen Lösung (win-win),
5) Entwickeln eines **Kompromisses**.

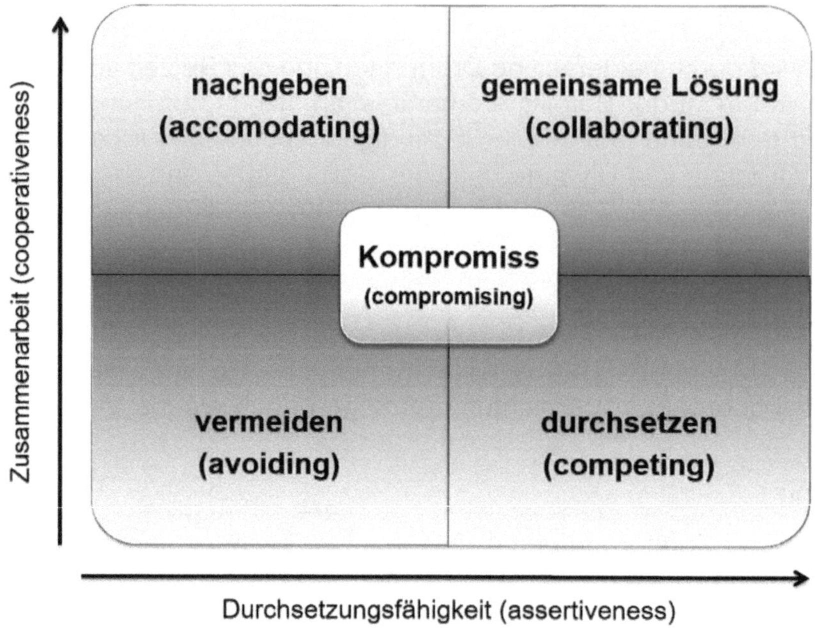

Abbildung 95 – Übersicht Konfliktstile (TKI)

Die folgende Tabelle zeigt eine Übersicht der Konfliktstile, der dahinterstehenden persönlichen Haltung und einiger Vor- bzw. Nachteile [KREY05].

Konfliktstil	Haltung	Vor- bzw. Nachteil
vermeiden / fliehen	„Nichts wie weg“	☒ verschärfter Folgekonflikt
nachgeben / unterwerfen	Aufgabe der eigenen Bedürfnisse	☒ unbedeutender Konfliktgegenstand ☒ zur Schadensbegrenzung ☒ führt zu Folgekonflikten
durchsetzen / konkurrieren	„Sieg oder Niederlage“	☒ zum Durchbrechen von Stillstand ☒ für schnelle Entscheidungen ☒ Eskalationsgefahr
Kompromiss / feilschen	„Jedem begegnet man zweimal“	☒ vorläufige Lösung für Nachverhandlung ☒ gut für Zwischenlösungen unter Zeitdruck ☒ „Faule“ Kompromisse ☒ Kein positiver Start für langfristig tragfähige Beziehungen
gemeinsame Lösung / integrieren	„Sich auseinandersetzen, um sich zusammenzusetzen“	☒ Engagement und Mitverantwortung bei den Beteiligten ☒ langfristige nachhaltige Lösung ☒ Lösungsfindung dauert lange

Tabelle 72 – Konfliktverhaltensweisen

„Bedenke: Jeder faule Kompromiss fault weiter."

Hans-Jürgen Quadbeck-Seeger (*1939), ehem. Forschungsvorstand der BASF

Die Wahl des Konfliktstiles ist auch davon abhängig, mit wem der Konflikt besteht – mit dem Vorgesetzten, mit unterstellten Mitarbeitern oder mit hierarchisch gleichgestellten Kollegen.

7.7.5 Kooperative Konfliktlösung als Handlungsstrategie

4.4.7 Konflikte und Krisen / Kompetenzstufe 1

Eine kooperative Konfliktlösung ist eine Mediation, bei dem eine neutrale dritte Person, der Mediator, die Parteien bei der Beilegung eines Konfliktes unterstützt. Der Mediator ist zwar unparteiisch, aber nicht unbeteiligt. Er strukturiert das Gespräch zwischen den Konfliktpartnern, hilft durch gezielte Fragen, die zugrunde liegenden Interessen zu erkennen, klärt Missverständnisse auf und unterstützt die Konfliktpartner dabei, gemeinsam Lösungen zu finden [KREY05].

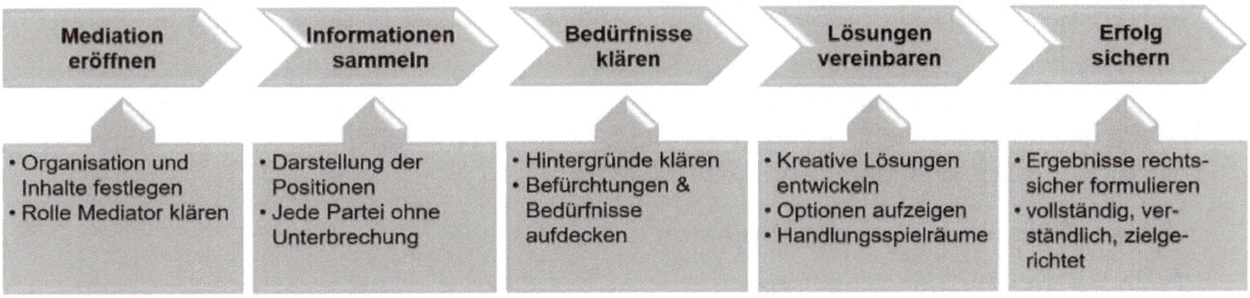

Abbildung 96 – Phasen kooperativer Konfliktlösung

Vorgehensweise

- **Mediation eröffnen**
  Information über Konflikt, Motivation der Beteiligten zu einer Lösung, Erläuterung der Vorgehensweise und Regeln der Moderation
- **Informationen sammeln**
  Unterschiedliche Sichtweisen werden gesammelt, Positionen werden dargestellt
- **Bedürfnisse klären**
  Befürchtungen werden geäußert, Bedürfnisse aufgedeckt, der Konflikt wird in sachliche und soziale Komponenten zerlegt, eine gemeinsame Beschreibung des Ist-Zustands wird von den Beteiligten erarbeitet
- **Lösungen vereinbaren**
  Alternative Zielzustände werden erarbeitet, Handlungsspielräume dargestellt, ein für alle akzeptabler Zielzustand (Soll-Zustand) wird beschrieben
- **Erfolg sichern**
  Konsequenzen für die Beteiligten werden aufgezeigt, verbindliche Verhaltensregeln werden aufgestellt, wer macht was bis wann wird festgelegt, Ergebnis wird rechtssicher formuliert (vollständig, verständlich, zielgerichtet)

7.8 Verhandlung

Verhandlung (4.4.9)

„Die Kompetenz VERHANDLUNG definiert den Prozess zweier Parteien oder mehr, mit dem ein Gleichgewicht zwischen verschiedenen Interessen, Bedürfnissen und Erwartungen erreicht werden soll, um eine gemeinsame Einigung und Verpflichtung zu erzielen und gleichzeitig eine positive Arbeitsbeziehung aufrecht zu erhalten." [GPM17a, Seite 97]

7.8.1 Verhandlungsbegriff und -situation

4.4.9 Verhandlung / Kompetenzstufe 1

Definition Verhandlung

Der Klassiker der Verhandlungstechnik „Das Harvard-Konzept" bezeichnet eine Verhandlung als „eine Grundform, Gewünschtes von anderen Leuten zu bekommen." Und weiter als „wechselseitige Kommunikation mit dem Ziel, eine Übereinkunft zu erreichen, wenn man mit der anderen Seite sowohl gemeinsame als auch gegensätzliche Interessen hat." [FISH06, Seite 19]

Verhandlungen sind in der Regel bilaterale oder multilaterale (Mehrparteien-)Gespräche über einen noch abzuschließenden Vertrag oder über die Anpassung bzw. Veränderung eines bereits bestehenden Vertrages [SIGM16].

Verhandlungssituationen in Projekten

Typische Verhandlungssituationen

Jedes Gespräch kann in eine Verhandlung münden. Auch die Bearbeitung von Sachverhalten, Meinungsverschiedenheiten und Konflikten durch Kommunikation mit dem Ziel einer Lösung sind nichts anderes als Verhandlungssituationen.

Beispiele

- Vertragsverhandlungen
- Verhandlung mit dem Auftraggeber über Änderungen, Nachforderungen, etc.
- Verhandlung über Ressourcenbereitstellung
- Verhandlung zur Lösung von Termin- und Ressourcenkonflikten

In den meisten Fällen wird der Projektleiter von solchen Situationen nicht überrascht und kann sich entsprechend auf diese Gespräche vorbereiten.

Im Gegensatz zu den **verdeckten Verhandlungssituationen**, in die der Projektleiter, meist ohne es bewusst als Verhandlung wahrzunehmen, tagtäglich hineingerät.

Beispiele [GPM17b]

- Flurgespräche, die plötzlich Verbindlichkeit annehmen:
  „Ich hätte da kurz eine Frage. (...) Gut, dann bringen Sie mir morgen also ..."
- E-Mail-Anfragen, die mit einer Vereinbarung beantwortet werden:
  „Ich schicke Ihnen morgen eine Übersicht, das reicht ja für die Sitzung."

- Verteilen von Aufgaben kurz vor Abreise zu einem wichtigen Termin, damit keine Zeit für Diskussionen bleibt
- Projektmitarbeiter liefern Arbeitsergebnisse so spät ab, dass keine Überprüfung / Nachbesserung mehr möglich ist

Hilfreich für den Projektleiter ist es, sich bewusst zu machen, dass er zum einen quasi immer in einer Verhandlung steht und zum anderen er sich jedes Mal vor Augen führen sollte, wer denn in der Situation das Problem hat. Dann kann der Kommunikationsprozess wirksamer gestaltet werden.

7.8.2 Das Harvard-Konzept

4.4.9 Verhandlung / Kompetenzstufe 1 (Level C)

Das **Harvard-Konzept** ist ein wichtiger Baustein bei lösungsorientierten Verhandlungen. Es erlaubt, auch bei schwierigen Verhandlungen noch ein positives Verhandlungsergebnis zu erzielen. Ziel des Harvard-Prinzips ist es, Sach- und Beziehungsebene zu trennen, Interessen zu erkennen und auszugleichen und Entscheidungsalternativen unter Verwendung neutraler Beurteilungskriterien zu suchen, um so einen Gewinn für alle Beteiligten zu schaffen.

Bei Verhandlungen im Alltag streben wir in möglichst kurzer Zeit tragfähige Lösungen an. Bereits Kinder verhandeln und möchten ihr persönliches Ziel rasch verwirklichen. Die Tochter wünscht z.B. mehr Taschengeld, Ehepaare verhandeln, wenn unterschiedliche Vorstellungen über den Ferienort bestehen. Dabei fällt es in der Praxis oft schwer, die persönliche Ebene von der Sachebene zu trennen.

Um eine Win-Win-Situation zu erreichen bzw. eine Lösung anzustreben, bei der beide Seiten das Gesicht wahren können, bietet sich das Verhandeln an. Ein herausragendes und ergebnisorientiertes Modell ist das bereits eingangs erwähnte Harvard-Konzept. Dieses Konzept unterscheidet bewusst zwischen zwei Kommunikations-Ebenen, nämlich der des Sachinhaltes (also der zu verhandelnde Übereinkunft an sich) und jener der Verhandlungsführung (der Meta-Ebene) und stellt so das zu erzielende Ergebnis (Sachinhalt) über die persönlichen Befindlichkeiten, behält aber den größtmöglichen beiderseitigen Nutzen im Vordergrund [FISH06].

Die vier wesentlichen Verhandlungskriterien für eine Übereinkunft im Win-Win-Kontext sind dabei

- Menschen und Probleme getrennt behandeln
- sich auf Interessen und nicht auf Positionen konzentrieren
- auf objektive Beurteilungskriterien bestehen
- Entscheidungsoptionen zu beiderseitigem Vorteil entwickeln

Das fünfte Kriterium – Fairness im Umgang miteinander und im Ergebnis der Einigung – wird in den meisten Fällen implizit beachtet. Die Verhandlungsparteien sind mit dem Ergebnis zufrieden (Win-Win) bzw. die Lösung leuchtet beiden Seiten sofort ein [GPM 17b].

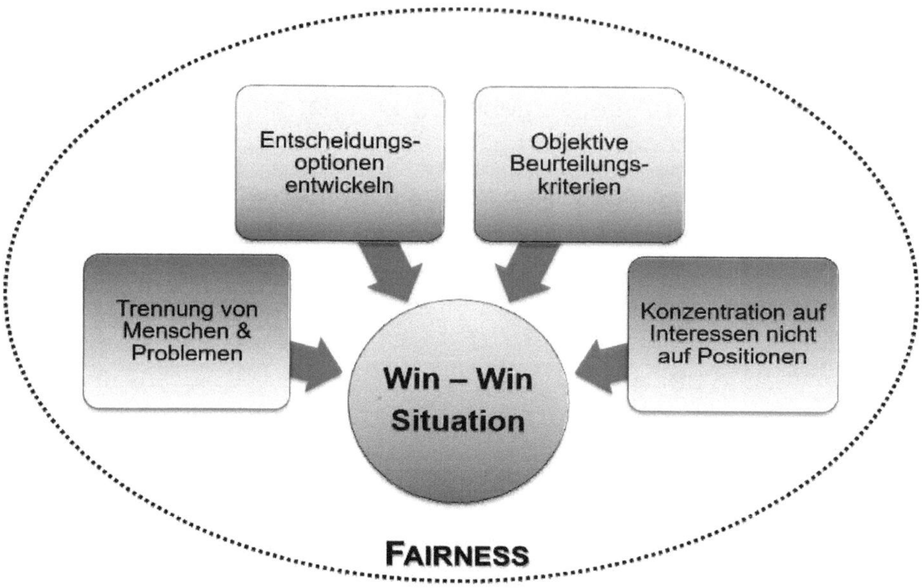

Abbildung 97 – Die fünf Verhandlungskriterien des Harvard-Konzeptes

Trennung von Menschen und Problemen

Menschen und deren Interessen werden getrennt vom Sachproblem. Ein Partner wird also zunächst respektiert und nicht aufgrund seiner Haltung oder Forderung kritisiert. Da die Beziehungsebene die Sachebene tragen muss, sollten Verhandlungspartner die auf der Beziehungsebene ausgesendeten Signale wahrnehmen und darauf reagieren. Wichtig für die Beziehungsebene ist es, das Selbstkonzept des anderen zu respektieren; man könnte auch sagen, sein „Konstrukt der Realität". Dieser Respekt dem Verhandlungspartner gegenüber bedeutet nicht, in der Sache nachzugeben – eine Empfehlung lautet: *„Seien Sie hart in der Sache, aber sanft zu den beteiligten Menschen."* [FISH06]

Sich auf Interessen und nicht auf Positionen konzentrieren

Häufig liegen hinter unvereinbaren Positionen persönliche Interessen und Bedürfnisse, die eine Lösung zum Vorteil beider Verhandlungspartner ermöglichen. Das Interesse und die Bedürfnisse beziehen sich auf den Nutzen, den die Verhandlungspartner aus dem Ergebnis der Verhandlung ziehen. Die Position hingegen ist die Aussage, wie der jeweilige Verhandlungspartner unter bestimmten Bedingungen handeln wird. Sie drückt eine bereits getroffene Entscheidung aus. Interessen und Bedürfnisse sind die Beweggründe hinter der Position. Es ist das, was sich eine Partei wünscht oder was sie unbedingt vermeiden will. Werden die Bedürfnisse dargestellt bzw. lassen sich diese herausfinden, so sind gegebenenfalls Lösungen möglich, die über einen einfachen Kompromiss hinausgehen. Hilfreich bei der Ermittlung von Interessen und den dahinterliegenden Bedürfnissen ist aktives Zuhören und, wo möglich, das Sammeln von Informationen im Vorfeld der Verhandlung [GPM17b].

Auf objektive Beurteilungskriterien bestehen

Verhandlungspartner sollten zunächst – statt um Positionen zu ringen – darüber verhandeln, welche Kriterien für den Verhandlungsprozess und die Verhandlungsergebnisse als fair zu bezeichnen wären. Faire und objektive Kriterien, wie allgemeingültige Normen, Werte oder Gesetze sind eine solide Entscheidungsgrundlage, da sie unabhängig von den subjektiven Interessen der Konfliktparteien sind und den Weg für die Lösung anbahnen. Ein objektives Bewertungskriterium kann beispielsweise der Marktwert sein oder die entstehenden Kosten. Hilfreich sind die Kriterien, die von beiden Seiten als fair empfunden werden. Bei einer Einigung würden die Verhandlungspartner sich nicht dem anderen, sondern den vereinbarten Kriterien beugen.

Entscheidungsoptionen zu beiderseitigem Vorteil entwickeln

Gemäß diesem Prinzip fokussieren die Verhandlungspartner nicht darauf, einen gegebenen Kuchen aufzuteilen. Stattdessen entwickeln sie gemeinsam möglichst viele Ideen, wie der Kuchen vergrößert werden kann. Erst damit entstehen neue Dimensionen bei Entscheidungsoptionen bzw. Auswahlmöglichkeiten. In vielen Fällen lassen sich Lösungen finden, die für beide Partner vorteilhafter sind als ein Kompromiss. Beim Suchen von Optionen, die im Idealfall beiden Seiten den größtmöglichen Nutzen bringen, ist Kreativität gefragt [GPM17b].

Ziel ist eine Übereinkunft, die folgenden Anforderungen genügt:

- die guten Beziehungen der Parteien bleiben erhalten
- beide Seiten nehmen mit was sie brauchen – oder, wenn beide das Gleiche brauchen, fair teilen (bspw. Nach dem „Einer-teilt-einer-wählt“-Prinzip)
- es wird zeiteffizient verhandelt (da nicht an Positionen festgehalten wird)

Ein weiteres Element des Konzeptes rät von schlechten Übereinkünften ab und empfiehlt bereits in Vorbereitung der Verhandlung, einen Vergleich der „beste Alternative“ außerhalb einer Einigung mit einer „schlechten Übereinkunft“ zu ziehen und so dem Zwang zu entgehen, in jedem Fall eine Einigung erzielen zu müssen (**BATNA** – best alternative to a negotiated agreement) [FISH06].

- Nicht-Verhandeln als attraktivere Alternative zum Verhandeln: Einschätzen der Erfolgswahrscheinlichkeit des Verhandelns
- Einschätzen, ob der Verhandlungspartner alternative Positionen einnehmen / alternative Handlungen ausführen darf und will

7.9 Vielseitigkeit

Vielseitig (4.4.8)
„Die Kompetenz VIELSEITIGKEIT definiert die Fähigkeit, verschiedene Techniken und Denkweisen für die Definition, Analyse, Priorisierung und suche nach Alternativen für den Umgang mit oder die Lösung von Herausforderungen und Problemen anzuwenden.“ [GPM17a, Seite 93]

7.9.1 Problemlösungsprozess und -methoden

4.4.8 Vielseitigkeit / Kompetenzstufe 1

Probleme entstehen aus der Abweichung zwischen IST und SOLL. In komplexen Projektumgebungen sind die Wege zu einer Lösung eher unbekannt, so dass hier zur Problemlösung Methoden zum Einsatz kommen. Probleme können in verschiedene Arten unterteilt werden (z.B. Zielprobleme, Erkenntnisprobleme, Sachprobleme, Ressourcenprobleme, Personalprobleme, Teamprobleme). Die Lösung eines Problems ist aber nur das Eine. Vielmehr muss die Ursache ergründet werden, um die Auswirkung des Problems zu minimieren und ggf. Ein erneutes „Auftauchen" des Problems zu verhindern.

Abbildung 98 – Zusammenhang von Ursache, Problem und Wirkung

„Problem lösen heißt, sich vom Problem lösen."
Johann Wolfgang von Goethe (1749 – 1832),
deutscher Dichter, u.a. „Götz von Berlichingen", „Faust"

Die erste Betrachtung bei Auftritt eines Problems gilt der Wirkung. Je grösser die Wirkung (i.S.v. Stärke, Art und Reichweite), desto intensiver haben wir uns als Projektmanager um die Lösung des Problems und die Behebung der Ursache zu kümmern.

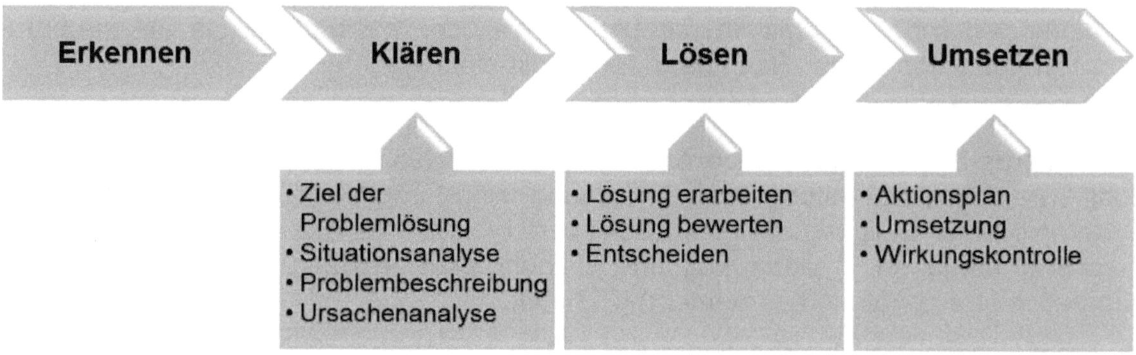

Abbildung 99 – Problemlösungsprozess

Die auszufüllenden Rollen im Problemlösungsprozess sind neben dem Probleminhaber der Moderator und die Problemlösungsgruppe.

7.9.1.1 Ursache-Wirkungs-Diagramm

4.4.8 Vielseitigkeit / Kompetenzstufe 1

Das Ursache-Wirkungs-Diagramm (auch Fischgräten- oder Ishikawa-Diagramm), als eine schnell umsetzbare Problemlösungsmethode, erleichtert die Ursachensuche durch vorgegebene Kategorien. Diese Methode wurde von KAROU ISHIKAWA ursprünglich im Rahmen des Qualitätsmanagements zur Analyse von Qualitätsproblemen und deren Ursachen angewendet.

ISHIKAWA sah ursprünglich sechs Kategorien (6 M) vor – **M**ensch, **M**anagement, **M**aschine, **M**aterial, **M**ethode, **M**itwelt bzw. Milieu. Im Fischgräten-Diagramm stellen diese 6 M die Gräten, also die möglichen Ursachen dar und der Kopf die Auswirkungen bzw. das Problem. Diese sechs Kategorien lassen sich problemspezifisch anpassen, so dass in einer Basisversion **fünf Ms** zum Einsatz kommen (Mensch, Maschine, Material, Methode, Mitwelt) und beispielsweise im Prozessumfeld die Gräten um ein siebtes M – Messung – ergänzt werden können [KERZ22, SCHM15].

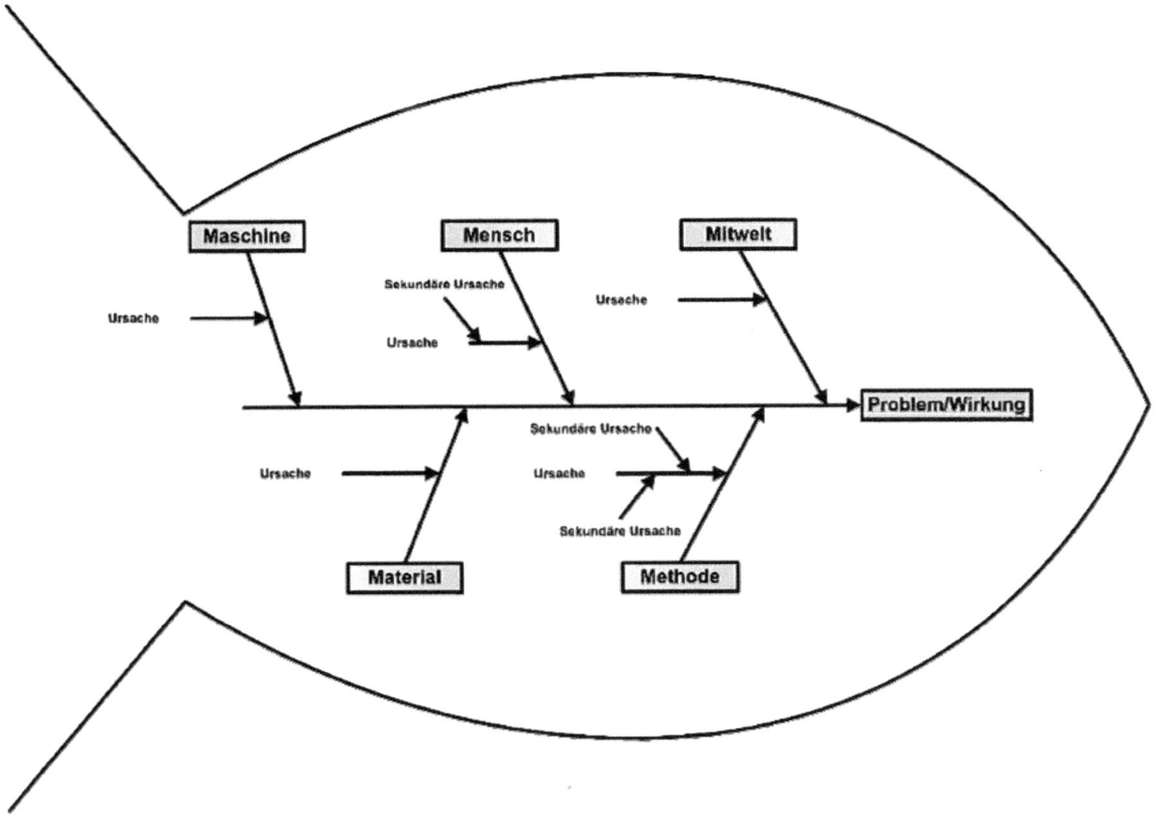

Abbildung 100 – Ursache-Wirkungs-Diagramm

In der Literatur findet man häufig auch 4P (Place, Procedures, People, Policies – Ort, Abläufe, Menschen, Vorgehensweisen) und 4S (Surroundings, Suppliers, Systems, Skills – Umgebung, Zulieferer, Systeme, Fähigkeiten) als Ursachenkategorien.

7.9.1.2 Pareto-Analyse

4.4.8 Vielseitigkeit / Kompetenzstufe 1

Die Pareto-Analyse, auch Pareto-Diagramm, benannt nach dem Wohlfahrtsökonom VILFREDO PARETO, besagt, dass sich 80 % eines Problems auf nur 20 % der möglichen Ursachen und Einflussgrößen zurückführen lassen (Pareto-Effekt oder auch 80/20-Regel), bzw. dass 80 % der Wirkungen von nur 20 % der Probleme verursacht werden.

Das Pareto-Diagramm ist eine wirksame Methode, um den Einfluss aller ein Problem bedingenden Ursachen auf das Problem zu untersuchen und die Hauptursachen des Problems zu identifizieren [SCHM15, GPM17b].

Vorgehensweise

1. Das zu bearbeitende Problem festlegen und formulieren
2. Kategorie der Ursachen bzw. Wirkungen festlegen

3. Festlegen der Messgröße
4. Festlegen des Untersuchungszeitraums
5. Analyse der Ursachen- bzw. Wirkungskategorien
6. Systematisierung der Wirkungskategorien und Erstellen eines Säulendiagramms
7. Interpretation der Ergebnisse

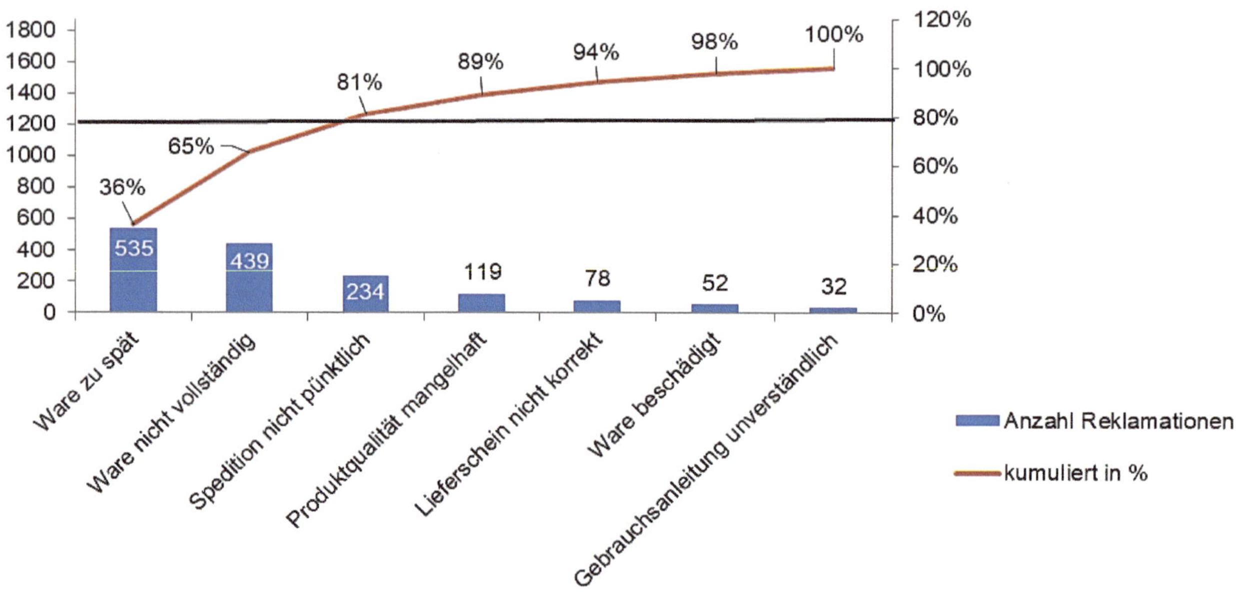

Abbildung 101 – Pareto-Diagramm mit Summenkurve (Beispiel)

7.9.1.3 FMEA

4.4.8 Vielseitigkeit | 4.5.6 Qualität / Kompetenzstufe 1

Die Failure Mode and Effect Analysis (FMEA)[35] bzw. Fehlermöglichkeits- und Einflussanalyse ist eine Methode des Qualitätsmanagements zur vorbeugenden Risikoanalyse bei der Untersuchung von Produkten und Prozessen. Mit ihrer Hilfe sollen mögliche Schwachstellen und Fehlerursachen vorausschauend aufgespürt werden. Die Durchführung einer FMEA kann aber auch reaktiv aufgrund auftretender Probleme erfolgen. Eine FMEA wird üblicherweise in interdisziplinären Teams bearbeitet [SCHM15, DREW10].

Vorgehensweise

1. Vorbereitung der FMEA (Scoping)
   a. Zusammensetzung des Teams
   b. Zeitplanung
   c. Zweck
   d. Werkzeug
   e. Zuweisung der Aufgaben

[35] Die DIN EN 31010:2010 „Risikomanagement – Verfahren zur Risikobeurteilung" und die DIN EN 60812:2006 „Analysetechniken für die Funktionsfähigkeit von Systemen" bezeichnen die FMEA auch als „Fehlzustandsart- und -auswirkungsanalyse"

2. Beschreibung des Analyseobjekts (Strukturanalyse)
3. Beschreibung von Funktionen der Systemelemente (Funktionsanalyse)
4. Identifizieren potenzieller Fehlerzustände (Fehleranalyse)
5. Bewertung der
   a. Fehlerzustände (Risikobewertung[36] anhand Auftrittswahrscheinlichkeit, Entdeckungswahrscheinlichkeit und Bedeutung)
   b. Maßnahmenanalyse (Maßnahmenplan)
6. Terminverfolgung und Erfolgskontrolle

„The problem is not the problem. The problem is your attitude about the problem."

Johnny Depp alias Captain Jack Sparrow (2003),
„Pirates of the Caribbean: The Curse of the Black Pearl"

7.9.2 Kreativitätsmethoden

4.4.8 Vielseitigkeit / Kompetenzstufe 1

Kreativität ist die Fähigkeit, produktiv zu denken und aus mehr oder weniger bekannten Informationen neue Kombinationen zu bilden. Für den Projekterfolg gilt es als Projektmanager, sowohl die individuelle Kreativität als auch die kollektive Kreativität des Projektteams zu nutzen.

Zum Finden neuer Ideen und innovativer Lösungsansätze stehen verschiedene Kreativitätsmethoden zur Unterstützung eines entsprechenden Lösungsansatzes zur Auswahl.

7.9.2.1 Methode 635

Die Methode 635 ist eine Brainwriting-Technik und wurde 1968 von BERND ROHRBACH entwickelt. Diese Kreativitätsmethode eignet sich bestens zur Ideenfindung auf Basis einer konkreten Fragestellung. 635 steht hier für **sechs** Teilnehmer, die auf einem in drei Spalten und sechs Zeilen aufgeteilten Blatt Papier **drei** Ideen formulieren und anschließend gleichzeitig im Uhrzeigersinn ihr Blatt an den nächsten in der Gruppe weitergeben. Das Ganze **fünf** Mal, so dass jeder die Möglichkeit hat, sich von den Ideen seines Vorgängers inspirieren zu lassen und diese weiter zu entwickeln [DREW10].

Vorgehensweise

1. Vorbereitung:
   Jeder Teilnehmer erhält ein vorbereitetes Arbeitsblatt (Problemstellung im Titel, drei Spalten, sechs Zeilen)
2. Durchführung:
   Die Teilnehmer schrieben ihre drei Ideen auf und geben das Blatt im Uhrzeigersinn an den nächsten Nachbarn weiter. Dieser greift die Ideen auf, ergänzt diese oder entwickelt sie weiter. Fünf Durchgänge.
3. Abschluss:
   Ideen bewerten, Mehrfachnennungen streichen, Ergebnis diskutieren

[36] Risikoprioritätszahl (RPZ) = Auftrittswahrscheinlichkeit (A) x Entdeckungswahrscheinlichkeit (E) x Bedeutung (B)

Die wichtigsten Regeln:

1. Jeder Beitrag ist wichtig
2. Ergänze und entwickle vorhandene Ideen weiter
3. Ideen können nach Belieben aufgegriffen und ergänzt werden
4. Kritik erst in der gemeinsamen Diskussion

7.9.2.2 Brainstorming

Brainstorming ist der Klassiker unter den Kreativitätsmethoden. Erfunden wurde diese Methode von 1939 ALEX F. OSBORNE mit dem Ziel, die Erzeugung neuer ungewöhnlicher Ideen in einer Gruppe zu fördern.

Durch spontane Ideenäußerung ohne ablehnende Kritik wird mit dieser Methode eine große Anzahl an Ideen zu einer gegebenen Problemstellung entwickelt und gesammelt. Beim Brainstorming in der Gruppe können sich die Teilnehmer durch ihre Beiträge gegenseitig zu neuen Ideenkombinationen anregen, wodurch insgesamt mehr Ergebnisse produziert werden, als wenn jeder für sich allein arbeitet [DREW10].

Vorgehensweise

1. Vorbereitung:
   Den Teilnehmern wird das Problem / das Thema durch den Moderator vorgestellt
2. Durchführung:
   Die Teilnehmer nennen ihre Ideen zur Lösungsfindung und inspirieren sich dabei gegenseitig.
3. Abschluss:
   Alle Ideen werden aufgeschrieben, sortiert und ausgewertet

Die wichtigsten Regeln:

1. Je mehr Ideen, desto besser
2. Ergänze und verbessere vorhandene Ideen
3. Je ungewöhnlicher die Idee, desto besser (Thinking out of the box)
4. Übe keine Kritik

7.9.2.3 Morphologische Matrix

Nach seinem Erfinder FRITZ ZWICKY soll mit der Morphologischen Matrix eine vollständige Lösung zu einem gegebenen Problem ermöglicht werden. Die Technik zerlegt ein Problem oder eine Herausforderung zunächst in abgegrenzte Teilaspekte, die anschließend durch gezielte Rekombination zu neuen Lösungsmöglichkeiten führen können [SCHM15].

Vorgehensweise

1. Vorbereitung:
   Bezogen auf eine Fragestellung werden die bestimmenden Merkmale festgelegt und untereinandergeschrieben (= WAS). Dann werden alle möglichen Ausprägungen des jeweiligen Merkmals rechts daneben notiert (= WIE). Die so entstandene Matrix, enthält jede Kombination von Ausprägungen aller Merkmale die theoretisch eine Lösung darstellt

2. Durchführung:
   Aus jeder Zeile wird eine Ausprägung des Merkmals gewählt, wodurch eine Kombination von Ausprägungen entsteht
3. Abschluss:
   Die Kombinationen werden bewertet, diskutiert. Es erfolgt eine Alternativenbewertung und die Lösungsauswahl

Die wichtigsten Regeln:

1. Beschränkung auf maximal 10 voneinander unabhängiger Merkmale (= WAS)
2. Beschränkung auf maximal 10 Ausprägungen (= WIE) je Merkmal
3. Die Kombination der besten Teillösungen führt nicht zwangsläufig zum besten Gesamtkonzept

7.9.2.4 Kopfstandmethode

Die Kopfstandmethode ist eine Kreativitätstechnik zur Problemlösung bzw. Ideenfindung. Sie basiert auf einer Umkehrung der ursprünglichen Aufgabenstellung, weshalb sie auch als Umkehrtechnik bzw. Flip-Flop-Technik bezeichnet wird. Sie nutzt die menschliche Eigenschaft, von Natur aus gerne zu kritisieren.

Vorgehensweise

1. Vorbereitung:
   Die Herausforderung auf den Kopf stellen – Umformulieren der Herausforderung, d.h. nicht „Was müssen wir tun, um erfolgreich zu sein?“ sondern „Was müssen wir tun, um erfolgreich zu scheitern?“
2. Durchführung:
   Ideen sammeln, wie „es“ nicht geht (z.B. Brainstorming, Brainwriting). Zusammenfassen und sortieren der Negativideen.
3. Abschluss:
   Umdrehen der Negativideen ins Positive und diese als Inspiration für die „richtigen“ Ideen nutzen.

Die wichtigsten Regeln:

1. Es gelten die Regeln des Brainstormings (siehe oben)

7.10 Ergebnisorientierung

Ergebnisorientierung (4.4.10)

„ERGEBNISORIENTIERUNG bedeutet, dass der Einzelne den kritischen Fokus auf die Ergebnisse des Projekts behält. ... Die Ergebnisse werden bei Diskussionen stets in den Vordergrund gestellt, und das Team strebt nach diesen Ergebnissen.“ [GPM17a, Seite 101]

Ergebnisorientierung ist die Ausrichtung des Denkens und Handelns der Projektteam-Mitglieder auf das Erreichen des Projektziels. Das zeigt sich auch in den beiden Blickwinkeln auf dieses Thema – Projekt und Projektmanagement [PATZ17, GPM17b].

7.10.1 Blickwinkel Projekt

4.4.10 Ergebnisorientierung / Kompetenzstufe 1

Ergebnisorientierung auf der Ebene Projekt hat die Erstellung des Produktes bzw. inhaltliche Umsetzung des Projekts im Fokus. Speziell geht es darum,

- die Aufmerksamkeit des Teams auf die Schlüsselziele zu lenken.
- ethische, gesetzliche und ökologische Anforderungen zu beachten.

7.10.2 Blickwinkel Projektmanagement

4.4.10 Ergebnisorientierung / Kompetenzstufe 1

Auf der Ebene Projektmanagement steht die Abwicklung des Projekts im Vordergrund. Sie unterteilt sich in **methodische** (Termin, Kosten, Änderungsmanagement, Risikomanagement, ...) und **soziale Aspekte** (Konfliktmanagement (Stakeholder-)Kommunikation, Motivation, (Team-)Führung, ...). Dazu gehören beispielsweise:

- das Managen von freigegebenen Änderungen
- Risiken identifizieren und Chancen zu nutzen, um zusätzliche Erfolge zu generieren
- gesetzliche bzw. regulatorische Anforderungen berücksichtigen
- die wichtigsten interessierten Parteien zufrieden stellen
- das Team leiten, motivieren und seine Erwartung berücksichtigen

Ergebnisorientierung ist somit eine Schlüsselkompetenz mit Verbindungen / Schnittstellen in alle anderen Kompetenzelemente der ICB 4.

Differenzierung Effizienz und Effektivität

Effizienz beschreibt das Verhältnis zwischen eingesetzten Mitteln (Kosten) und erreichtem Erfolg (Nutzen) und gibt damit Auskunft über die Wirtschaftlichkeit einer Handlung oder Maßnahme.

Von einer hohen Effizienz spricht man, wenn ein vorgegebenes Ziel mit möglichst geringem Aufwand erreicht wird oder mit vorgegebenen Mitteln ein möglichst hoher Ertrag erzielt wird [SCHU21].

„Die Dinge richtig tun“

Effektivität bezieht sich auf den Grad der Zielerreichung einer Handlung oder Maßnahme.

Von einer hohen Effektivität spricht man, wenn das Verhältnis zwischen angestrebtem Ziel und dem tatsächlich erreichten Ergebnis hoch ist [SCHU21].

Synonyme: Wirksamkeit, Wirkungsgrad

„Die richtigen Dinge tun.“

7.11 Change und Transformation

Change und Transformation (4.5.13)

„CHANGE (hier gemeint: Veränderung, Verbesserung einer aktuellen Situation unter Beachtung der Vergangenheit) und TRANSFORMATION (aus neuen Situationen entstehende Entwicklung, basierend auf einer Zukunftsvision) liefern die Prozesse, Tools und Techniken, die den Einzelnen und Organisationen dabei helfen können, erfolgreiche Übergänge hinsichtlich Personal und Organisation vorzunehmen, die in der Annahme und Übernahme von Change resultieren.“ [GPM17a, Seite 160]

Change Management wird häufig synonym für Änderungsmanagement und Veränderungsmanagement verwendet. In diesem Kompetenzelements geht es um Veränderungsmanagement (management of change). Änderungsmanagement (change control) ist Bestandteil des Kompetenzelements 4.5.1 Planung und Steuerung (→ Kapitel 5.3 Konfigurations- und Änderungsmanagement).

7.11.1 Techniken für das Veränderungsmanagement

4.5.13 Change und Transformation / Kompetenzstufe 1

3-Phasen-Model von Lewin

Das vergleichsweise einfache Modell des Psychologen und Sozialwissenschaftlers KURT LEWIN hilft durch seine strukturierte Vorgehensweise beim Verständnis des Change-Prozesses im Sinne der ICB 4. Lewin erkannte, dass in sozialen Systemen zwei grundsätzliche Kraftfelder wirken – antreibende Kräfte, welche Veränderungen provozieren und widerstrebende Kräfte, die den Erhalt des Status Quo fördern und nicht ohne Weiteres überwunden werden können [GPM17b, LAUE14].

Er identifiziert in seinem Modell drei Phasen, in welchen sich Veränderungen vollziehen:

Phase	Beschreibung
Unfreezing („Auftauen“)	Vorbereiten der Veränderungen – Pläne und Ziele werden vermittelt, die von der Änderung Betroffenen werden in die Diskussion einbezogen. Analysen werden durchgeführt, um die Organisation für die Veränderung zu motivieren.
Changing („Verändern, Bewegen“)	Durchführen der Veränderungen – Lösungen generieren, Neues ausprobieren, Reaktionsweisen werden herausgebildet, Verlassen des Status Quo. Dies wird durch Training der Beteiligten und Überwachen der Prozesse durch die Verantwortlichen verstärkt.
Refreezing („Einfrieren“)	„Um- und Eingewöhnen“ der Organisation – Durch Stabilisierung und Implementierung der neuen Strukturen soll ein Rückfall vermieden und ein neues Gleichgewicht hergestellt werden.

Tabelle 73 – Phasen der Veränderung (Lewin)

Anmerkung

Ein populärerer Ansatz ist das 8-Stufen-Modell von JOHN P. KOTTER. Er unterteilt den Change-Prozess in acht Phasen, die sich wiederum in drei Hauptkategorien gliedern lassen [KOTT11].

- **Sensibilisierung** – (1) Gefühl der Dringlichkeit | (2) Führungskoalition aufbauen | (3) Vision und Strategie entwickeln
- **Mobilisierung** – (4) Vision kommunizieren | (5) Mitarbeitende befähigen | (6) Schnelle Erfolge erzielen
- **Implementierung** – (7) Erfolge konsolidieren, weitere Veränderungen ableiten | (8) Neue Ansätze in der Kultur verankern

Im Gegensatz zum Modell von Lewin beschreibt Kotter einen kontinuierlichen Prozess, der sich in Phase sieben (Ableitung weiterer Veränderungen) zeigt.

7.11.2 Vorgehen auswählen

Die angemessene Einbindung betroffener Mitarbeiter betrifft nicht nur sachliche, sondern auch kulturelle Aspekte. Die Akzeptanz für Veränderungen entsteht nicht durch die bloße Präsentation fertiger Konzepte. Sie wird vielmehr durch die klare Kommunikation von Sinn und Zweck der Veränderung (→ Kapitel 3.3.1.2 Ziele) sowie durch ein geplantes Stakeholdermanagement (→ Kapitel 3.2.2 Stakeholdermanagement) erreicht. Dabei ist es wichtig, die betroffenen Personen auf angemessene Weise in den Gestaltungsprozess einzubeziehen – ein Ansatz, der darauf abzielt, die „Betroffenen zu Beteiligten zu machen" (→ Kapitel 7.4.4 Selbstbestimmungstheorie nach ...). Zudem darf der Einfluss der Unternehmenskultur (→ Kapitel 3.2.1.3 Umfeldfaktor – Kultur und Werte) nicht unterschätzt werden.

Die Begleitung einer Veränderung erstreckt sich für die beteiligten Personen über mehrere Phasen entlang einer Veränderungskurve. Dieses Phasenmodell wurde ursprünglich in den 1960er Jahren von der schweizerisch-US-amerikanische Psychiaterin ELISABETH KÜBLER-ROSS zur Erklärung des Trauerprozess eines todkranken Patienten entwickelt. Seit den 1980er Jahren ist diese Veränderungskurve fester Bestandteil im Change-Management. Die mit ihr verbundenen Emotionen können als Vorhersage benutzt werden, wie die Leistung der betroffenen Personen nach Ankündigung einer Veränderung und der anschließenden Implementierung (wahrscheinlich) beeinflusst wird [STOL13, PMI13].

Die sieben Phasen der wahrgenommenen persönlichen Kompetenz zur Steuerung einer herausfordernden und neuartigen Veränderung werden wie folgt beschrieben:

1. **Schock**
   Unsicherheit; „Was passiert hier?"; Gerüchte entstehen. Der Betroffene entwickelt die Neigung, seine Anstrengungen zu verdoppeln.
2. **Verneinung**
   Ausmaß der Veränderung wird geleugnet; Schuldzuweisung; Solidarisierung mit den Opfern.

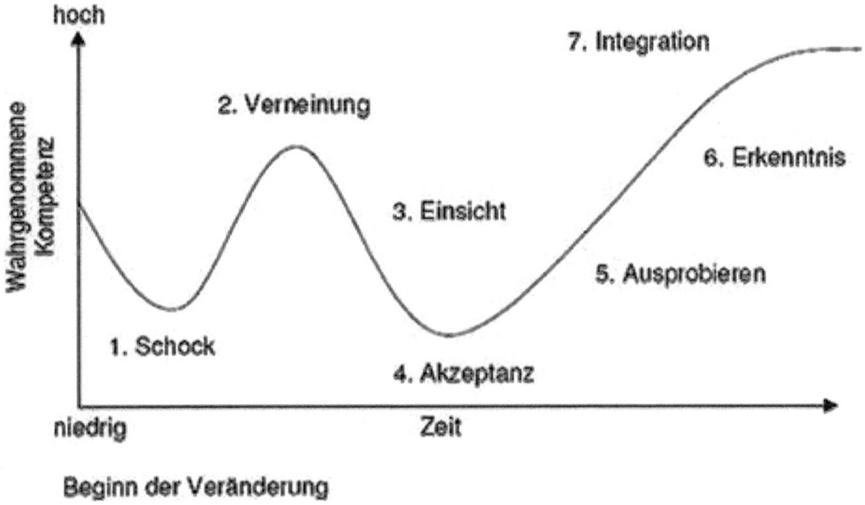

Abbildung 102 – Emotionale Phasen der Veränderung

3. **Einsicht**
   und Wunsch nach raschem Ende. Es besteht das Risiko von Pseudolösungen. Unsicherheit über die eigenen Fähigkeiten; Entscheidungsarmut und Verantwortungsscheu.
4. **Akzeptanz**
   Verherrlichung des Vergangenen; „Wir haben alles versucht.“; Tal der Tränen; Verlustreiche Zone; Schwelle zur inneren Öffnung und Neuorientierung.
5. **Ausprobieren**,
   Konzentration auf neue Aufgaben; Wunsch nach überschaubaren Zielen; Lernwille. Erfolg – Misserfolg – Ärger – Frustration
6. **Erkenntnis,**
   warum gewisse Verfahrens- und Verhaltensweisen zum Erfolg führen und andere nicht.
7. **Integration**
   erfolgreicher Ansätze ins eigene Handlungsrepertoire. Konsolidierung und Startpunkt für neue herausfordernde Veränderungen.

Die „wahrgenommene persönliche Kompetenz“ bezieht sich auf die Größen **Wollen** (Motivation), **Können** (Fähigkeit), **Dürfen** (Befugnis). Nicht zu unterschätzen sind allerdings die, trotz frühzeitiger Einbindung der Betroffenen auf unterschiedliche Weise entstehenden Konflikte (siehe 7.7 Konflikte und Krisen).

„Der beste Beginn eines Veränderungsprozesses ist eine Zukunftsvorstellung, die neugierig macht und fasziniert.“

Peter Kruse (1955 – 2015),
ehem. Senator für Bildung und Wissenschaft der Freien Hansestadt Bremen und Autor u.a. „Erfolgreiches Management von Instabilität“

7.12 Literatur

[BANK17] *Bank, S.* (2017). Das ideale Projektteam: Fähigkeiten, Motivation und Teamzusammenstellung. Wiesbaden: Springer Gabler

[BANN14] *Bannick, S.* (06. April 2014). Lessons Learned: Die Kunst, aus Erfahrungen nachhaltig lernen zu können. Abgerufen am 08. August 2023 von on operations: http://on-operations.com/2014/04/06/lessons-learned-die-kunst-aus-erfahrungen-nachhaltig-lernen-zu-konnen/

[BECK16] *Becker, F.* (2016). Teamarbeit, Teampsychologie, Teamentwicklung: So führen Sie Teams! Berlin: Springer Verlag

[BELB10] *Belbin, R. M.* (3. Aufl. 2010). Management Teams. Why they succeed or fail. New York: Routledge

[BELB18] *BELBIN Deutschland e.K.* (2018). Teamrollen. Abgerufen am 08. August 2023 von BELBIN Deutschland: https://www.belbin.de/teamrollen/

[BEND14] *Bender, S.* (Juni 2014). Die 5 Axiome der Kommunikationstheorie von Paul Watzlawick. Abgerufen am 08. August 2023 von Kommunikation von Paul Watzlawick: https://www.paulwatzlawick.de/axiome.html

[BERG21] *Bergmann, R., & Garrecht, M.* (3., aktual. und erweit. Aufl. 2021). Organisation und Projektmanagement. Wiesbaden: Springer Gabler

[BLAN10] *Blanchard, K.* (2.. überarb. und erw. Aufl. 2010). Leading at a Higher Level: Blanchard on Leadership and Creating High Performance Organizations. New Jersey: Financial Times Press

[BLIC05] *Blickhan, C.* (2. Aufl. 2005). Die sieben Gesprächsförderer: Miteinander reden lernen. Paderborn: Junfermann Verlag

[BOHI11] *Bohinc, T.* (12. Juli 2011). Kommunikation in virtuellen Teams. Teil 2: Medien richtig einsetzen | Projekt Magazin. Abgerufen am 08. August 2023 von Projekt Magazin – Das Fachportal für Projektmanagement: https://www.projektmagazin.de/artikel/kommunikation-virtuellen-teams-teil-2_918956

[BORN15] *Bornewasser, M., Schlick, C. & Bouncken, R.* (2015). Teamkonstellation und betriebliche Innovationsprozesse. Wiesbaden: Springer Verlag

[BÖS18] *Bös, N.* (31. Januar 2018). Beruflich online: Netiquette – nur nettes Etikett? Abgerufen am 08. August 2023 von Frankfurter Allgemeine – FAZ.NET: http://www.faz.net/aktuell/beruf-chance/beruf/beruflich-online-netiquette-nur-nettes-etikett-15417416.html

[BPB20] *bpfish06b: Bundeszentrale für politische Bildung.* (2020). Abgerufen am 08. August 2023 von Krise | bpb: https://www.bpb.de/kurz-knapp/lexika/politiklexikon/17759/krise/

[DICK13] *van Dick, R., & West, M. A.* (2., überarb. und erw. Aufl. 2013). Teamwork, Teamdiagnose, Teamentwicklung. Göttingen: Hogrefe Verlag

[DÖRN11] *Dörner, D.* (14. Aufl. 2011). Die Logik des Mißlingens. Strategisches Denken in komplexen Situationen. Reinbek: Rowolth Taschenbuchverlag.

[DREW10] *Drews, G., & Hillebrand, N.* (2. Aufl. 2010). Lexikon der Projektmanagement-Methoden. Freiburg: Haufe

[EGLE21] *Egle, G.* (28.01.2021). Eisbergmodell. Abgerufen am 08. Auguast 2023 von teachSam – Lehren und Lernen online: http://www.teachsam.de/psy/psy_pers/psy_pers_freud/psy_pers_freud_5.htm

[FISH06] *Fisher, R., Ury, W., & Patton, B.* (2006). Das Harvard-Konzept. Der Klassiker der Verhandlungstechnik. Frankfurt: Campus Verlag.

[FREI16] *Freitag, M.* (2. Aufl. 2016). Kommunikation im Projektmanagement: Aufgabenfelder und Funktionen der Projektkommunikation. Wiesbaden: Springer Fachmedien.

[GLAS17] *Glasl, F.* (11. Aufl. 2017). Konfliktmanagement: Ein Handbuch für Führungskräfte, Beraterinnen und Berater. Stuttgart: Freies Geistesleben.

[GPM17a] *Deutsche Gesellschaft für Projektmanagement e.V.*, (Hrsg.). (1., aktual. Aufl. 2017). Individual Competence Baseline für Projektmanagement, Version 4.0 / Deutsche Fassung (Bd. 1). Nürnberg: Deutsche Gesellschaft für Projektmanagement e.V. (GPM)

[GPM17b] *GPM, SPM, & Gessler, M. (Hrsg.).* (8. Aufl. 2017). Kompetenzbasiertes Projektmanagement (PM3): Handbuch für die Projektarbeit, Qualifizierung und Zertifizierung auf Basis der IPMA Competence Baseline Version 3.0. Nürnberg: GPM Deutsche Gesellschaft für Projektmanagement e.V.

[GUBE17] *Gubelmann, J., Scherler, H., & et al.* (4., kompl. überarb. Aufl. 2017). Projektmanagement – Zertifizierung nach IPMA (ICB4)-Ebenen D und C. Zürich: Compendio Bildungsmedien

[GUGE10] *Gugel, G.* (2010). Praxisbox Streitkultur. Konflikteskalation und Konfliktbearbeitung. Tübingen: Institut für Friedenspädagogik Tübingen e.V.

[JONA14] *Jonas, K., Stroebe, W., & Hewstone, M.* (Hrsg.). (6., überarb. Aufl. 2014). Sozialpsychologie. Heidelberg: Springer Verlag

[KALU12] *Kaluza G. / Siebecke, D.* (2012) Stressmanagement. In Hallenberg, F. & Lorei, C. (Hrsg.). (2012). Grundwissen Stress. Frankfurt: Verlag für Polizeiwissenschaften

[KERZ22] *Kerzner, H.* (13. Aufl. 2022). Project Management: A systems Approach to Planning, Scheduling, and Controlling. Hoboken, New Jersey: Wiley

[KKK06] *Kaufmännische Krankenkasse (Hrsg).* (2006). Stress?: Ursachen, Erklärungsmodelle und präventive Ansätze (Weißbuch Prävention), Heidelberg: Springer Verlag

[KILM75] *Kilmann, R. H., & Thomas, K. W.* (01. Dez. 1975). Interpersonal Conflict-Handling Behavior as Reflections of Jungian Personality Dimensions. Psychological Reports, Volume 37 (Number 3), S. 971 – 980. Abgerufen am 08. August 2023 von https://www.kilmanndiagnostics.com/interpersonal-conflict-handling-behavior-reflections-jungian-personality-dimensions

[KNIL10] *Knill, H.* (2010). Hoeren, Hinhoeren, Zuhoeren. Abgerufen am 08. August 2023 von rhetorik.ch: http://rhetorik.ch/Hoeren/Hoeren.html

[KOTT11] *Kotter, John P.* (2011). Leading Change: Wie Sie Ihr Unternehmen in acht Schritten erfolgreich verändern. München: Vahlen Verlag

[KREM16] *Krems, B.* (25. November 2016). Verantwortung, Verantwortungsarten. Abgerufen am 08. August 2023 von Online-Verwaltungslexikon für gutes öffentliches Management: https://www.olev.de/uv/verantwortung.htm

[KREY05] *Kreyenberg, J.* (2. Aufl. 2005). Handbuch Konfliktmanagement. Berlin: Cornelsen Verlag

[LAUE14] *Lauer, T.* (2. Aufl. 2014). Change Management: Grundlagen und Erfolgsfaktoren. Heidelberg: Springer Gabler

[LENC14] *Lencioni, P.* (2014). Die 5 Dysfunktionen eines Teams. Weinheim: Wiley-VCH

[MASL43] *Maslow, A.* (1943). A Theory of Human Motivation. Psychological Review Vol. 50, S. 307-396. Abgerufen am 08. August 2023 von Classics in the History of Psychology: http://psychclassics.yorku.ca/Maslow/motivation.htm

[MOTZ17] *Motzel, E., & Möller, T.* (3., überarb. & aktual. Aufl. 2017). Projektmanagement Lexikon: Referenzwerk zu den aktuellen nationalen und internationalen PM-Standards. Weinheim: Wiley-VCH Verlag

[OELS09] *von der Oelsnitz, D., & Busch, M. W.* (2009). Teamlernen: Ansatzpunkte und Erfolgsvoraussetzungen. In Hünerberg, R. & Mann, A. (Hrsg.) (2009), Ganzheitliche Unternehmensführung in dynamischen Märkten (S. 249-271). Wiesbaden: Springer

[PINK11] *Pink, Daniel H.* (2011). Drive: The Surprising Truth About What Motivates Us. New York: Penguin Publishing Group

[PMI13] *Project Management Institute, Inc.* (2013). Managing Change in Organizations: A Practice Guide. Pennsylvania: PMI Inc.

[QUIN88] *Quinn, R. E.* (1988). Beyond Rational Management: Mastering the Paradoxes and Competing Demands of High Performance. San Francisco: Jossey-Bass

[QUIN11] *Quinn, R. E., & Cameron, K. S.* (3. Aufl. 2011). Diagnosing and Changing Organizational Culture: Based on the Competing Values Framework. San Francisco: Jossey-Bass

[RHEI18] *Rheinberg, F., & Vollmeyer, R.* (9., erw. und überarb. Aufl. 2018). Motivation (Bd. Grundriss der Psychologie Band 6). Stuttgart: Verlag W. Kohlhammer

[RÖHN16] *Röhner, J., & Schütz, A.* (2. Aufl. 2016). Psychologie der Kommunikation. Wiesbaden: Springer Fachmedien.

[SCHI14] *Schildt, T.* (2014). Wundertüte Konflikt: Der Praxisleitfaden für den erfolgreichen Umgang mit Konflikten. Berlin: Gerd Schilling

[SCHM15] *Schmitt, R., & Pfeifer, T.* (5., aktual. Aufl. 2015). Qualitätsmanagement – Strategien – Methoden – Techniken. München: Carl Hanser Verlag

[SCHU21] *Schubert, K. & Klein, M.* (8.. überarb. Aufl. 2021.) Das Politiklexikon: Begriffe. Fakten. Zusammenhänge. Bonn: Dietz Verlag.

[SEIW14] *Seiwert, L.* (2014). Das 1x1 des Zeitmanagement: Zeiteinteilung, Selbstbestimmung, Lebensbalance. München: Gräfe und Unzer Verlag

[SICK10] *Sicking, M.* (05. Oktober 2010). Die Pflichten des Arbeitgebers. Abgerufen am 08. August 2023 von heise online: https://www.heise.de/resale/artikel/Die-Pflichten-des-Arbeitgebers-1096367.html

[SIGM16] *Sigma Alpha Global Exchange Ltd.* (Hrsg.). (2016) www.dasWirtschaftslexikon.com. Abgerufen am 08. August 2023 von Verhandlungskonzepte – das Wirtschaftslexikon.com: http://www.daswirtschaftslexikon.com/d/verhandlungskonzepte/verhandlungskonzepte.htm

[SIMO06] *Simon, W.* (2. Aufl. 2006). GABALs großer Methodenkoffer. Grundlagen der Kommunikation. Offenbach: Gabal

[SPRE21] *Sprenger, R.* (Sonderausgabe 2021). Mythos Motivation: Wege aus einer Sackgasse. Frankfurt a.M.: Campus Verlag

[STAN23] *Stangl, W.* (2023). Selbstbestimmungstheorie der Motivation. Online Lexikon für Psychologie & Pädagogik. Abgerufen am 13.08.2023 von https://lexikon.stangl.eu/28413/selbstbestimmungstheorie-der-motivation.

[STOL13] *Stolzenberg, K., & Heberle, K.* (3. Aufl. 2013). Veränderungsprozesse erfolgreich gestalten – Mitarbeiter mobilisieren. Vision, Kommunikation, Beteiligung, Qualifizierung. Heidelberg: Springer Medien Verlag.

[TANN58] *Tannenbaum, R., & Schmidt, W. H.* (1958). How to Choose a Leadership Pattern. Harvard Business Review (36), S. 95-101

[THOM16] *Thommen, J.-P., Achleitner, A.-K., Gilbert, D. U., Hachmeister, D., & Kaiser, G.* (8. Aufl. 2016). Allgemeine Betriebswirtschaftslehre. Umfassende Einführung aus managementorientierter Sicht. Wiesbaden: Springer Gabler

[THUN03] *Schulz von Thun, F., Ruppel, J., & Stratmann, R.* (2003). Kommunikationspsychologie für Führungskräfte. Reinbek: Rowohlt Taschenbuch Verlag

[THUN11] *Schulz von Thun, F.* (Sonderausgabe 2011). Miteinander Reden. Störungen und Klärungen. (Bd.1). Reinbek: Rowohlt Taschenbuch Verlag Gmb

[TIMI24] *Timinger, H.* (2. Aufl. 2024). Modernes Projektmanagement. Mit traditionellem, agilem und hybridem Vorgehen zum Erfolg. Weinheim: Wiley-VCH Verlag

[WELT] *Stiftung Weltethos* (Hrsg.). (0.J.). A Global Ethic Now – Eine Lernplattform der Stiftung Weltethos. Abgerufen am 08 August 2023 von https://www.weltethos.org/ueber-die-stiftung/faqs/

[WUND11] *Wunderer, R.* (9., neu bearb. Aufl. 2011). Führung und Zusammenarbeit. Köln: Wolters Kluwer

8 Blick in die agile Welt

Agiles Arbeiten ist eine Antwort auf ein zunehmend komplexes Projektumfeld. Diese Umgebung, oft als VUCA-Welt bezeichnet (VUCA steht für Volatilität, Unsicherheit, Komplexität, Ambiguität), erfordert eine flexible Arbeitsweise.

V	Volatilität (**volatility**) – Änderungen im Projekt- und Unternehmensumfeld werden häufiger, schneller und extremer.
U	Unsicherheit (uncertainty) – Vorhersagen über künftig zu erwartende Ereignisse sind kaum mehr zu treffen.
C	Komplexität (**complexity**) – unser Umfeld wird immer vernetzter, die Abhängigkeiten zwischen Themenfelder werden zunehmend undurchschaubarer.
A	Ambiguität (**ambiguity**) – es wird immer schwieriger zutreffende Beurteilungen zu treffen, Fakten können unterschiedlich gedeutet werden.

Tabelle 74 – VUCA-Welt

Der Grundgedanke des agilen Arbeitens und der Startpunkt für eine Reaktion auf die Herausforderungen der VUCA-Welt ist das agile Manifest, das 2001 von 17 renommierten Softwareentwicklern formuliert wurde. In diesem Manifest werden vier Wertepaare und zwölf Prinzipien definiert, welche diese Wertepaare mit Leben füllen:

- Individuen und Interaktionen sind wichtiger als Prozesse und Werkzeuge
- Funktionierende Software ist wichtiger als umfassende Dokumentation
- Zusammenarbeit mit dem Kunden ist wichtiger als Vertragsverhandlungen
- Reagieren auf Veränderungen ist wichtiger als das Befolgen eines festen Plans

Das bedeutet, obwohl die Werte auf der rechten Seite wichtig sind, haben die Werte auf der linken Seite einen höheren Stellenwert. Jeder Wert entfaltet seine volle Wirkung nur, wenn er in einem ausgewogenen Verhältnis zu seinem Gegenwert steht [BRAN14].

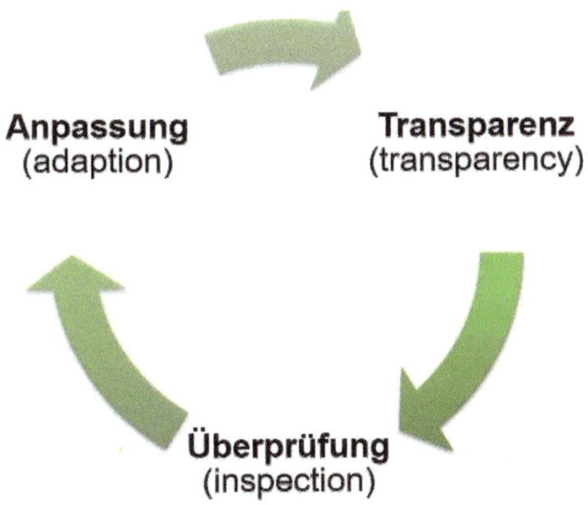

Abbildung 103 – Basis der Empirie

Das agile Manifest, obwohl ursprünglich in der Softwareentwicklung entstanden, stellt einen bedeutenden Meilenstein in der agilen Bewegung dar. Im Sinne des sogenannten *Sinatra-Tests* „If I can make it there, I'll make it anywhere“[37] wird die Erfahrung aus der komplexen Welt der Softwareentwicklung zunehmend auf andere Branchen angewendet, wie z.B. Automotive (Fahrzeugentwicklung bei Unternehmen wie TESLA, MAN, e.GO Mobile), Pharma (Produktentwicklung bei Unternehmen wie Roche Diagnostics) und Dienstleistungen (Entwicklung von Serviceleistungen bei Unternehmen wie DB Fernverkehr).

---

[37] „An example passes the Sinatra Test when one example alone is enough to establish credibility in a given domain. For instance, if you've got the security contract for Fort Knox, you're in the running for any security contract (even if you have no other clients) [HEAT10, Seite 151].

Agiles Arbeiten ist keine starre Prozesskette mit Input-Prozess-Output und einem klar definierten Prozessverantwortlichen. Agilität bedeutet, sich kontinuierlich zu entwickeln und anzupassen. Die Grundlage dafür bildet die Theorie der Empirie. Das bedeutet, dass Wissen aus Erfahrungen und gezielten Beobachtungen gewonnen wird und Entscheidungen auf Basis dieser Erkenntnisse getroffen werden. Kern der empirischen Herangehensweise sind Transparenz, Überprüfung und Anpassung [SUTH20].

„Ein empirisch-wissenschaftliches System muss an der Erfahrung scheitern können."
Sir Karl Raimund Popper, österreichisch-britischer Philosoph

Abgrenzung kompliziert und komplex

kompliziert – sämtliche Komponenten eines Systems und die Möglichkeiten dies sich aus ihren Verknüpfungen ergeben sind bekannt, Ursache und Wirkung ist nachvollziehbar bzw. kann abgeschätzt werden.

Bsp. Bauanleitung eines LEGO Star Wars™ Millennium Falcon™ (7541 Teile)

komplex – es ist nicht mehr möglich, das Zusammenspiel von Ursache und Wirkung intuitiv zu erfassen bzw. es gibt keine Möglichkeit exakter Prognosen. Dieselbe Handlung kann kurzfristig eine andere Auswirkung als geplant / erwartet haben. Langfristige Folgen von Interventionen sind nicht absehbar.

Bsp. Autonomes Fahren

Agile Methoden können einen effektiven Rahmen bieten, um Veränderungen anzustoßen. Dennoch geschieht dieser Prozess nicht über Nacht. Die Umgestaltung der Unternehmenskultur – der langwierige Weg von der Anwendung agiler Praktiken und Tools bis zur festen Verankerung eines entsprechenden Mindsets[38] im Unternehmen – erfordert viel Zeit, Ausdauer und Entschlossenheit. Dieser Weg ist nie abgeschlossen; die Evolution setzt sich kontinuierlich fort [LALO15].

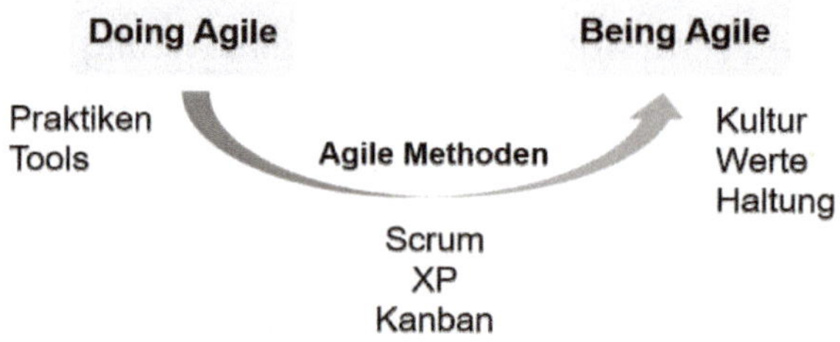

Abbildung 104 – Agilität – vom „machen" zum „sein"

Zwei sehr verbreitete agile Methoden sind **Scrum** (J. SUTHERLAND & K. SCHWABER), und **Kanban** (TAIICHI OHNO), die in den folgenden Abschitten näher betrachtet werden.

8.1 Scrum

Scrum ist ein Rahmenwerk zur Entwicklung, Auslieferung und Pflege komplexer Produkte. Die Definition von Scrum sowie die zugehörigen Rollen, Ereignisse und Artefakte sind im Scrum-Guide™ festgehalten und erläutert.

[38] Bestimmte Denk- und Handlungslogik, die auf Grundannahmen, Werte und Prinzipien beruht.

Scrum basiert auf empirischen Prinzipien und einer persönlichen inneren Haltung, die durch die **fünf agilen Werte** im aktuellen Scrum-Guide repräsentiert werden: Selbstverpflichtung (Commitment), Mut, Fokus, Offenheit und Respekt [SUTH20].

8.1.1 Timeboxing

4.5.4 Ablauf und Termine / Kompetenzstufe 1

Timeboxing ist eine grundsätzliche Technik innerhalb der agilen Methoden. Das strikte Einhalten vorgegebener Termine ist bei einer agilen Vorgehensweise besonders wichtig. Dies findet Anwendung bei Meetings (z.B. Daily Scrum) und Iterationen (Sprints). Es lässt sich festhalten: Bevor die festgelegte Dauer (Timebox) für ein Meeting überschritten wird, wird ggf. die Agenda reduziert [PREU20, RUBI14].

Timebox-Beispiele finden sich in der folgenden Tabelle in Anlehnung an [BAHL21].

Sprintdauer → / Aktivität ↓	4 Wochen	3 Wochen	2 Wochen	1 Woche
Planung	8 Stunden*	6 Stunden*	4 Stunden*	2 Stunden*
Daily Scrum	15 Minuten*	15 Minuten*	15 Minuten*	15 Minuten*
Review	4 Stunden*	3 Stunden*	2 Stunden*	1 Stunde*
Retrospektive	3 Stunden*	135 Minuten*	90 Minuten*	45 Minuten*

* Timebox pro Sprintdauer

Tabelle 75 – Timebox je Aktivität pro Sprintdauer

8.1.2 Rollen

4.4.6 Teamarbeit | 4.5.5 Organisation, Information und Dokumentation / Kompetenzstufe 1

Das Scrum-Team setzt sich aus dem Product Owner, den Entwicklern und dem Scrum Master zusammen. Es trägt Verantwortung für die Umsetzung (responsible) und die Ergebnisse (accountable). Üblicherweise besteht ein Scrum-Team aus 10 oder weniger Personen. [SUTH20].

Product Owner (PO)	... ist verantwortlich für das Produkt und das effektive Management des Product-Backlog (Einträge erstellen, Reihenfolge festlegen, Transparenz sicherstellen) ... vertritt den Auftraggeber ... sorgt für einen maximalen Wert des Produkts
Entwickler (Developer)	... sind ergebnisverantwortlich für: • Erstellung des Sprint Backlog • Einhaltung der Definition of Done • Erreichung des Sprint-Ziels • sich wechselseitig zur Verantwortung zu ziehen

Scrum Master (SM)	... verantwortlich Scrum entsprechend des Scrum Guides zu fördern ... hilft allen Beteiligten die Theorie, Praktiken, Regeln und Werte zu verstehen ... sorgt für das Zustandekommen der Ereignisse ... hilft die Zusammenarbeit zu optimieren ... coacht die Entwickler und die Organisation bei der Einführung von Scrum

Tabelle 76 – Rollen in Scrum

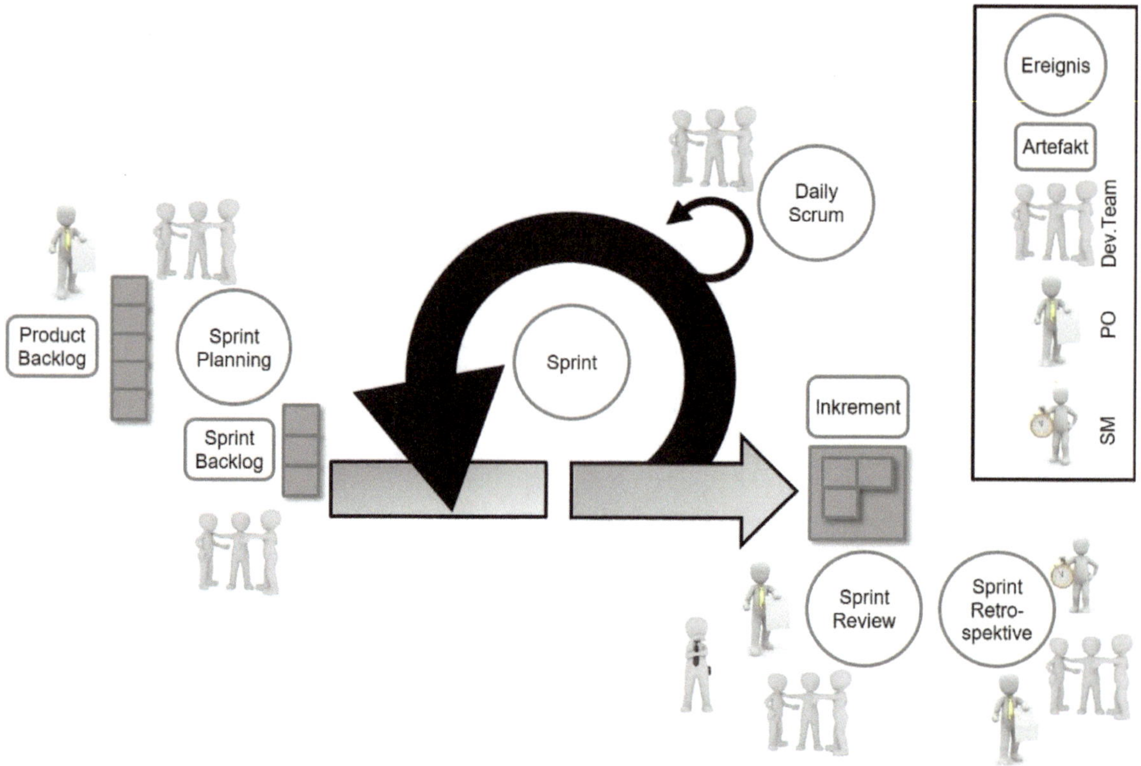

Abbildung 105 – Sprint mit Ereignissen, Artefakten und Rollen

8.1.3 Scrum Events

In Scrum werden vorgeschriebene Ereignisse verwendet. Alle Ereignisse sind befristet (Time Box). Mit Ausnahme des Sprints als Container für alle anderen Ereignisse ist jedes Scrum-Ereignis eine formale Gelegenheit zur Überprüfung (inspection) und Anpassung (adaption).

8.1.3.1 Sprint

4.5.1 Projektdesign / Kompetenzstufe 1

Ein Sprint ist eine kurze, zeitliche begrenzte Iteration (=unabhängiger Durchlauf), in der alle Arbeiten durchgeführt werden, um ein werthaltiges Ergebnis zu erzielen. Die typische Timebox für einen Sprint variiert zwischen einer und bis zu vier Wochen [RUBI14].

Ein Sprint umfasst das Sprint Planning, die Daily Scrums, das Sprint Review und die Sprint Retrospektive.

Sprints können auf Anweisung des Product Owners abgebrochen werden, wenn dieser das Sprint-Ziel als obsolet erachtet [SUTH20].

8.1.3.2 Sprint Planning

Im Sprint Planning wird die Arbeit für den kommenden Sprint geplant. Grundlage hierfür sind die bewerteten und priorisierten Inhalte des Product Backlogs (siehe Abschnitt 8.1.4.1). Die Sprint-Planung ist zweigeteilt: Im ersten Teil wird festgelegt, **was** im Sprint entwickelt wird, und das Sprint-Ziel wird definiert. Im zweiten Teil überlegt sich das Entwicklerteam, **wie** die Anforderungen umgesetzt werden. Das Sprint-Ziel manifestiert, **wofür** das Team sich im Sprint verpflichtet. Es stellt gewissermaßen das Commitment der Entwickler für diesen Sprint dar [SUTH20].

Teil 1

Teilnehmer: Product Owner, Entwickler

Timebox: 2 Stunden pro Woche Sprintdauer

Teil 2

Teilnehmer: Entwickler (evtl. Product Owner, Scrum Master)

Timebox: 2 Stunden pro Woche Sprintdauer

8.1.3.3 Daily Scrum

Das Daily Scrum findet an jedem Tag des Sprints statt. Die Entwickler planen hier die Arbeit für die nächsten 24 Stunden und überprüfen die Arbeitsergebnisse seit dem letzten Daily Scrum [SUTH20].

In der Regel werden von den Teilnehmern die folgenden Fragen beantwortet:

1. Was habe ich seit dem letzten Daily Scrum erledigt?
2. Was werde ich bis zum nächsten Daily Scrum erledigen?
3. Gibt es ein Hindernis, das mich an meinem Vorhaben hindert?

Teilnehmer: Entwickler

Timebox: 15 Minuten täglich während eines Sprints

8.1.3.4 Sprint Review

4.5.5 Organisation, Information und Dokumentation / Kompetenzstufe 1

Zum Ende des Sprints wird das Sprint Review abgehalten. Im Review wird das erarbeitete Produkt-Inkrement überprüft und ggf. das Product Backlog angepasst. Anwesend sind neben den Entwicklern der Product Owner und weitere Stakeholder. Das Review ist kein Statusreport, sondern ein informelles Meeting. Es bietet die Möglichkeit für Anregungen und Feedback seitens der Anwesenden und liefert so Input für das kommende Sprint Planning [SUTH20].

Teilnehmer: Product Owner, Entwickler, diverse Stakeholder

Timebox: 1 Stunde pro Woche Sprintdauer

8.1.3.5 Sprint Retrospektive

4.5.1 Projektdesign / Kompetenzstufe 1

Die Retrospektive bietet dem Scrum-Team eine Gelegenheit, sich selbst und die Zusammenarbeit (Beziehungen, Prozesse) zu überprüfen. Das Ziel ist, mögliche Verbesserungen zu identifizieren und einen Plan für die Umsetzung dieser Verbesserungen im kommenden Sprint aufzustellen.

Eine Retrospektive wird in fünf Phasen durchgeführt [DERB24, DRÄT14, KERT01]:

1	Vorbereiten (Set the Stage)	To Do: Teilnehmer begrüßen, abholen, ihnen die Möglichkeit geben im Meeting anzukommen, auf ein gemeinsames Ziel fokussieren. Falls noch keine Regeln festgelegt sind – gemeinsame „Vereinbarung für die Zusammenarbeit" formulieren. Zwei hilfreiche Grundregeln: • *Vegas-Regel* – "What happens in Vegas, stays in Vegas" – die Vertraulichkeitserklärung • *Goldene Regel* – „Alle Teilnehmer zeigen gegenseitigen Respekt und Wertschätzung. Die Betonung liegt nicht auf Schuldzuweisungen oder Besserwisserei, sondern auf der kollektiven Teamarbeit, bei der jeder sein Bestes einbringt." – keine Schuldzuweisung
2	Informationen sammeln (Gather Data)	To Do: Gemeinsamer Blick zurück → z.B. Was war positiv/negativ? Timeline über den Betrachtungszeitraum erstellen; 4L-Fragen (love, learned, lacked, longed for)
3	Erkenntnisse gewinnen (Generate Insights)	To Do: Ursachen finden (*Goldene Regel* beachten) als Basis für die Verbesserungen → z.B. 5W-Fragen, die 4 Kernfragen[39], Ursache-Wirkungs-Diagramm
4	Maßnahmen festlegen (Decide What to Do)	To Do: Maßnahmen für die identifizierten Verbesserungen festlegen → z.B. Starfish; Wer-Was-Bis Wann?; SMARTe-Ziele
5	Abschluss (Close the Retrospective)	To Do: Den Teilnehmern für ihren Einsatz / ihre Mitarbeit danken; Inspect and Adapt für die nächste Retrospektive, Ergebnisse dokumentieren, Feedback zur Moderation einholen

Tabelle 77 – Phasen der Retrospektive

[39] Nach [KERT01]: Was müssen wir uns merken, was gut lief, damit wir es nicht vergessen? | Was haben wir gelernt? | Was sollten wir beim nächsten Mal anders machen? | Was überrascht uns immer noch?

Eine einfache Form für die Phase 4 der Retrospektive ist die Starfish-Methode.

Teilnehmer: Product Owner, Scrum Master, Entwicklerteam

Timebox: 45 Minuten pro Woche Sprintdauer

Abbildung 106 – Starfish als Methode in der Retrospektive

8.1.4 Scrum-Artefakte

Artefakte in Scrum repräsentieren Arbeit oder Wert und schaffen durch die darin enthaltenen Informationen für alle Beteiligten ein hohes Maß an Transparenz. Dadurch wird die Möglichkeit zur Überprüfung (Inspection) und Anpassung (Adaption) erleichtert. Jedes Artefakt enthält ein Commitment, das sicherstellt, dass Informationen zur Verbesserung der Transparenz und zur Messung des Fortschritts bereitgestellt werden [SUTH20].

8.1.4.1 Product Backlog

4.5.1 Projektdesign | 4.5.2 Anforderungen und Ziele / Kompetenzstufe 1

Das **Product Backlog** ist eine geordnete Liste aller Produktfunktionalitäten, die im aktuellen Projekt umgesetzt werden sollen. Die einzelnen Funktionalitäten sind priorisiert und als User Stories formuliert. Das Backlog ist dynamisch und wird kontinuierlich weiterentwickelt (emergent), um Anforderungen zu identifizieren, die das Produkt verbessern, nützlicher machen und seine Wettbewerbsfähigkeit steigern [FOEG16, RUBI14].

Commitment: Das langfristige Produktziel, das einen zukünftigen Zustand des Produkts beschreibt und dem Scrum-Team als Planungsziel dient.

Merkmale guter Product Backlogs sind im Akronym DEEP zusammengefasst [DRÄT23]

DETAILED APPROPRIATELY	angemessen detailliert → Die Anforderungen an das Produkt sind klar erkennbar und verständlich beschrieben.
EMERGENT	veränderlich → Das Product Backlog ist nie vollständig. Es wird auf der Grundlage neuer Informationen laufend aktualisiert. So werden User Stories hinzugefügt, entfernt oder neu priorisiert.
ESTIMATED	geschätzt → Jede User Story ist so beschrieben, dass sie geschätzt werden kann.
PRIORITIZED	priorisiert → Die User Stories werden gem. ihrer Wirtschaftlichkeit und ihrer Notwendigkeit/Dringlichkeit in eine aktuelle Rangfolge für ihre Abarbeitung gebracht.

Tabelle 78 – DEEP-Kriterien

Eine **User Story** (auch Product Backlog Item) wird so verfasst, dass sie sowohl vom kaufmännischen als auch vom technischen Personal verstanden werden kann. Sie ist einfach strukturiert und wird meistens in folgendem Format ausgedrückt

- Ich als (Rolle)
- möchte (Funktion, Ziel),
- damit ich folgenden (Nutzen, Vorteil) habe …

Der letzte Teil (Nutzen, Vorteil) ist von großer Bedeutung, da er den Grund für die Anforderung darstellt und möglicherweise der Ausgangspunkt für alternative Überlegungen ist [RUBI14].

Zusätzlich wird ein Akzeptanzkriterium definiert, anhand dessen überprüft werden kann, ob die Funktion erfolgreich entwickelt wurde bzw. ob das Ziel erreicht wurde. Gut formulierte User Stories folgen den INVEST-Kriterien [DRÄT23].

Das bedeutet, User Stories sind …

INDEPENDENT	… voneinander unabhängig oder allenfalls lose miteinander verbunden. Miteinander verflochtene Stories erschweren das Schätzen, Priorisieren und Planen
NEGOTIABLE	… verhandelbar. Sie stellen keinen schriftlichen Vertrag dar, sondern dienen als Grundlage für das Aushandeln von Details
VALUABLE	… werthaltig. Sie müssen für den Kunden / Anwender einen Wert haben, ansonsten macht ihre Umsetzung keinen Sinn
ESTIMABLE	… schätzbar. Sie müssen von denen, die sie umsetzen, eingeschätzt werden können. Schätzungen geben Hinweise auf die Größe und somit den Aufwand und die Kosten..
SIZED APPROPRIATELY, SMALL	… angemessen groß bzw. klein. Sie müssen bezüglich der vorgesehenen Umsetzungszeit groß genug sein, um einen (Geschäfts-)Wert darzustellen, aber klein genug, damit sie in der vorgesehenen Zeit auch umgesetzt werden können.
TESTABLE	… testbar, d.h. sie müssen über nachprüfbare Akzeptanzkriterien verfügen.

Tabelle 79 – INVEST-Kriterien

Zur Visualisierung des gesamten Vorhabens eignet sich eine **Story Map**. Eine Story Map stellt eine anwenderzentrierte Perspektive einer bestimmten Anzahl von User Stories dar. Die Idee dahinter ist, Benutzeraktivitäten in einen Arbeitsablauf (Thema) zu zerlegen und diesen dann in weitere detaillierte Aufgaben (User Stories). Ein Thema (engl. Theme) stellt damit eine Sammlung zusammenhängender User Stories dar. Noch eine Ebene höher lässt sich ein sogenanntes **Epic** platzieren. Ein Epic ist das Synonym für eine große Anforderung, die zu einem passenden Zeitpunkt verfeinert wird [RUBI14].

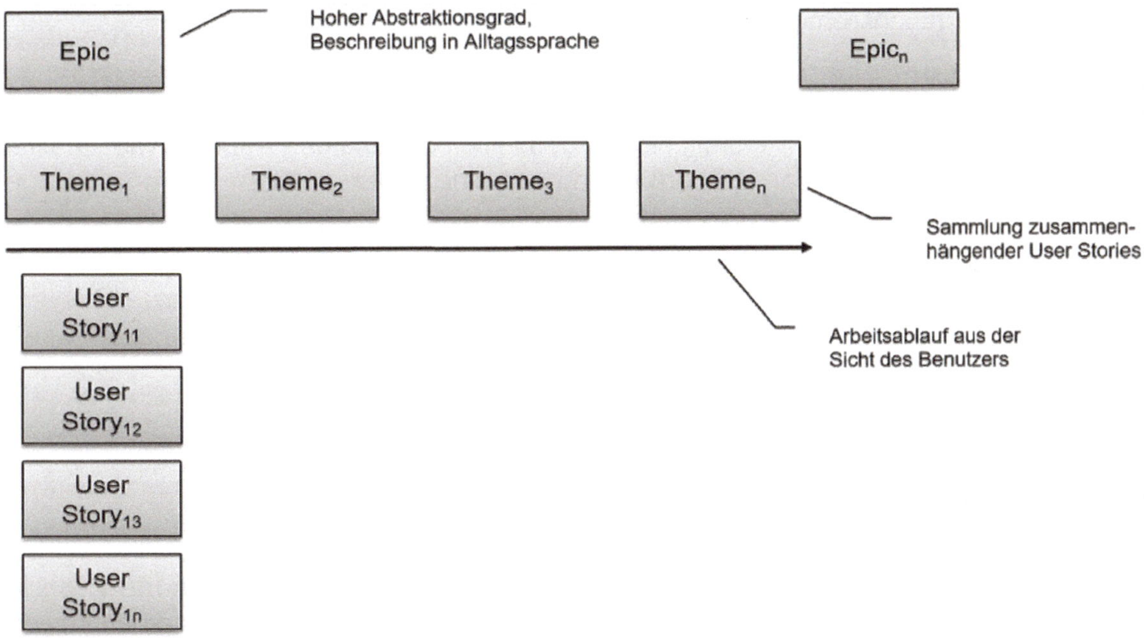

Abbildung 107 – Story Map

8.1.4.2 Sprint Backlog

Das Sprint Backlog repräsentiert die Auswahl an Product-Backlog-Einträgen, die für den aktuellen Sprint umgesetzt werden sollen (WAS?). Es dient als Vorhersage seitens der Entwickler darüber, welche Funktionalitäten im nächsten Inkrement des Produkts enthalten sein werden. Damit schafft es Transparenz bezüglich der als notwendig erachteten Arbeiten seitens der Entwickler, um das Sprint-Ziel (WOFÜR?) zu erreichen. Idealerweise integriert das Sprint Backlog auch Verbesserungsmaßnahmen, die aus der letzten Retrospektive hervorgegangen sind, um eine kontinuierliche Weiterentwicklung sicherzustellen [SUTH20, RUBI14].

Zusätzlich dazu ist die **Definition of Ready** (DoR) ein wichtiger Bestandteil des agilen Entwicklungsprozesses. Sie legt die Kriterien fest, die erfüllt sein müssen, damit eine User Story in den Sprint aufgenommen werden kann. Eine User Story muss klar definiert, geschätzt und priorisiert sein, um in den Sprint einbezogen zu werden. Die DoR stellt sicher, dass das Entwicklungsteam genaue Richtlinien hat, wann eine User Story als bereit für die Umsetzung betrachtet werden kann, und fördert somit die Effizienz und Klarheit während des Sprint-Planungsprozesses.

◎ **Commitment**: Sprint Ziel – Zielsetzung für den Sprint, schafft Zusammenhalt (Kohärenz) und Fokus, ermutigt das Scrum-Team zur Zusammenarbeit

8.1.4.3 Inkrement

Unter einem Produktinkrement im Scrum-Sinne wird das Ergebnis eines Sprints als fertiges Stück des Gesamtprodukts verstanden, das in sich abgeschlossene neue Funktionalitäten hinzufügt. Jedes Inkrement ist additiv zu allen früheren Inkrementen. Über einen gründlichen Test vor der Auslieferung ist sichergestellt, dass alle Inkremente gemeinsam funktionieren [SUTH20, DRÄT23].

◎ **Commitment**: Definition of Done – formale Beschreibung der erforderlichen Qualitätsmerkmale des Inkrements

Die **Definition of Done** (DoD) ist eine Checkliste, die sämtliche Arbeiten auflistet, die das Entwicklerteam erfolgreich abschließen muss, bevor es seine Arbeit als potenziell auslieferungsfähig erklärt. Sie stellt sicher, dass alle notwendigen Aspekte wie Qualität, Dokumentation und Funktionalität erfüllt sind, um eine reibungslose Auslieferung zu gewährleisten [RUBI14].

Beispiel einer (vereinfachten) Definition of Done

- ☑ Design überprüft
- ☑ Code abgeschlossen
- ☑ Anwenderdokumentation aktualisiert
- ☑ Tests durchgeführt
- ☑ Akzeptanz getestet
- ☑ Live auf Produktionsserver

Ein weiteres relevantes Konzept ist die Beschreibung des **Minimal Viable Product** (MVP) . Es handelt sich dabei um die Grundversion eines Produkts oder einer Anwendung, die ausreichende Funktionen bietet, um den echten Wert für die Nutzer zu zeigen. Das MVP hilft dabei, schnell Feedback zu erhalten und basierend darauf Verbesserungen vorzunehmen.

8.2 Kanban

4.5.1 Projektdesign | 4.5.4 Ablauf und Termine | 4.5.10 Planung und Steuerung / Kompetenzstufe 2

Kanban (jap. für Signalkarte) wurde ursprünglich im Jahr 1947 von TAICHI OHNO im Rahmen seines Toyota-Produktionssystems als Steuerung für Produktionsprozesse entwickelt. Obwohl es nicht dieselben Wurzeln wie die meisten agilen Methoden hat, wird es ihnen häufig zugerechnet. Kanban ist durch vier Grundprinzipien und sechs Kerneigenschaften gekennzeichnet [ANDE12, EISE22].

Die vier Grundprinzipien lauten:

1. Beginne dort, wo du dich im Moment befindest.
2. Komme mit den anderen überein, das inkrementelle, evolutionäre Veränderungen angestrebt werden.
3. Respektiere den bestehenden Prozess sowie die existierenden Rollen, Verantwortlichkeiten und Berufsbezeichnungen.
4. Fördere Führungsverhalten auf allen Ebenen in der Organisation.

Dazu gehören die sechs Kerneigenschaften:

1. Visualisiere den Fluss der Arbeit (Workflow).
2. Begrenze die Menge an begonnener Arbeit (Work in Progress – WIP).
3. Führe Messungen zum Fluss durch und kontrolliere ihn.
4. Mache die Regeln für den Prozess explizit.
5. Verwende Modelle[40], um Chancen für Verbesserungen zu erkennen.
6. Etabliere Feedbackschleifen (z.B. Daily-Stand-Ups, Review-Meetings).

Kanban ist weder eine Software-Entwicklungsmethode noch ein Projektmanagementansatz. Die Methode baut auf einem vorhandenen Prozess auf, um diesen dann inkrementell zu verändern.

Ein zentraler Aspekt für die Umsetzung von Kanban ist das Kanban-Board. Es enthält mindestens drei Spalten (z.B. „Offen“, „In Arbeit“, „Erledigt“), die die Phasen des Prozesses darstellen.

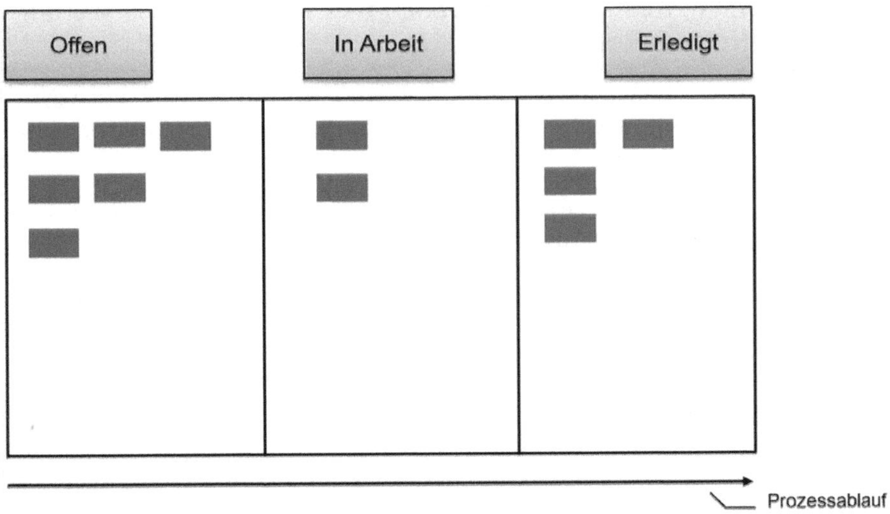

Abbildung 108 – Kanban-Board (Beispiel)

Kanban-Boards können entweder physisch (z.B. zwei auf drei Meter [NOWO18A]) oder digital (z.B. Kanban-Tools, Trello, Jira) sein. Die Grundidee besteht darin, den Pfad der Aufgaben von der Anforderung („Offen“) bis zur Fertigstellung („Erledigt“) zu visualisieren und gegebenenfalls Engpässe zu identifizieren und auf sie zu reagieren.

Neben dem Visualisieren ist die zweite Kerneigenschaft das Begrenzen der Menge an begonnener Arbeit, **Work in Progress** (WIP) genannt. Das Ziel des WIP ist, nicht zu viel Arbeit auf einmal zu erledigen und sich bei vielen parallelen Aufgaben nicht zu verzetteln. Die Größe des WIP ist hierbei nicht festgelegt. Üblicherweise dürfen je Mitarbeiter maximal zwei Elemente in Bearbeitung sein. Allerdings gibt es für WIP-Limits keine „magische Formel“, die Zahlen können durch empirische Betrachtungen immer wieder angepasst werden [NOWO18A, ANDE12].

[40] Praktische Modelle die von D. Anderson [ANDE12] vorgeschlagen werden:
- Theory of Constraints (ToC) → Untersuchung von Engpässen
- System of Profounded Knowledge (E. Deming) → Untersuchung von Abweichungen und deren Auswirkung(en)
- Lean-Wirtschaftsmodell → basierend auf der Idee der Verschwendung (muda, mura, muri)

8.3 Literatur

[ANDE12] *Anderson, D. J.* (2012). Kanban. Evolutionäres Change Management für IT-Organisationen. Heidelberg: dpunkt.Verlag

[BAHL21] *Bahlow, J., & Kullmann, G.* (2021). Agile Teams: Neue Herausforderungen fokussiert meistern. Göttingen: BusinessVillage GmbH

[BRAN14] *Brandes, U., Gemmer, P., Koschek, H., & Schültken, L.* (2014). Management Y: Agile, Scrum, Design Thinking & Co.: So gelingt der Wandel zur attraktiven und zukunftsfähigen Organisation. Frankfurt a.M.: Campus Verlag

[DERB24] *Derby, E., Larsen, D., & Horowitz, D.* (2. Aufl. 2024). Agile Retrospectives: A Practical Guide for Catalyzing Team Learning and Improvement. Dallas: The Pragmatic Bookshelf

[DRÄT14] *Dräther, R.* (2014). Retrospektiven – kurz & gut. Köln: O'Reilly Verlag

[DRÄT23] *Dräther, R., Koschek, H., & Sahling, C.* (3. Aufl. 2023). Scrum – kurz & gut. Köln: O'Reilly Verlag

[EISE22] *Eisenberg, F.* (2., aktual. Aufl. 2022). Kanban – mehr als Zettel: Wie die Methode Ihnen zu echtem Mehrwert verhilft. München: Carl Hanser Verlag

[FOEG16] *Foegen, M., & Kaczmarek, C.* (3. Aufl. 2016). Organisation in einer digitalen Zeit. Darmstadt: wibas GmbH

[HEAT10] *Heath, C. & Heath, D.* (2010). Made to Stick: Why Some Ideas Survive and Others Die. London: Random House Trade Paperbacks

[KENT03] *Kent, B.* (2003). Extreme Programming – Das Manifest. München: Addison-Wesley Verlag

[KERT01] *Kerth, N.* (2001). Project Retrospectives: A Handbook for Team Reviews. New York: Dorset House Publishing

[LALO15] *Laloux, F.* (2015). Reinventing Organizations: Ein Leitfaden zur Gestaltung sinnstiftender Formen der Zusammenarbeit. München: Verlag Franz Vahlen

[NOWO18a] *Nowotny, V.* (4. Aufl. 2018). Agile Unternehmen. Nur was sich bewegt, kann sich verbessern. Göttingen: BusinessVillage GmbH.

[NOWO18b] *Nowotny, V., & Lasnia, M.* (2018). Agile Evolution. Eine Anleitung zur agilen Transformation. Göttingen: BusinessVillage GmbH

[PREU20] *Preußig, J.* (2. Aufl. 2020). Agiles Projektmanagement. Agilität und Scrum im klassischen Umfeld. Freiburg: Haufe-Lexware

[RUBI14] *Rubin, K. S.* (2014). Essential Scrum – Umfassendes Scrum-Wissen aus der Praxis. Frechen: mitp Verlag

[SUTH20] *Sutherland, J., & Schwaber, K.* (2020). The Scrum Guide – 2020-Scrum-Guide-German. Abgerufen am 08. August 2023 von https://www.scrumguides.org/docs/scrumguide/v2020/2020-Scrum-Guide-German.pdf

9 Übersicht ICB4-Elemente und Mapping auf die Kapitel

ICB Element		Buchkapitel / Seite		K.-Stufe	Level
Perspective					
4.3.1	Strategie	2.1.1 2.1.3 2.1.4 2.2.1 3.2.1	Vision, Mission, Strategie / 35 Erfolgsfaktoren / 38 Nutzwertanalyse / 39 Business Case / 39 Umfeldanalyse / 50	1 1 1 1 2	D
4.3.2	Governance, Strukturen und Prozesse	1.1 1.1 1.1.2 1.2 1.5 3.5.1.4	Begriffsklärung (Projekt, PM, Prozess, Aufgabe) / 22 Projektportfolio / 22 Projektmanagement-Office / 24 Projektarten / 24 Standards im PM / 29 Lenkungsausschuss / 83	1	D
4.3.3	Compliance, Standards und Regularien	3.2.1.1 3.2.1.2 3.2.1.4 7.5.5	Rechtliche Rahmenbedingungen / 53 Gefährdungsbeurteilung / 55 Umfeldfaktor – Nachhaltigkeit / 58 Führungsverantwortung und Pflichten des Projektleiters / 205	1 1 1 1	D D D C
4.3.4	Macht und Interesse	3.2.2	Stakeholdermanagement / 62	2	D
4.3.5	Kultur und Werte	3.2.1.3 7.2.3	Umfeldfaktor – Kultur und Werte / 58 Ethik und persönliche Werte / 175	1	D/C
People					
4.4.1	Selbstreflexion und Selbstmanagement	3.2.1.5 7.1.1 7.1.2 7.1.3	SWOT-Analyse / 60 Reflexion der eigenen Teamrolle (→ JoHari-Fenster) / 167 Zeit- und Selbstmanagement (→ Eisenhower-Matrix) / 168 Umgang mit Stress / 170	1 2 2 1	D C Basis/D

ICB Element		Buchkapitel / Seite		K.-Stufe	Level
4.4.2	Persönliche Integrität und Verlässlichkeit	3.2.1.4 7.2.1 7.2.2	Umfeldfaktor – Nachhaltigkeit / 58 Persönlicher Umgang mit Fehlern / 173 Verlässlichkeit, Vertrauen, ... / 174	1	D
4.4.3	Persönliche Kommunikation	7.3.1	Kommunikationsmodelle / 179	2	Basis/D
		7.3.2	Kommunikationskanäle / 182	1	D
		7.3.3	Störung der Wahrnehmung / 183	2	C
		7.3.4	Offene Kommunikation ermöglichen / 184	1	Basis/D
		7.3.5	Virtuelle Teams / 188	1	Basis/D
4.4.4	Beziehung und Engagement	7.4.1 7.4.4	Motivation und Motivierung / 189 Selbstbestimmungstheorie / 192	1	D
4.4.5	Führung	7.5.1 7.5.2 7.5.4	Führungsstile / 195 Laterale Führung / 202 Führungskonzepte / 204	1	D
4.4.6	Teamarbeit	7.6.1 7.6.2 7.6.3 7.6.4	Teambegriff / 206 Teamentwicklung / 208 Erfolgsfaktoren / 209 Teamlernen / 211	1	Basis/D
4.4.7	Konflikte und Krisen	7.7.1 7.7.2 7.7.5	Definition / 211 Konfliktursachen / 212 Kooperative Konfliktlösung / 217	1	D
4.4.8	Vielseitigkeit	7.9.1.1 7.9.1.2 7.9.1.3 7.9.2	Ursache Wirkungsdiagramm / 222 Pareto-Analyse / 223 FMEA / 224 Kreativitätsmethoden / 225	1	Basis/D
4.4.9	Verhandlung	7.8.1	Verhandlungsbegriff und –situation / 218	1	D
4.4.10	Ergebnisorientierung	3.2.1 4.7.3 7.10	Stakeholdermanagement / 62 Deming-Cycle / 137 Ergebnisorientierung / 227	1	D

ICB Element		Buchkapitel / Seite		K.-Stufe	Level
Practice					
4.5.1	Projekt Design	1.1 1.2 1.3 1.4 8.1 8.2 2.1.3 3.3.1 3.4 3.5.1 4.1.1 6.1	Begriffsklärung / 22 Projektarten / 24 Projekt-/Projektmgmterfolg / 25 Projektmanagementansätze und Vorgehensmodelle / 26 Scrum / 238 Kanban / 246 Erfolgsfaktoren / 38 Anforderungen / 69 Projektphasen / 77 Projektorganisation / 80 Leistungsumfang strukturieren / 96 Projektabschluss / 161	1	Basis/D
4.5.2	Anforderungen und Ziele	2.2.2 3.3.1 3.3.1.2	Projektsteckbrief / 40 Anforderungen / 69 Ziele / 71	2 1 2	Basis/D
4.5.3	Leistungsumfang und Lieferobjekte	4.1.1 4.1.3 8.1.4.1	Leistungsumfang strukturieren / 96 Arbeitspakete definieren / 104 User Story, Story Map / 243	2 2 1	Basis/D
4.5.4	Ablauf und Termine	3.4 4.2 4.3.3 8.1.1 8.1.3.1 8.2	Projektphasen / 77 Ablauf und Termine / 106 Schätzmethoden / 119 Timeboxing / 239 Sprint / 240 Kanban / 246	2 2 2 1 1 2	Basis/D
4.5.5	Organisation, Information und Dokumentation	3.5.1 3.5.2 3.5.3 3.5.4 3.5.2.2	Projektorganisation / 80 Kongruenzprinzip der Unternehmensführung / 84 Informationsmanagement / 87 Dokumentenmanagement / 87 AKV-Matrix / 85	2 1 1 1 1 2	Basis/D

ICB Element		Buchkapitel / Seite		K.-Stufe	Level
4.5.6	Qualität	4.7.1 4.7.3 4.7.4 8.1.4.2	Prozess (Aufgaben des Qualitätsmanagements) / 137 Deming-Cycle / 137 Abnahmekriterien / 141 Sprint Backlog – Definition of Ready / 245	1	Basis/D
4.5.7	Kosten und Finanzierung	4.3.3	Schätzmethoden / 119	2	D
		4.4.1	Kostenarten, -stellen, -träger / 122	1	D
		4.4.3	Kostengang- und Kostensummenlinie / 124	2	Basis/D
4.5.8	Ressourcen	4.3.1 4.3.2	Ressourcenarten / 115 Ressourcenplanung / 115	2	Basis/D
4.5.9	Beschaffung	4.5.1 4.5.1.1 4.5.2 4.5.4	Beschaffung / 125 Make-or-Buy / 125 Verträge, Vertragsarten / 127 Abnahme / 129	1	D
4.5.10	Planung und Steuerung	3.1 5.1.1 5.2 5.3 6.1 8.1.3.4 8.1.3.5	Wie beginnt ein Projekt? Der Projektstart / 47 Fortschrittsgradmessmethoden / 146 Berichterstattung im Projekt – der Statusbericht / 155 Konfigurations- und Änderungsmanagement / 156 Projektabschluss / 161 Sprint Review / 241 Sprint Retrospektive / 242	1	Basis/D
4.5.11	Chancen und Risiken	4.6.1 4.6.2	Grundlagen Chancen und Risiken / 130 Prozess Risikomanagement / 130	2	Basis/D
4.5.12	Stakeholder	3.2.1 3.2.2	Umfeldanalyse / 50 Stakeholdermanagement / 62	2	Basis/D
4.5.13	Change und Transformation	7.11.1	Techniken für Veränderungsmanagement / 228	1	D

10 Abkürzungsverzeichnis

A

AF – Anfangsfolge

AG – Auftraggeber

AKV – Aufgabe, Kompetenz, Verantwortung

ANSI – American National Standards Institute

AOB – Anordnungsbeziehung

ArbSchG – Arbeitsschutzgesetz

ArbStättV – Arbeitstättenverordnung

ArbZG – Arbeitszeitgesetz

ARGE – Arbeitsgemeinschaft

AsiG – Arbeitssicherheitsgesetz

B

BATNA – Best Alternative To A Negotiated Agreement

BauA – Bundesanstalt für Arbeitssicherheit und Arbeitsmedizin

BDSG – Bundesdatenschutzgesetz

BetrVG – Betriebsverfassungsgesetz

BGB – Bürgerliches Gesetzbuch

BGV – Berufsgenossenschaftliche Vorschriften

BGVR – Berufsgenossenschaftliches Vorschriften- und Regelwerk

BImSchG – Bundes-Immissionsschutzgesetz

BpersVG – Bundespersonalvertretungsgesetz

BverfGE – Bundesverfassungsgericht

C

CoEPM – Centre of Excellence in Project Management

CSR – Corporate Social Responsibility

D

DEEP – Detailed appropriately, Emergent, Estimated, Prioritized

DIN – Deutsches Institut für Normung

DMI – Durchführungsverantwortlich – Mitarbeit – Informiert

DNK – Deutscher Nachhaltigkeitskodex

DoD – Definition of Done

DoE – Definition of Entry

DoR – Definition of Ready

E

EF – Endfolge

EGK – Erwartete Gesamtkosten

EN – Europäische Norm

ETW – Eintrittswahrscheinlichkeit

EV – Earned Value

EVA – Earned Value Analyse

F

FAZ – Frühester Anfangszeitpunkt

FEZ – Frühester Endzeitpunkt

FGR – Fortschrittsgrad bzw. Fertigstellungsgrad

FMEA – Failure Mode and Effects Analysis

FP – Freier Puffer bzw. Freie Pufferzeit

FW – Fertigstellungswert

G

GLOBE – Global Leadership and Organizational Behaviour Effectiveness Research Program

GP – Gesamtpuffer bzw. Gesamte Pufferzeit

GPM – Deutsche Gesellschaft für Projektmanagement e.V.

H

HSSE – **H**ealth, **S**afety, **S**ecurity and **E**nvironment

I

ICB – **I**ndividual **C**ompetence **B**ase-line

IEEE – **I**nstitute of **E**lectrical and **E**lectronical **E**ngineers

IK – **I**st**k**osten

INVEST – **I**ndipendent, **N**egotiable, **V**aluable, **E**stimable, **S**ized appropri-ately, **T**estable

IPMA – **I**nternational **P**roject **Ma**n-agement **A**ssociation

ISO – **I**nternational **O**rganization for **S**tandardization

J

JarbSchG – **J**ugend**arb**eits**sch**utz-**g**esetz

K

KonTraG – **G**esetz zur **Kon**trolle und **Tra**nsparenz im Unternehmens-bereich

KTA – **K**osten**t**rend **A**nalyse

KVP – **K**ontinuierlicher **V**erbesse-rungs**p**rozess

M

MMP – **M**inimum **M**arketable **P**roduct

MTA – **Meilenstein-Trendanalyse**

MuSchG – **Mu**tter**sch**utz**g**esetz

MVP – **M**inimum **V**iable **P**roduct

N

NF – **N**ormal**f**olge

P

PDCA – **P**lan, **D**o, **C**heck, **A**ct

PERT – **P**rogram **E**valuation and **R**eview **T**echnique

PESTEL – **P**olitical, **E**nvironmental, **S**ocial, **T**echnological, **E**conomic, **L**egal

PK – **P**lan**k**osten

PM – **P**rojekt**m**anagement

PMBok – **P**roject **M**anagement **B**ody **o**f **K**nowledge

PMI – **P**roject **M**anagement **I**nstitute

PMO – **P**rojekt**m**anagement-**O**ffice

PRINCE 2 – **P**rojects **In** **C**ontrolled **E**nvironments Vers. **2**

PSP – **P**rojekt**s**truktur**p**lan

R

RASCI – **R**esponsible, **A**ccountable, **S**upportant, **C**onsulted, **I**nformed

RAMS – **R**eliability, **A**vailability, **M**aintainability, **S**afety

RFC – **R**equests **f**or **C**omments

RFF – **R**equest **f**or **F**eature

RFI – **R**equest **f**or **I**nformation

RFP – **R**equest **f**or **P**roposal

RFQ – **R**equest **f**or **Q**uotation

ROI – **R**eturn **o**n **I**nvestment

RPZ – **R**isiko**p**rioritäts**z**ahl

RW – **R**isiko**w**ert

S

SAZ – **S**pätester **A**nfangs**z**eitpunkt

SDG – **S**ustainable **D**evelopment **G**oal

SEZ – **S**pätester **E**nd**z**eitpunkt

SF – **S**prung**f**olge

SH – **S**chadens**h**öhe

SMART – **S**pezifisch, **M**essbar, **A**k-zeptiert, **R**ealistisch, **T**erminiert

T

TKI – **T**homas-**K**ilmann Conflict Mode **I**nstrument

ToC – **T**heory **o**f **C**onstraints

TOP – **T**echnisch, **O**rganisatorisch, **P**ersonell

TW – **T**rag**w**eite

U

UVV – **U**nfall**v**erhütungs**v**orschrift

US-GAAP – **U**nited **S**tates **G**enerally **A**ccepted **A**ccounting **P**rinciples

V

VDI – **V**erband **D**eutscher **I**ngenieure

VKN – **V**organgs-**K**noten-**N**etzplan

VMI – **V**erantwortlich – **M**itarbeit – **I**nformiert

VoC – **V**oice **o**f **C**ustomer

VUCA – **V**olatility, **U**ncertainty, **C**omplexity, **A**mbiguity

W

WBS – **W**ork **B**reakdown **S**tructure

WIP – **W**ork **i**n **P**rogress

WS – **W**ork**s**hop

X

XP – E**x**treme **P**rogramming

11 Tabellen und Abbildungen

11.1 Tabellen

11.2 Abbildungen

12 Stichwortverzeichnis